刘富来　冯翠兰　主编

猪病防治
安全用药手册

广东科技出版社
·广州·

图书在版编目（CIP）数据

猪病防治安全用药手册／刘富来，冯翠兰主编．—广州：广东科技出版社，2006.1（2020.10重印）
ISBN 978-7-5359-3920-3

Ⅰ．猪… Ⅱ．①刘…②冯… Ⅲ．猪病—药物—基本认识 Ⅳ．S859.79

中国版本图书馆CIP数据核字（2005）第054595号

出 版 人：朱文清
责任编辑：区燕宜　曾依翎
责任校对：陈素华
责任印制：彭海波
出版发行：广东科技出版社
　　　　（广州市环市东路水荫路11号　邮政编码：510075）
销售热线：020-37592148／37607413
http://www.gdstp.com.cn
E-mail: gdkjcbszhb@nfcb.com.cn
经　　销：广东新华发行集团股份有限公司
印　　刷：广州一龙印刷有限公司
　　　　（广州市增城区荔新九路43号1幢自编101房　邮政编码：511340）
规　　格：889mm×1 194mm　1/32　印张12　字数240千
版　　次：2006年1月第1版
　　　　2020年10月第5次印刷
定　　价：38.00元

如发现因印装质量问题影响阅读，请与广东科技出版社印制室联系调换
（电话：020-37607272）。

内容简介

本书介绍了常见猪病防治的安全用药技术，所介绍的方法很多是基层兽医工作者在实践过程中总结出来的，因此，有较强的实用性。本书比较全面地总结了当今猪病防治的最新技术，包括：非特异性的一般预防措施，特异性的免疫预防措施，中西兽医的预防措施及发病时中西药物的治疗和部分猪病的针灸治疗技术，在方法上具有全面性；提供了多个具有类似功效的药物（或方剂），在应用过程中可依据当地的资源和疾病的实际情况灵活应用，尤其是中草药防治，对大部分疾病都提供了多个可供选择的治疗方剂，具有较大的灵活性。

本书对指导养猪户以及广大基层兽医工作者在防治猪病中制订合理的安全用药方案、减少药物残留和防止耐药菌株的出现具有实用价值，同时对兽药生产和经销人员也有较强的参考价值。

编写者

主　编：刘富来　冯翠兰

副主编：张福英　范秀铭

编　者（以姓氏笔画为序）：
　　　　龙建勇　冯国金　冯翠兰
　　　　刘佑明　刘富来　吴智慧
　　　　张福英　范秀铭

主要作者简介

刘富来 男,广东省梅州市人,1966年生,高级兽医师,兽医硕士。1988年毕业于佛山兽医专科学校兽医系,1988~1993年在佛山兽医专科学校畜牧场负责技术工作,1993年以来在佛山科学技术学院兽药厂从事兽药生产技术和产品推广应用等工作。对猪病和猪病的防治以及药物的应用情况有较全面的了解。

冯翠兰 女,广东省梅州市人,1967年生,畜牧师。1990年毕业于佛山兽医专科学校畜牧系,1990~1997年在佛山兽医专科学校饲料厂负责技术工作,1997年以来在佛山科学技术学院兽药厂从事检验和生产技术工作。对养猪生产和药物的应用情况有较全面的知识。

前 言

本书是为养猪生产者和基层兽医工作者而编写的。以往在防治猪病的过程中，为准确地诊断疫病、科学地治病和安全合理地使用兽药以生产安全的产品，在制定针对某一种疾病的综合防治方案时，往往需要翻阅有关疾病诊断、生物制品、西药和中草药等多种参考书，本书则是一本同时对这些内容进行全面介绍的工具书。

编写本书的目的就是希望能为养猪生产者提供一些综合防治猪病的方案，指导养猪生产者科学地防治猪病，安全合理地使用兽药，通过养猪者及兽医工作者的共同努力生产出安全产品。

本书在编写过程中参阅了有关的文献资料，吸取了许多宝贵经验，借此成书之际，我们谨向本书原始材料所属的众多作者、编者、出版者致以衷心的感谢。

编者水平有限，加上时间仓促，书中缺点或不足之处，敬请读者和同行批评指正。

编著者
2005年1月

目 录

第一章 猪病与猪病防治的基本知识 ………… 1
　第一节 猪病流行情况 ………… 1
　　一、当前常见的猪病种类 ………… 1
　　二、当前猪病发生和流行的特点 ………… 2
　第二节 猪病的诊断 ………… 3
　　一、猪病中兽医诊断基础 ………… 3
　　二、中兽医辨证 ………… 5
　　三、西兽医辨证 ………… 7
　第三节 猪病的综合防治 ………… 10
　　一、预防措施 ………… 10
　　二、计划免疫 ………… 13
　　三、药物治疗方案 ………… 15
第二章 兽药的基本知识 ………… 25
　第一节 兽药的概念 ………… 25
　第二节 兽药的剂型与剂量 ………… 26
　第三节 兽药的用法 ………… 28
　第四节 影响兽药作用的因素 ………… 32
　第五节 兽医处方 ………… 34
　第六节 选用兽药产品应注意的问题 ………… 36
第三章 安全用药基本知识 ………… 38
　第一节 安全用药的概念 ………… 38

第二节 畜禽疾病防治的用药现状 ………………… 39
第三节 造成兽药残留的原因 …………………… 40
第四节 兽药残留的危害 ………………………… 41
第五节 安全用药,保障人畜健康 ………………… 43
第六节 中西结合对猪病群防群治 ………………… 48

第四章 猪传染病 …………………………………… 52

第一节 概述 …………………………………… 52
一、猪传染病发生的情况 ………………………… 52
二、猪传染病的预防 ……………………………… 52
三、猪传染病的治疗 ……………………………… 53

第二节 猪传染病的综合防治 …………………… 58
一、猪瘟 …………………………………………… 58
二、猪丹毒 ………………………………………… 65
三、猪肺疫 ………………………………………… 71
四、仔猪副伤寒（猪沙门氏菌病） ……………… 77
五、猪气喘病 ……………………………………… 83
六、猪细小病毒病 ………………………………… 89
七、仔猪黄痢 ……………………………………… 91
八、仔猪白痢 ……………………………………… 95
九、猪水肿病 ……………………………………… 99
十、仔猪梭菌性肠炎 ……………………………… 105
十一、猪口蹄疫 …………………………………… 106
十二、猪水疱病 …………………………………… 110
十三、猪痢疾 ……………………………………… 111
十四、猪传染性胃肠炎 …………………………… 116
十五、猪流行性腹泻 ……………………………… 121
十六、猪传染性萎缩性鼻炎 ……………………… 124

十七、猪布氏杆菌病 ··········· 128
十八、猪痘 ··········· 129
十九、猪破伤风 ··········· 133
二十、猪炭疽病 ··········· 137
二十一、猪伪狂犬病 ··········· 139
二十二、猪李氏杆菌病 ··········· 141
二十三、猪日本乙型脑炎 ··········· 144
二十四、猪钩端螺旋体病 ··········· 147
二十五、猪链球菌病 ··········· 150
二十六、猪狂犬病 ··········· 153
二十七、猪传染性胸膜肺炎 ··········· 154
二十八、猪流行性感冒 ··········· 156
二十九、猪流行性流产与呼吸道综合征 ··········· 160
三十、猪传染性脑脊髓炎 ··········· 161
三十一、猪血凝性脑脊髓炎 ··········· 164
三十二、猪轮状病毒病 ··········· 164
三十三、猪衣原体病 ··········· 165
三十四、猪坏死杆菌病 ··········· 167
三十五、猪葡萄球菌病 ··········· 169
三十六、猪附红细胞体病 ··········· 170
三十七、猪结核病 ··········· 172
三十八、仔猪先天性震颤 ··········· 173

第五章 猪寄生虫病 ··········· 176
 第一节 概述 ··········· 176
  一、猪寄生虫病的概况 ··········· 176
  二、治疗猪寄生虫病应注意的问题 ··········· 176
 第二节 猪寄生虫病的综合防治 ··········· 177

一、姜片吸虫病·················· 177
二、囊虫病····················· 178
三、细颈囊尾蚴病················ 180
四、蛔虫病····················· 181
五、类圆线虫病·················· 183
六、猪肺丝虫病·················· 185
七、旋毛虫病··················· 187
八、猪鞭虫病··················· 188
九、猪结节虫病·················· 189
十、猪肾虫病··················· 190
十一、猪棘头虫病················· 192
十二、弓形体病·················· 194
十三、肉孢子虫病················ 197
十四、猪球虫病·················· 198
十五、锥虫病··················· 199
十六、小袋纤毛虫病··············· 201
十七、猪疥癣病·················· 203
十八、蠕形螨虫病················ 206
十九、猪虱病··················· 206

第六章 猪中毒病 209

第一节 概述 209
一、猪中毒病的诊断··············· 209
二、猪中毒的救治················ 210

第二节 猪中毒病的综合防治 212
一、食盐中毒··················· 212
二、亚硝酸盐中毒················ 216
三、酒糟中毒··················· 219

四、棉子饼中毒 …………………………………… 221
　　五、菜子饼中毒 …………………………………… 224
　　六、马铃薯中毒 …………………………………… 225
　　七、荞麦素中毒 …………………………………… 228
　　八、氢氰酸中毒 …………………………………… 229
　　九、水芹中毒 ……………………………………… 231
　　十、苦楝中毒 ……………………………………… 232
　　十一、闹羊花中毒 ………………………………… 235
　　十二、青杠叶中毒 ………………………………… 236
　　十三、黑斑病甘薯中毒 …………………………… 237
　　十四、霉稻草中毒 ………………………………… 240
　　十五、肉毒梭菌毒素中毒 ………………………… 241
　　十六、铜中毒 ……………………………………… 242
　　十七、有机磷农药中毒 …………………………… 244
　　十八、有机氯农药中毒 …………………………… 247
　　十九、磷化锌中毒 ………………………………… 248
　　二十、氟中毒 ……………………………………… 250
　　二十一、安妥中毒 ………………………………… 251
　　二十二、尿素中毒 ………………………………… 252

第七章　猪普通病 ……………………………………… 254
　第一节　概述 ………………………………………… 254
　　一、引发猪普通病的病因 ………………………… 254
　　二、猪普通病的防治 ……………………………… 255
　第二节　猪代谢病的综合防治 ……………………… 256
　　一、佝偻病与软骨病 ……………………………… 256
　　二、铁缺乏症 ……………………………………… 259
　　三、铜缺乏症 ……………………………………… 261

四、钴缺乏症 ·············· 262

　　五、锌缺乏症 ·············· 263

　　六、碘缺乏症 ·············· 265

　　七、锰缺乏症 ·············· 266

　　八、仔猪白肌病 ············ 266

　　九、维生素A缺乏症 ········· 268

　　十、维生素C缺乏症 ········· 269

　　十一、猪黄脂病 ············ 270

　　十二、仔猪低血糖症 ········· 271

第三节　猪内科病的综合防治 ····· 272

　　一、口炎 ·················· 272

　　二、胃肠卡他 ·············· 275

　　三、异食癖 ················ 281

　　四、胃溃疡 ················ 283

　　五、胃肠炎 ················ 284

　　六、泄泻 ·················· 288

　　七、便秘 ·················· 294

　　八、感冒 ·················· 298

　　九、肺炎 ·················· 305

　　十、日射病和热射病 ········ 309

　　十一、癫痫 ················ 313

　　十二、应激综合征 ·········· 315

第四节　猪外科病的综合防治 ····· 316

　　一、风湿病 ················ 316

　　二、直肠脱 ················ 320

　　三、疝气 ·················· 323

第五节　猪胎产病的综合防治 ····· 324

- 一、不孕症 …………………………………… 324
- 二、难产 ……………………………………… 328
- 三、胎衣不下 ………………………………… 331
- 四、生产瘫痪 ………………………………… 332
- 五、泌乳不足和无乳 ………………………… 337
- 六、乳房炎 …………………………………… 339

附录 …………………………………………………… 342
- 附录一 养猪场主要传染病免疫程序和寄生虫病控制程序 …………………………… 342
- 附录二 猪瘟、猪丹毒、猪肺疫、仔猪副伤寒鉴别诊断 ……………………………… 345
- 附录三 灌药法 …………………………… 347
- 附录四 度量衡及药物使用量换算 ……… 349
- 附录五 食用动物禁用药物 ……………… 354
- 附录六 兽药停药期的有关规定 ………… 357

参考文献 …………………………………………… 365

第一章 猪病与猪病防治的基本知识

第一节 猪病流行情况

一、当前常见的猪病种类

猪的疾病种类近年来急剧增加,据不完全统计,有上百种之多。旧病依存,新病还在不断增加,再加上从事猪病防治的技术人员的素质参差不齐,诊断手段落后,使得猪病仍然常常发生。由于从事猪病生产者预防意识不强,用药水平较低,同时还存在兽药市场比较乱,为数不少的低劣兽药充斥市场,使病猪得不到及时治疗,严重影响养猪业的高度发展。据农业部1993年对畜禽疾病死亡率调查估测,全国猪的死亡率为8%~12%,是较高的。

引起猪较高的死亡率主要与疾病的复杂化和防治疾病的水平较低有关。在猪的各种疾病中,产生的危害性依次为:

(1)病毒性疾病:病毒性疾病是危害最大的疾病。如猪瘟、猪口蹄疫、猪水疱病、猪伪狂犬病、传染性胃肠炎和猪流行性腹泻等,给一些防治不力的猪场造成巨大损失。此外,猪日本乙型脑炎、猪繁殖与呼吸综合征、猪细小病毒病和猪痘等疾病给养猪业带来的损失也较大。

(2)细菌性疾病:在细菌性疾病中大肠杆菌的危害最严重,

仔猪黄痢和仔猪白痢几乎常年不断，发病率也很高。仔猪红痢、猪气喘病、猪丹毒、猪传染性萎缩性鼻炎、仔猪副伤寒、猪葡萄球菌皮炎等也有不同程度的存在，造成损失不小。

（3）寄生虫病：在寄生虫病中危害较大的首推蛔虫病。此外，猪线虫病、猪吸虫病也时有发生，最近猪附红细胞体病的发病率明显上升。

（4）普通疾病：在普通疾病中多见于营养代谢病和中毒病，前者以矿物质微量元素和维生素缺乏多见，后者见于霉菌毒素与药物中毒。

此外，胎产病也有不同程度的发生。

二、当前猪病发生和流行的特点

1. 病种繁多复杂

旧病继续发生，新病不断出现。仔猪黄痢、仔猪白痢等疾病几乎常年发生。由于多种原因，导致我国原已控制或基本控制的疾病，如猪瘟、猪口蹄疫、结核病等传染病又有重新抬头之势。与此同时，随着养猪业的迅速发展，从国外引进种猪和动物产品的数量明显增加，由于缺乏有效的诊断与监测手段，配套的防疫卫生技术跟不上等，导致一些新的传染病的传入和发生，如猪繁殖与呼吸综合征、猪圆环病毒感染、猪传染性萎缩性鼻炎、猪传染性胸膜肺炎、猪伪狂犬病等。上述疾病在我国较大范围内发生和流行，有些虽然只在局部发生，但具有很大的潜在危险。

2. 病情复杂

存在一个猪场同时流行多种疫病，一群猪同时发生多种疾病的病例增加，甚至某一猪只同时发生多种疾病。吴凌报道了猪链球菌病和变形杆菌混合感染的病例；唐红报道了猪囊虫和肉孢子虫同时寄生发病；周元军报道了猪弓形体病与猪肺疫混合感染。这给正确诊断疾病增加了难度，使制订综合防治方案需要更高的技术水平。

3．发病非典型化和病原出现新的变化

在疫病流行的过程中，受到环境或免疫力的影响，某些病原的毒力常发生变化，如减弱或增强，从而出现新的变异株或血清型。加上猪群免疫水平不高或不一致，导致某些猪病在流行、表现症状和病理等方面非典型化，出现非典型感染和发病，使某些原有的旧病以新的面貌出现，如目前各地发生的非典型猪瘟。这些均给诊断和防治工作带来更大的难度。

4．一些条件性传染病已变为非条件性传染病

如猪大肠杆菌病，大肠杆菌一直被看作是寄居肠道内的正常菌，至多也是一种条件性致病菌。直到最近十多年，才逐渐认识到某些特定类型的大肠埃希氏菌也是一种原发性致病菌。至于此病的传染途径，传统的观念认为，主要是经消化道感染，饮水、饲料不洁是此病发生的诱因。实际中并不完全如此，由于规模化饲养的密度加大、通风换气条件差、天气变化、应激、并发症等都可成为此病的诱因。

5．营养代谢病与中毒病的发病率日渐上升

其中较多见的是各种矿物质、微量元素、维生素缺乏症和霉败饲料及药物中毒等，原因也是多方面的，但与饲料质量关系十分密切。造成饲料质量差又与原材料质量差、饲料配方不合理、饲料保存不当等有关。

第二节 猪病的诊断

一、猪病中兽医诊断基础

中兽医诊法有望、闻、问、切四种，即"四诊"。《元亨疗马集·脉色论》中指出："察病而有巧者，望、闻、问、切也。凡察兽病，先以色脉为主，再令其行步，听其喘息，观其肥瘦，察其虚实，穷饮喂之多寡，究谷料之有无，然后定夺其阴阳之病。"

说明望、闻、问、切在诊察疾病中,各有作用,组成兽医的完整的诊断方法。在诊察疾病过程中,一定要全面运用四诊,做到"四诊合参",才能做到正确诊断,切勿只强调某一种诊法,而忽视其他诊法,否则将导致诊断错误。

1. 望诊

望诊是指对病猪的神、色、形、态以及分泌物、排泄物等进行观察的诊断方法。

2. 闻诊

闻诊是医者通过听觉和嗅觉了解家畜病情的一种诊断方法。闻诊包括耳闻和鼻嗅。

(1) 闻声音:声音的变化可反映脏腑功能盛衰及病症有关情况。闻叫声、呼吸声、咳嗽声、咀嚼声。通过闻其声音的正常与否,从而判断畜体机能是否正常。

(2) 嗅气味:嗅口鼻气、脓味、粪尿味。嗅味诊断原则是:臭味大者多属热重、邪实证;臭味不显或略酸臭者多属虚寒证;有腥臭味者,多属化脓、坏疽之证。

3. 问诊

是指医者向畜主(饲养员)有目的、有程序地询问患畜的病史、病情及有关情况的一种诊法。问饲养管理情况、问饮喂情况和公畜的配种和母畜妊娠、产仔、产后、仔畜等,发病及治疗经过,用过什么药,治疗几次,疗效及反应等情况。通过问诊可使医者得知许多患畜就诊时所见不到的有关情况,这些情况可能对疾病的诊断和用药有重要意义。

4. 切诊

是指医者用手对患畜各有关部位触按而获得病症有关情况的一种诊察方法。

(1) 切脉:是医者手指摸压在患畜一定部位的动脉管上感察脉象的一种诊法。中兽医学认为,脉是气血的通道,脉象(脉搏的形象)能反映脏腑气血盛衰和功能情况,因此切脉可测病症。

猪每分钟平脉数为：60~80次。

(2) 触诊：是医者用手对患畜有关部位进行触摸来探察病变的一种诊法。

二、中兽医辨证

1．八证法

八证是指表、里、寒、热、虚、实、邪、正各证，是概括证型的纲领和基本方法，是病症的病因、病部、病势趋向、正邪状况和治疗的概括。八证在临床辨证中起主导作用。

(1) 表证和里证：表证和里证是概括和辨别病邪侵犯部位及病症深浅的两个纲领。表证是指病在肌表，病变较浅之证；里证是指病邪侵入脏腑，病变深里之证。

(2) 寒证和热证：寒证和热证是概括和辨别病症性质的两个纲领，是用药施治的依据，也是概括机体阴阳盛衰的两种证型。因此，在辨证时，一定要准确辨认病症属寒还是属热，才能用药施治，否则将造成误治。

(3) 虚证和实证：虚证和实证是概括和辨别畜体正气强弱和邪气盛衰的两个纲领。虚证，是正气不足所表现的证候；实证，是邪气亢盛所表现的证候。《内经》说："邪气盛则实，精气夺则虚。"在临床中所见，一般虚证主要是正气不足，而邪气也不盛；实证主要是邪气亢盛，但正气亦尚未衰。

(4) 正证和邪证：正证和邪证是概括和辨别家畜有病与无病、健康或处于病态的纲领。

(5) 八证和阴阳：根据阴阳学说，八证的表、里、寒、热、虚、实证可以用阴阳来概括，而把证分为阴证（里、寒、虚证）和阳证（表、热、实证）。

①阴证：是指阳虚阴盛、脏腑功能低衰之证。其在临床上的表现为口色淡白、舌质如绵、无苔、脉沉细无力、精神不振、肢体末梢俱凉、尿清长、粪稀、肢体无力等。

②阳证：是邪气盛而正气未衰、正邪斗争亢奋之证，表现为口色红绛、脉数有力、发热、目赤肿痛、尿短赤、粪干或秘结等。

2. 脏腑辨证

脏腑辨证是在脏腑学说指导下，以八证为纲，按脏腑来归类症状的辨证方法。八证辨证是辨证的纲领，而脏腑辨证则是辨证的基础和核心，因为一切病变均与脏腑有关。

3. 气血津液辨证

是指对气、血、津液的异常加以归类概括的一种辨证方法。气、血、津液是机体活动和脏腑功能的物质基础，而脏腑又是气、血、津液生化之源。因此气、血、津液与脏腑间有着相互依存、互相影响的关系。在病理上，它们也是相互关联和影响的。但从病症来讲，气、血、津液又有一定特征和规律，可以作为一种辨证体系。同时，在临床上用气、血、津液辨证对病症进行辨证具有重要意义。

4. 六经、卫气营血和三焦辨证

六经、卫气营血和三焦辨证，都为外感热病的辨证方法。

（1）六经辨证：

①传经：即由一经转变为另一经。如太阳传入阳明的循经转变，或由阳明传入太阴的越经转变。

②直中：即病邪直中阴经，如直中太阴。

③合病：即两经以上的病症合并出现。如太阳、阳明合病等。

（2）卫气营血辨证：是一种温热病的辨证方法。这种辨证方法将温热病归纳成卫分证、气分证、营分证、血分证四证。卫气营血四证实际上是温热病发展过程中的四个阶段。卫分证为温热病初期，属表证，主肺与皮毛；气分证为温热之邪已入里，属里证，主脏腑；营分证为邪热已入心营，以血热为主证；血分证为邪热耗血动血、热灼亡阴之重危阶段。

(3) 三焦辨证：是以湿热为主的温热病的辨证方法。湿热之邪多具先侵上焦心肺，后而侵入中焦脾胃和下焦肝肾之特点，因此上、中、下焦病症又是湿热温病的三个阶段。

三、西兽医辨证

西兽医对疾病的辨证主要是通过研究家畜病理生理学和病理解剖学的特点，对病畜的疾病种类和疾病的发展过程进行辨证，从而制定综合防治疾病的措施。

1. 疾病的分类

为了便于认识疾病和有针对性地采取有效的防治措措施，西兽医通常把畜禽的疾病进行分类。

(1) 按疾病的发生原因分类：

①传染病：是指由病原微生物侵入机体，并在体内进行生长繁殖而引起并具有传染性的疾病，如猪瘟、猪丹毒等。

②寄生虫病：是指由寄生虫侵袭机体而引起的疾病，如蛔虫病、鞭虫病等。

③普通病：是指由一般性致病因素引起的内、外、产科疾病，如外伤、胃肠炎、胎衣不下等。

④其他疾病：包括营养缺乏症和中毒疾病等。

(2) 按疾病的经过分类：即根据疾病的缓急和时间长短将疾病分为：

①急性病：疾病进程快，经过时间极短，由数小时到2～3周，症状急剧而明显，如猪肺疫、农药中毒等。

②慢性病：疾病进程缓慢，经过时间较长，由1～2个月到数年，症状一般不太明显，体力逐渐消耗，如结核病、某些寄生虫病。

③亚急性病：介于急、慢性之间的一种类型，如疹块型猪丹毒等。

在临床实践中，急性病、亚急性病与慢性病之间并没有严格

的界限。急性病在一定的条件下可转变为亚急性病和慢性病，而慢性病也可转变为急性发作。

(3) 按患病器官系统分类：此种分类可将疾病分为消化系统疾病、呼吸系统疾病、泌尿生殖系统疾病、营养代谢性疾病、运动器官疾病等。

这种分类方法只是为了便于对疾病的分析而提出的。事实上，机体是有机的统一整体，当一个器官或系统发生疾病时，其他器官系统往往也必然有不同程度的变化。

(4) 其他分类：按治疗方法进行分类，如以手术为主要治疗方法的外科病；以药物为主要治疗方法的内科病等。

2. 疾病的经过和转归

疾病从发生、发展到结局的过程称为病程，在这个过程中，具有一定的阶段性，不同的发展阶段有不同的表现。

(1) 潜伏期：从致病因素作用机体开始，到机体出现最初症状为止，这一阶段称为潜伏期。潜伏期的长短根据病因的特点和机体本身状况，表现并不一致，有的较长，有的较短。如狂犬病的潜伏期最长可达一年以上；而猪肺疫发作时，有时是突然死亡，没有明显的潜伏期。

(2) 前驱期：前驱期指从出现最初症状开始到出现主要症状为止，在这一阶段中，机体的机能活动和反应性均有所改变，但一般只出现一些非特异性症状，常称为前驱期症状，如精神沉郁、食欲不振、体温升高、呼吸心跳加快等。有时有些疾病也有典型特点，可以帮助我们及时诊断和及时采取防治措施。

(3) 明显期：明显期为在前驱期之后疾病出现明显的典型症状时期，由于具有一定的特异性，对诊断疾病很有价值。此期或多或少具有一定的持续时间，例如猪丹毒为1～3天，口蹄疫可持续1～3周。

(4) 转归期：经过明显期后疾病进入结束阶段称为转归期。疾病的转归可依机体的状况、病因的性质和诊断，以及是否及时

正确的治疗而表现各异，可分为完全痊愈、不完全痊愈和死亡3种形式。

3．疾病的临床检查

西兽医对疾病的临床检查方法主要包括：问诊、视诊、触诊、叩诊和听诊。与中兽医诊法的"四诊"在方法上基本是一致的，只是各自的表述有所不同。

4．疾病的病理生理

在疾病的发生发展过程中，机体的某些生理生化指标会发生不同程度的变化，如血细胞的数量和形态的变化、血液中血红蛋白含量的变化、尿液中糖分含量指标等都是西兽医判断疾病的主要依据。

5．疾病的病理解剖

西兽医对疾病诊断的另一个重要方法是研究疾病过程中形态结构方面的变化，通过观察某些疾病在发生发展过程中机体器官、组织、细胞的形态结构的特异性变化而对相应的疾病作出诊断。也就是通过剖检死畜，对死畜各个器官组织的病理变化以及各种病理变化之间的相互关系进行认真的分析和加以综合判断，以确定各个器官组织的病症和疾病的发展阶段，从而为制定综合防治疾病的方案提供依据。

6．病原诊断

病原诊断包括两方面的含义，一是对病原的种类作出准确的鉴定，二是对病原特性进行研究。这对制定针对某些传染病的综合防治方案具有非常重要的意义。

（1）病原种类的鉴定：所有的传染病都是由特定的病原引起的，如猪瘟是由猪瘟病毒引起的；猪丹毒是由猪丹毒杆菌引起的。对猪病病原的鉴定是诊断疾病的需要，也是制定综合防治措施的需要。

（2）病原特性的研究：临床上不仅存在同一种疾病分别由某一病原的多个血清型引起，而且同一种血清型病原在不同地区或

不同时期对某些药物的敏感性又有很大的差异。因此研究病原特性对制作和选用疫苗以及治疗药物的选用具有非常重要的意义。

第三节 猪病的综合防治

一、预防措施

疾病防治的基本法则是根据疾病发生、发展规律而采取预防措施和治疗。一方面是想办法提高畜体的抵抗能力,另一方面是设法减少环境中病原微生物的数量,使畜禽在与病原微生物的斗争过程中始终处于优势地位而不发病。

(一)严防引入病原

发展种公、母猪,做到自繁自养是防止从外面购进病猪而带进传染病的一项重要措施。不要贪图便宜或损人利己而买卖有病的猪或病死猪肉。猪的传染病往往由于运输、买卖、引种或屠宰病猪而传播流行,因此,必须严格检疫工作。引进前,首先要了解对方的养殖场周围是否有疫情,再通过观察猪只的精神状态、饮食、大小便是否正常和检测体温是否正常等确定猪只是否健康。新购进的种猪应单独饲养,专人管理,隔离观察2~3周,确定无病者方可混群饲养;病猪所产仔猪不能留作种用。从外地引进种猪更应谨慎,应从非疫区或健康猪场购买,要经过当地动物检疫部门按规定进行严格的检疫,除普通传染病外,作为种猪特别要注意是否有气喘病、猪细小病毒病、猪乙型脑炎、猪伪狂犬病、猪繁殖与呼吸综合征等的发病或带毒猪。要就地做好猪瘟等疫病的预防注射,并签发检疫证明后才能成交。

(二)加强对猪只的饲养管理

加强饲养管理是采取措施防止疾病的发生和发展,这是猪病

综合防治的首要措施。实践表明，饲养管理好的猪只则发病较少，即使发病也较易痊愈；饲养管理差的猪则发病较多；已发病的猪若不加强饲养和护理，病也很难治愈。某些病原微生物平常就存在于动物体内，只是在良好的饲养管理条件下，在与猪体斗争的过程中处于下风，不显示致病性。如猪肺疫的病原巴氏杆菌和大肠杆菌病的病原大肠杆菌，平常就在健康猪只的体内存在，正常情况下猪不发病，若饲养管理不当、长途运输或受天气突变等诱因的影响，致使猪因抵抗力下降、病原体与猪体抵抗力的平衡被打破、病原菌大量繁殖、毒力增强而发生猪肺疫和大肠杆菌病。一些消化系统普通病、中毒病和代谢病，大多由于饲料品质不良、饲料配合和调制不当和饲喂方法不正确等原因引起。因此加强猪的饲养管理，对增强猪的抗病能力，防止猪病的发生及加快病猪的康复都具有十分重要的意义。

1. 提高畜体抵抗力

祖国兽医学对于家畜疾病的预防是非常重视的，预防思想是明确的，预防方法是独特的。《内经》中记有"治未病"，即预防疾病发生。中兽医学对预防措施作了全面的概括，认为预防主要从两方面着手，一方面为平时加强饲养管理，增强家畜体质，防止疾病发生；另一方面为早治，防止疾病转变。前者叫"未病先防"，后者叫"既病防变"。

（1）未病先防：是指家畜还未发病时，就要做好各方面的预防工作，防止疾病的发生。中兽医学在未病先防方面总结了很多行之有效的措施和方法。如《元亨疗马集》中记有"冬暖，夏凉，春牧，秋厩，节刍水，知劳役，使寒暑无侵，则马骡无疴瘵也"。说明加强饲养管理是预防家畜疾病发生的关键。

中兽医学还认为，气候季节不同，不仅对家畜有一定的影响，同时对某些疾病的发生发展也有不同。因而采取灌四季药和放大血的办法来防止各季最常见常发病。所以古兽医书中记有"春季放大血，则夏无热壅之病"；"春灌茵陈与木通，消黄三伏

有奇功，理肺散宜秋季灌，茴香冬月莫教空"。

猪只机体本身对疾病具有一定的抵抗能力，疾病只有在一定的外因作用下才会发生。如果饲养管理搞好了，猪只体质健壮，抵抗力强，外因就不容易起作用，疾病就不易发生。因此平时精心饲养，注意饲料的搭配和营养需要，不喂给霉变饲料，做好冬季防寒、夏季防暑、降温工作等，这样不仅可以降低成本、增加效益，而且能够增进猪群健康，提高群体抗病能力。

(2) 勤观察猪群动态，及时发现病猪：观察猪群时要留心发现病猪。一般病猪都表现出精神不振、行动缓慢、皮毛粗乱无光泽、食欲不佳、消化不良、粪便不正常、呼吸困难和咳嗽等。猪群一旦发生疫病，应当及时查明病因，准确诊断，采取果断而有效的防治措施，尽快控制猪病。为了杜绝传染源，应迅速隔离病猪，以中断流行过程，发病的猪场应停止仔猪和种猪的外调和出售，并临时加强消毒，以消灭疫源地的病原体。不能在猪场附近屠宰病猪；病死猪的尸体应烧毁或深埋，作无害化处理。

(3) 既病防变：是指家畜已经发病应及早治疗，防止疾病蔓延和转变。如《内经》中记有："风邪之至，疾如风雨，故善者治皮毛，其次治肌肤，其次治筋脉，其次治六腑，其次治五脏。治五脏者，半死半生也。"又如《难经》说："上工治未病，中工治已病者，何谓也？然。所谓治未病者，见肝之病，则知肝当传之于脾，故先实其脾气，无令得受肝之邪，故曰治未病焉。中工治已病，见肝之病，不晓相传，但一心治肝，故曰治已病也。"

(三) 加强环境管理

场地潮湿最适宜病原菌的生存与繁殖，是产生疾病的策源地。因此，养猪场要保持排水良好、地面干燥；不使用发霉的垫草，以减少猪只发生曲霉菌病；猪的粪便中常常含有大量寄生虫卵及其他病原体，是引起猪病的一个重要来源，如果不及时处理，容易到处污染、传播疾病。为了减少粪便的污染，最好将粪

便堆积在一起进行热发酵，这样既可以杀死病原体又可得到良好的有机肥料。猪的粪便还可作鱼饵，猪场可以结合养鱼，让鱼吃掉水中的粪便，既可以减少病原微生物的污染、清洁了水源，又能利用粪便培养浮游生物供鱼儿食用。猪舍内要保持清洁干燥，各种设施要保持清洁卫生。猪舍不可靠近有传染源的地方，闲杂人员禁止进入猪场。建立必要的卫生设施，在门口设置更衣室、浴室或紫外线消毒室供进出人员消毒。在猪场门口设置大型清洗池、高压喷洗装置以及喷雾器等，供进出猪场的车辆、用具等的消毒和清洗。养猪场的工作人员进入猪舍也应更换衣服、靴和帽并洗手消毒。放牧场地要防止受病原污染。

（四）严格做好消毒工作，减少疾病发生

为了消灭传染源散布于外界环境中的病原微生物、切断传播途径、阻止疫病蔓延，猪舍场地和用具都必须经常消毒，坚持严格的消毒制度。设置的消毒池内要经常保持有效的消毒液。

二、计 划 免 疫

在未发生传染病流行之前，有目的地给畜禽注射（接种）某种疫（菌）苗，就可预防该种传染病的发生，这种方法就是计划免疫。有计划地进行免疫可使猪体获得特异性的免疫力，是当前控制畜禽传染病发生的一个切实可行的有效措施。

某种疫（菌）苗注入动物体内后，刺激动物机体产生一种能抵抗环境中同一种病菌或病毒的侵害的物质（抗体），从而使接种动物不再患该种传染病，通常称为"免疫"。由于免疫是特异性的，也就是说接种一种疫苗只能预防一种传染病，如注射猪瘟疫苗只能预防猪瘟，而对其他传染病是没有预防作用的。因此，应根据饲养经验及本场的实际情况，有选择地按一定的免疫程序给畜禽进行预防接种，确定注射哪些疫（菌）苗，分别在什么时候注射。选用有效的疫（菌）苗和采取可靠的免疫方法进行适时

的接种,以增强猪只机体对疫病的免疫力,这对病毒性疾病尤为重要。

疫(菌)苗是一种生物药品,通常接种的疫苗有弱毒苗、灭活苗、基因工程苗等。注射疫苗后,要经过一定的时间才能产生抗体。一般活疫(菌)苗经过7~12天,死疫(菌)苗经过14~21天才能产生足够的免疫力。此后,在较长的时间内,动物体内的抗体可维持在足够抵抗该种传染病的水平,接种动物对该传染病是不易感的,这个期限就叫免疫期。疫苗不同,其免疫期的长短不同,由几个月至1年左右。超过了免疫期,动物体内的抗体逐渐减少,当抗体水平下降到不能继续抵抗传染病侵袭的时候,又变为易感动物。因此必须再打预防针,才能重新产生抗体,获得免疫。

临床上可依据疫病流行情况、易感动物等的不同以及动物本身的免疫情况,不同的疫苗应针对不同年龄猪只选择较适合时期注射,也就是结合实际情况来实施免疫计划。如有的地方对猪预防接种采取春秋两季各接种1次,平时对新出生的仔猪在30~50日龄补充注射猪瘟疫苗1次。选择疫苗的种类应视各地传染病流行情况而定。

一般情况下,是在未发生传染病的地方对受到某些传染病威胁的健康猪只进行预防接种。但在发生传染病时,在疫区(疫点)对未出现症状的猪(假定健康猪)或邻近地区受到威胁的猪,可进行相应的疫苗的紧急预防注射,建立保护带,保护邻近乡村的猪免受传染。如在某群猪中有猪发生猪瘟时,对全群猪用猪瘟疫苗进行大剂量(4头份或稍大)的紧急注射,利用猪瘟疫苗产生保护力快(注射后4天即可产生保护力)的特点,使猪群在短期内产生免疫力。

免疫接种注意事项:

①各种疫苗的接种方法应按瓶签和说明规定的方法使用,以免失效。使用前要逐瓶检查,注意有效期、头份、稀释液、使用

方法等，发现有破塞裂瓶、无真空、过期或变质疫苗，一律不能使用。

②疫苗应注意低温保存（放冰箱、冰柜内），运输携带时最好用冰瓶，同时注意避免高温和阳光照射。

③疫苗使用前按瓶签说明，用生理盐水、20%铝胶生理盐水或疫苗附带的稀释液稀释。稀释后的疫苗限在6小时内用完。

④接种疫苗的注射器和针头要预先煮沸消毒。吸疫苗的针头要固定在瓶上，以免污染整瓶疫苗。每注射1头猪要更换1个消毒针头，特别是做紧急预防接种时更应按此要求做，平时也应至少做到每注射1户（或1栏）猪更换1个消毒针头。注射部位要用酒精棉球涂擦消毒。

⑤对1只猪同时注射2种以上疫苗时，各疫苗应分别注射，不可混合作1针注射。

⑥注射后在短时间内，极个别的猪只会发生过敏反应，表现鸣叫不安，突然倒地，呕吐、流涎等。应注意观察、及时抢救。抢救时可用0.1%肾上腺素肌肉注射1~3毫升；针刺人中、太阳、涌泉、滴水、耳尖、尾尖等穴。

⑦注射疫苗后1~5天要加强饲养管理，同时注意疫苗反应，如减食等，属正常现象，不用处理便可自行恢复；如反应严重，出现体温升高，可肌肉注射或大椎穴注射新鲜鸡蛋白10毫升左右即可。

⑧接种弱毒活疫（菌）苗时，在接种疫苗的前3天和接种疫苗后4天不要对猪只使用对该种疫苗敏感的抗病毒（菌）类药物。

三、药物治疗方案

(一) 药物治疗原则

是指治疗家畜病症的法则，也就是治疗时立法、处方、用药

的总原则。治则包括：扶正与祛邪、治标与治本、正治与反治、同治与异治、治常与治变、治疗与护养等。

1. 扶正与祛邪

正邪消长决定着病症的发展。正胜邪祛则病症转愈；邪胜正祛则病症加重。因此，治疗的最终目的就是要正胜邪祛，消除疾病，恢复健康。

2. 治标与治本

在疾病的范畴里，所谓"本"是指疾病的本质；"标"是指疾病的现象。标和本是一个相对的概念，是用以说明疾病内在与其他因素之间的关系。如从正邪来说，正气是本，邪气为标；从疾病发生来说，病因是本，症状为标；从病变部位来说，内脏是本，体表为标；从发病时间来说，先病是本，后病为标；从内外因来说，内因是本，外因为标等。中兽医在辨证施治中，始终抓住疾病的本质，并针对疾病的实质（即本质）进行治疗，即治病求本。治病求本，是中兽医辨证施治的一个根本原则。只有遵循治病求本原则才有满意效果。病症是一个复杂过程，并在一定条件下发生转化，因此标和本也有主次轻重不同，所以，在临床治疗中应根据先后缓急进行治疗。

3. 正治与反治

（1）正治：又称逆治，是指逆病症的征象而治。正治含有正规和常规的意思，是临诊常用的治疗方法。又因所用药物性质与病症的征象相反，所以又叫逆治。正治法一般适用于病情比较单纯，病症本质与症状表现相一致的病症。如热证表现热象、寒证表现寒象、虚证表现虚象、实证表现实象等。据此，治疗时采用正治法，即热者寒之、寒者热之、虚者补之、实者泻之等治疗原则。

（2）反治：又称从治，是指顺病症的征象而治。反治法一般适用于病情比较复杂，病症本质与症状表现不一致，出现一些假象的病症。如寒证出现热象，热证出现寒象，虚证出现实象，实

证出现虚象等。治疗时应辨清假象，治其本质，即在此情况下所用药性与症状情性相同，所以此法与正治法相反而称反治；又因其是顺从病症征象而治故称从治。

（3）反佐法：当病症发展到阴阳格拒的严重阶段而出现假象时，或对大寒证、大热证的治疗，如果单纯以热药治寒，或以寒药治热证的反治法，往往会发生药物下咽即吐的格拒现象而影响效果。此情况就需用反佐法起诱导作用，以防止格拒。

在临床上常用的反佐法有：

①药物反佐：即在多数温热或寒凉药味中，佐以少许寒凉或温热药，以防止疾病对药物的格拒；

②服法反佐：即热证，用寒凉药时采取温服法，或寒证用温热药时采用冷服法，以防止疾病对药物的格拒。

4．同治与异治

（1）同治：即同病异治，是指对同一种病症，由于病因、病理以及发展阶段的不同而采取不同治疗的方法。如同是一种外感病症，但由于风寒、风热不同，而治疗时分别采用辛温药解表或辛凉药解表；再如，同是外感温热病，由于其卫、气、营、血阶段不同，治疗时也就有解表、清气、清营和凉血等治法。

（2）异治：即异病同治，是指对不同的病症，由于病理相同或处于同一病性阶段或病变阶段而采用相同治疗的方法。如气虚下陷，其可出现久泄、久痢、脱肛和子宫脱垂等症，但均可用益气补阳的方法治疗。

5．治常与治变

（1）治常：是指病症治疗的一般原则和大法。

（2）治变：是指灵活变通的随证施治。

在临床治疗中，除掌握治常外，更重要的是要知治变。因为同是一种病症，由于家畜种类不同和个体差异以及气候环境不同，其表现也不一，则治疗也就因畜、因时、因地而异。

①因畜制宜：是指因病猪的种类、年龄、性别、体质等不

同，则治疗用药也有所区别。如幼畜脏腑娇嫩、气血未充，一般忌投峻猛药；母畜要注意安胎、妊娠禁忌、通经下乳、回乳等事项；体质强壮者针药宜略重，虚弱者针药宜略轻；成年体大药量略大，幼畜药量略小等。

②因时制宜：四季气候不同，治疗也有所区别。如夏季气候炎热，腠理疏泄，则不宜过用辛散之药，以免发汗过多，损伤津液；冬季气候寒冷，腠理致密，风寒感冒时，则需重用辛散之味，以使病从汗解。

③因地制宜：病猪所处的地理环境不同，在治疗用药上也不一样。如我国，南方炎热潮湿，病多温热或湿热，故宜清凉化湿；北方寒冷干燥，病多风寒或燥证，故宜温热、润燥。

6．治疗与护养

中兽医学对护养极为重视，即"三分治疗，七分护养"。《元亨疗马集·七十二症》中，对每症都有调理一项，而且叙述得很详细，如寒病忌凉，不可寒夜外拴，宜养于暖厩之中；热病忌热，厩内不可过温，宜拴于阴凉之处；伤食者少喂，伤水者少饮，伤热者宜饮凉水，伤冷者宜饮温水；表散之病忌风，勿拴巷道堂下；四肢拘挛、步行艰难之病，则昼夜放纵；低头难者宜用高槽；肩膀痛者宜用低槽；破伤风者肩上宜搭毡毯，养于安静光暗之厩，时时给以颗粒饲料；患腰腿瘫痪者，必须在卧地多垫软草，不可卧于潮湿之处；患肚痛起卧者，必须专人照料，防止跌滚等。上述均为护养经验，可学习运用。

（二）药物治疗方法

这里主要介绍中兽医的药物治疗方法，但在选用西药时，也可借鉴其选药和治疗方法。

1．八法

是指汗、吐、下、和、温、清、补、消8种药物治疗的基本方法。八法是根据辨证八证和方药的主要作用而归纳起来的治疗

第一章 猪病与猪病防治的基本知识

方法，所以八法成为临床治疗最常用的方法。

（1）汗法：也叫解表法，是指运用具有解表发汗的方药使病猪发汗，以解散表邪的一种治疗方法。发汗能调和营卫、驱逐病邪、汗出邪解。汗法主要用于具有表证的各种病症，如感冒、流感、风湿痹痛、疹将透发阶段、疮疡痈肿和水肿初期阶段等，以及传染病早期阶段。

（2）吐法：也叫涌吐法或催吐法，是指运用具有催吐性能的药物，使病邪或有害物、咽喉分泌物从口吐出的一种治疗方法。部分催吐药物还具有反射性祛痰作用，可协助肺内痰液排出。所以，吐法除用于误食毒物、食积胃脘外，还用于咽喉分泌物增多、肺痰壅阻、中风痰厥等。吐法是一种急救的方法，所用之药其性峻猛，易伤元气、损伤胃脘，应用时要掌握适应病症，不宜随便使用，此法在八法中是较少用的一种疗法。

临床运用吐法时应注意：机体虚弱、心气衰虚的病猪不可用；怀孕和产后母猪、失血过多者慎用。

（3）下法：也称泻下法或攻下法，是指运用具有攻下、润下、峻下逐水作用的方药，以通导粪结、排除胃肠积滞和寄生虫以及积水的一种疗法。下法主要适用于里实证，如胃肠燥结、虫积、蓄血、停水等。

（4）和法：也叫和解法，是指通过药物和解表里、疏通气机、调整阴阳，以达到解除病邪的一种疗法。所以和法是一种以调整机体阴阳盛衰、增强机体抵抗力，使脏腑表里在新的情况下维持相对平衡的治疗方法。和法适用于不宜用汗、吐、下、温、清、消法的病症。

（5）温法：也叫祛寒法，是指运用具有温热性的药物祛除阴寒、补益阳气、回阳救逆的一种疗法。临床上可根据中寒的部位和程度不同，分别取回阳救逆、温中散寒、温经散寒。

临床运用温法时应注意：挟热下利、神昏气衰、阴液将脱者禁用；体素阴虚、内热炽盛者禁用；热伏于内、真热假寒者禁

用。

(6) 清法：也叫清热法，是指运用具有寒凉性的药物清解郁热的一种疗法。清法适用于表热已解、里郁火热、热毒等里热证。临证常把清法分为清热泻火、清热解毒、清热凉血、清热燥湿、清热解暑5种。

(7) 补法：也叫补虚法，是指运用具有滋补作用的药物对机体阴阳气血不足进行补益的一种疗法。补法适用于一切虚证。补法分为补气、补血、补阳、滋阴4种。补一般不宜急，虚则缓补。但在特殊情况下，如大出血之虚证则需急补。补气血以补脾胃（水谷之海）为主；补阴阳以补肾和命门（真阴阳生化之源）为主。但阴阳气血相关，临诊时应全面考虑。补法切忌纯补，而应在补药中配伍少量疏肝和脾之药，加强脾胃功能，以增强吸收能力，使补药补而不腻，提高补益效果。此外，在邪盛正虚或外邪尚未清除时，亦忌用纯补法，以防"闭门留寇"，致留邪之弊。必须辨清虚实的真假，以免误治。

(8) 消法：也叫消导法或消散法，是运用具有消散破积的药物消散体内气滞、血瘀、食积的一种疗法。消法和下法在作用上很相似，只不过消法较下法缓和。但在临床运用上，消下两法有所不同。如下法在于攻逐、清除粪便燥结；而消法则为消积运化，对胃肠内的食积气滞有逐渐消散的作用。消法的代表方为曲麦散。

临床运用消法时应注意：

①不宜过度使用，以免病猪气血耗损。

②对怀孕母猪和虚弱病猪采用消法时应该配合补气养血药。

2. 八法的并用

八法各自有适用范围，适用于一定的病症。但临床上所遇到的病症是错综复杂的，有时单用八法中的某一疗法并不能收到满意疗效，而必须两法配合使用才能提高疗效。临床上常汗下并用、温清并用、攻补并用、消补并用。

3. 外治

又叫外治法，是指运用药物直接作用于病变部位的一种疗法。中兽医学的外治法内容丰富多彩，有针灸、手术、巧治、药物外治等方法。

（三）针灸疗法

针灸疗法是传统兽医防治畜禽疾病的主要手段之一，包括针术和灸术两方面。所谓针术是指使用特制的针具，对动物体的一定穴位进行刺激以防治某些疾病的一种技术；灸术是使用点燃的艾绒或其他温热物体，对体表穴位或一定部位施以温热刺激以防治某些疾病的一种技术。针术和灸术都是通过刺激穴位、疏通经络、调和气血达到防治动物疾病和提高动物生产性能。对于猪来说，用得较多的是针术，并往往和药方配合使用，即中兽医所谓的"针不离方，方不离针"，针灸和药物两种治疗手段配合使用，相辅相成，可提高疗效。常用的针具有针头锐利的圆利针（又称毫针，用不锈钢或合金制成，针体直径在1毫米左右，针体长5～10厘米）和针头如矛尖的小宽针（针头最宽处约4毫米，针柄长约10厘米）等。

对病猪施针时应注意：对病猪进行适当的保定；注意针具、穴位的清洁消毒。

针灸疗法的种类很多，从大的方面来说，可分为针、灸、熨、烙，其中还有巧治法。单从针法来说，除了传统的疗法种类，如白针、血针、火针、气针等外，还有一些创新种类，如水针、电针、光针（即激光穴位刺激）等。对治疗猪病来说，比较常用的有以下几种。

1. 白针疗法

白针疗法是使用圆利针（毫针）或小宽针在穴位上刺入一定的深度，并施行行针、留针等手法使患畜出现针感（得气），以治疗疾病的方法。因该疗法所刺穴位一般在肌肉较丰满处、背脊

椎骨之间、关节骨隙等处，没有粗密血管分布，扎下针去不能见血，与针刺血管走向处穴位的红针（血针）疗法相区别，故称白针。针刺角度根据不同穴位而定，分为3种，即直刺（呈90°）、斜刺（呈30°~40°）和平刺（呈15°~25°）。针刺的深度视畜体大小而定，太浅不能产生针感反应，难以获得疗效，太深又怕刺伤患畜，如刺背脊上的穴位，要避免刺伤脊髓；刺胸腹侧穴位时，要谨防刺伤内脏。针感反应依靠准确刺穴和行针手法（如捻、转、提、插等）获得，只有出现了针感反应才能产生疗效。针感可通过观察动物是否出现拱腰、翘尾、局部肌肉收缩和皮肤颤动等现象来确定。白针疗法常用于消化系统病症、肌肉闪伤或扭挫、外周神经麻痹、母畜不孕症及点刺黄肿使黄水或毒液外流等。

2. 血针疗法

血针疗法又称红针、刺血或放痧疗法，是用小宽针、三棱针或痧刀在血管上的穴位或皮肤浅表的静脉上刺之出血以防治疾病的治疗方法。小宽针刺血，一般情况下针刃与血管的走向平行，防止切断血管。血针穴位一般比较浅表，入针0.5厘米左右即可出血。出血量的多少直接影响到治疗效果，热性病症、肿痛性病症及膘肥体壮者可多放些，成年猪1次多个穴位放血总量达100毫升左右也不算多，反之则应放少些。针刺出血后一般可自行止血，或在达到适当的出血量时压迫止血。

猪常作为刺血的穴位有耳尖、人中、鼻中、尾尖、尾本、涌（泉）滴（水）等。此外，还有"肚斑痧"（又称八络穴，位于腹下乳头外侧皮下的胸外静脉分支上，左右侧各刺4针共8针）、腋夹穴（腋窝臂部的脉管上，左右前肢腋下各1穴，共2穴）、吊筋穴（前肢腕关节内侧方的脉管上，左右前肢腕内各1穴，共2穴）。由于各地的习惯不同而有不同的选穴配方，其穴组取名也不同，如"九路针"（腋夹2针、吊筋2针、涌泉2针、滴水2针、尾本1针，共刺9针）、"四海、五湖、八络"（"四海"即涌

泉、滴水共4穴点，"五湖"即"四海"加尾尖穴，"八络"即肚斑痧八针）等。

血针具有保健促膘、泄热开窍、止痛解痉、消黄、散肿、泻毒等功能，常用于热性疾病，如用于治疗猪感冒、中暑、中毒等病症。对某些体弱、膘、瘦、肚大的"僵猪"，挑刺八络等穴位后还有促长增膘的效果。

3. 水针疗法

水针疗法又称穴位注射疗法，是采用某些适用于肌肉注射的药液直接注入穴位或痛点的疗法。这是一种中西兽医相结合的疗法，它把针刺穴位和药物作用结合起来，以调整机体的机能和改变病理状态，从而达到治疗疾病的目的。

用于水针的工具为普通的注射针头和注射器。一般白针穴位都可进行水针治疗，临床可根据不同疾病选择适宜的穴位，如前肢疾患选抢风穴，后肢疾患选大胯穴、小胯穴，眼病选太阳穴，消化道疾患选大椎穴、百会穴等。每次取穴不宜过多，通常只取1～3个穴位点。针对不同疾病，选用一种适合治疗该病症而又适宜肌肉注射的中西药液。一般用量为普通肌肉注射的1/5～1/3，一个穴点注入3～5毫升为宜。

水针疗法可广泛应用，兽医临床上多用此法治疗外伤跛行、风湿病、神经麻痹、后肢瘫痪、便秘、泄泻、胎衣不下、脱肛、脱宫、眼病等。还有用生物药品进行穴位注射可提高免疫或治疗效果的报道。

4. 卡耳（尾）疗法

卡耳（尾）疗法又称吊黄疗法，是指将药物埋入猪耳部的卡耳穴（或尾部卡尾穴）以治疗某些猪病的方法，属于针灸疗法中的巧治法之一，民间称"装信"。

埋卡药物较常用的是蟾酥或砒石，均为有毒之品。砒石又称信石，有红砒、白砒、砒霜之别，一次用量约1粒绿豆大小。蟾酥是蟾蜍（即癞蛤蟆）分泌的毒液，可自采集备用。癞蛤蟆耳膜

后上方有一个大而长的包，是含毒液最多的地方，采蟾酥时用竹片或镊子等挤压该部位，将毒液收集到瓷器中（忌用铁器装，以免变黑）。取浆后的蟾蜍应放归自然栖息地，保护资源，以利再用。蟾酥可现采现用，如要长期保存，可把毒液晒干，制成片状，或制成蟾酥棉条，即将毒浆蘸湿药棉，然后用手将药棉揉搓成两根火柴梗粗细的药棉条，阴干，剪成约1厘米长的药棉段，装入有色瓶中保存备用。

卡药的方法是在卡耳穴（或卡尾穴）处用宽针平刺皮下，然后用针挑起皮肤使成一皮下囊，将1～2粒绿豆大小的蟾酥（或砒石）或蟾酥药棉一段塞入囊内，用手按一按切口，使药不脱出即可。之后卡药处会红肿或溃烂成小洞，卡尾时尾巴下段有时会烂脱，但对猪的生长无多大影响。卡耳时，一次只卡一只耳，如果需要第2次卡耳，则需经一星期后再卡另一只耳，最多只卡2次。

卡耳（尾）疗法是利用针刺和药物的诱导作用，把猪的"内黄症"引诱出来，而达到激发机体本身的抗病能力，从而战胜病邪的疗法，而埋卡的药物本身也有以毒攻毒的效能。对某些患慢性病的猪，如猪喘气病、猪流感和某些热性病的慢性期，在药物治疗的效果不明显，或需多次用药、药费太高、治疗不经济时，可试用卡耳（或卡尾）疗法，或许有治愈的希望。

第二章 兽药的基本知识

第一节 兽药的概念

兽药是指用来预防、治疗和诊断畜禽疾病或用于调节机体生理机能并规定其作用、用途、用法和用量的物质。兽医临诊所用的药物，就其来源来看，基本上可划分为天然药物和人工合成两大类。

1. 天然药物

天然药物包括植物、动物、矿物和微生物等药品。

（1）植物性药物：是利用植物的根、茎、叶、花、果实和种子经加工制成的。临诊广泛使用的中药绝大多数属天然性的植物药物，我国自古即有"百草皆为药"的说法。植物药物来源丰富、价格低廉、残毒低，具有双向调节作用，且能调节机体的免疫功能和不易产生耐药性等优点，其防治猪病的效果优于或等同于化疗药物、抗生素、生物制品。当今全球聚焦食品和环境安全，运用天然药物和中兽医的方法来治疗猪病，越来越受到人们的重视。

（2）动物性药物：是利用原动物或动物的组织、器官经过加工或提炼而成。

（3）矿物性药物：是直接利用原矿物或其制品的药物，由于矿物质是动物机体不可缺少的物质，所以，除医疗用药外，还广

泛用作饲料中的矿物质微量元素添加剂,以补充畜禽体内微量元素的不足。

(4)微生物药品:是从某些微生物的培养液中提取的具有抑杀其他微生物的药物。

2. 人工合成药物

是应用分解、结合、取代等化学方法合成的药物。

第二节 兽药的剂型与剂量

1. 剂型

剂型是指药物在使用前,根据药典或药品规范从不同的药性和治疗需要出发,将药物制成一定规格的制剂形式并可以直接用于动物的药物制品。药物剂型按形态分类,可分为液体剂型、半固体剂型、固体剂型等。

(1)液体剂型:可分为溶液剂、酊剂、注射剂、煎剂及浸剂、乳剂及气雾剂等。煎剂是将药材加水煎煮一定时间后去渣内服的液体剂型;浸剂是药材用沸水、温水或其他溶媒浸泡一定时间去渣使用。生药中含有的鞣质会与容器发生反应生成蓝黑色化合物,因此制备煎剂及浸剂时,宜用陶瓷容器。芳香性药物在煎煮时易挥发而降低药效,应在煎至最后几分钟加入。煎剂及浸剂易长霉菌,因此应现制现用,不能贮存。

(2)半固体剂型:包括浸膏剂、软膏剂、舔剂。

(3)固体剂型:包括散剂和片剂。

①散剂:是指将粉碎较细的一种或一种以上的药物均匀混合在一起,制成的干燥固体剂型,或与固体赋形物(白陶土、石粉等)混合而成。

②片剂:是指将一种或一种以上的药物加压制成的扁平或上下面略有凸起的圆片剂型。

中兽药的剂型很多,除传统的外,现代又有许多新的剂型,

这些剂型是：汤剂（水煎剂），可供内服及外用熏洗；散剂（粉剂），供内服或外用撒布；酒剂，供内服或外搽；丸剂，供内服用；丹剂，供外用；冲服剂，供内服用；针剂，供注射用等。中药剂型的改革和创制新药，不仅提高了疗效，减少药材消耗，而且在整理提高中药疗效和中西结合方面进行了大量的尝试。

2. 剂量

药物产生治疗作用所需的用量称为剂量。剂量是指每一种药物常用的治疗量。药物剂量可以决定药物与动物机体组织器官相互作用的浓度，因而在一定的范围内，剂量越大，药物浓度就越高，作用也较强；剂量小，作用就小。药物的剂量可以用成年动物个体的用量来表示。有些药物也常按猪只的每千克体重的用量来表示，临床使用时需依据动物的实际体重来计算剂量的大小，对其疗效有直接关系。如果应该用大剂量药物来治疗时反而用小剂量，可能会因为药量太小，效力不够，使病猪不能及早痊愈，以致贻误病情；或者应该用小剂量药物来治疗时反而用大剂量，可能会因为用药过量，以致克伐猪体的正气，给疾病治疗带来不良后果。

剂量的大小，应从下面四方面来考虑：

（1）药物的性质：凡是有毒和药性峻烈的药物用量宜小，并从小量开始，看病情变化再考虑逐渐增加；一旦病势已减，应逐渐减少或立即停用，以防中毒或产生副作用。《神农本草经》里指出："若用毒药治疗，先起如黍粟，病去即止，不去倍之，不去十之，取去为度。"对质地较轻或容易煎出的药物如花、叶之类，用量不宜过大；质重或不易煎出的药物如矿物药、贝壳类，用量应较大。苦寒的药物，多用会损伤脾胃，故剂量不宜过大，也不宜久服。

（2）病情的轻重：病轻的剂量宜小，病重的剂量稍大，久病的剂量低于新病的。

（3）配伍与剂量：在一般情况下，单味药比复方用量要大；

汤剂比丸、散剂用量要大。

（4）猪的年龄、体质：成年和体质较好的病猪，用量可适当大些；幼猪及体弱的患畜，剂量宜酌减。

总之，中药的用量主要根据临床治疗的具体情况而有所增减，并不是一成不变的，西药剂量的也可以参考中兽医的观点来确定。

第三节 兽药的用法

不同给药途径对药物的吸收、分布、代谢和排泄有很大影响，往往能改变药物作用的性质与强度。除了动物体重、病情、动物种类、年龄外，给药途径对药物用量也有很大的影响，采用哪种途径，要看药物的理化性质、药理作用、疫病的情况和预期效果而定。

（一）内服给药

1. 服药方法

口服是将药物喂服或从口灌入，是最常用的给药方法，其优点是简便、安全且经济，适用于大多数药物；缺点是受胃肠内容物影响较大，吸收不规则，显效慢。

（1）混饲给药：在猪有食欲的情况下，将药粉（或药液）拌入少量饲料或饮水中，让猪自行采食，大群猪口服给药一般都采取此法。

（2）灌服：在猪没有食欲的情况下，将药液强行灌入的方法。猪会叫唤，直接从口倒入药液容易呛入气管和肺部，因此最好用胃导管（可选用直径 5~15 毫米，长约 1 米的橡胶管、塑料管或硅胶管代替）直接经口腔、食管插入胃内，然后将药液通过胃导管灌入胃内。插管的方法是：助手骑在猪背上，两腿夹在猪的两肩处，将猪的两前肢提起，固定猪头，用开口器将猪口打开

(没有开口器的可用一根木棍将猪口撬开),然后喂药者将胃导管送入猪口腔,到咽喉处稍停片刻,待猪发生吞咽动作时,再顺势插入胃导管,如猪发生咳嗽、喘气或管口有气体随呼吸有节奏地进出(也可将胃导管浸入水中观察,是否有成串的气泡),说明误插入气管中,必须抽出另插,待胃导管确实插入食管至胃内,方可把药液灌入。

2．服药温度

汤剂一般应该在药液温而不凉的时候灌服。但对于寒性病症则需热服,对于热性病症则需要冷服;真热假寒的病症用寒性药物而宜于温服,真寒假热的病症用温热药而宜于冷服。所有这些,都必须根据病情灵活处理。此外,在冬季可稍温,夏季宜稍凉。

3．服药时间

应根据病情和药性而确定服药时间,一般来说,补养药多在食前服;驱虫药和泻下药大多在空腹时服;健胃药和对胃肠刺激性较大的药物,宜在食后服;其他药物,一般宜在食后服。如金铃子散治马肾虚、后腿浮肿,食草前灌之,也就是空腹时灌之。又如止痛散治马肺气肿,食草后灌之,亦是食后灌之。不管是食前服药还是食后服药,都应该略有间隔,如食前或食后1小时左右,以免影响疗效。如系急病、重病,则不拘时间,应迅速灌服。

4．服药次数

一般是每天1~2次,但急症可服多次。

(二) 注射给药

有皮下、肌肉、静脉、腹腔、穴位注射等多种方法。它们发挥作用的快慢速度不一,一般经5~10分钟即可出现药效。油剂、混悬剂和某些刺激性较大而不宜皮下注射的药物,多采用肌肉注射。

1. 皮下注射

注射部位在耳根后方或股内侧，先捏起皮肤，将针头平刺入皮下注入药液即可。

2. 肌肉注射

注射部位选择猪体肌肉发达的部位，常在颈侧或臀部，将针头垂直刺入或稍斜刺入肌肉内，注入药液。

3. 静脉注射

注射部位，猪常在耳静脉（耳背血管）注射，也可在前腔静脉或股内侧静脉注射。

（1）耳静脉注射法：所用针头可用小儿头皮针。针刺时，先用左手拇指压迫血液回流方向，使静脉显露，然后用针头沿静脉刺入，如刺中，即有血液从针孔流出，然后接上注射器（或静脉输液器）。注射（或输液）前应将注射器（或输液管）内的空气（气泡）排尽，等药液流出后再接到针头上。

（2）猪股内侧静脉输液方法：对耳静脉不能输液的猪可采用此方法。

①保定方法：由助手将猪侧卧保定于地或一块长方形木板上，使接受输液的后肢于下方，并用一根1米长的绳子捆于其膝关节上方，交助手向后拉紧，再用一根2米长的软绳把前肢和另一后肢捆绑在一起。

②操作方法：在猪膝关节内侧上方找到股内侧静脉的位置，术部剪毛消毒，避开血管纵向切开皮肤2~3厘米钝性分离组织，充分暴露静脉血管（或用软带捆绑后肢基部使静脉血管怒张），用常规静脉进针法接通输液器，固定针头，用酒精棉球盖于切口上，防止切口污染。输液完毕，拔去针头，消毒，如果切了皮肤，则用外科常用方法处理关闭切口。

（3）腹腔注射：大剂量补糖、补液时，若静脉注射有困难，可采用腹腔注射，刺激性药物要稀释至一定的浓度做腹腔注射，治疗呼吸困难的药物一般不作腹腔注射。注射部位在猪后侧腹

部，具体可定在倒数第 2 个奶头外侧约 1 厘米处，大猪可站立或侧卧保定，小猪倒提两后肢，左手先捏起腹部皮肤，右手用针头垂直刺入腹腔（注意不要刺伤肠管），然后注入药液。

（三）外用给药

常见外用药的剂型有汤剂、散剂、软膏药和硬膏药等。汤剂外用可熏洗疮痈、痒疹和赤眼；散剂外用可撒布于湿疮痒疹、溃疡、外伤出血；软膏药常用于涂敷疮肿；硬膏药可用于贴治风湿疼痛、跌打损伤。外用药剂的用药次数或换药时间因各种剂型的性能和所治病症而异，一般每天 1 次或 2~3 次，硬膏药可数天 1 次。

（四）群体给药法

为了预防或治疗猪只传染病和寄生虫病以及促进猪只的生长发育，常常对猪群进行用药，常用方法如下：

1．混饲给药

即将药物均匀地混入饲料中饲喂猪只，该法简单易行，但混合一定要均匀，并准确计算饲料中的药物浓度。

2．混饮给药

将药物溶于水中，让猪只自由饮用。应用该法时，应根据饮水量来计算药量与药液浓度。

（五）灌肠

又叫保留灌肠法，即将药液通过橡皮导管经肛门灌入大肠的方法。猪可用橡皮球式灌肠器。若没有专用的灌肠器，则用橡皮管接上漏斗，或用不带针头的注射器灌药。将导管插入肛门时动作要轻缓，不要捅伤肠管，大猪可插入 25~30 厘米，小猪可插入 8~10 厘米。药液最好加热到 40℃左右灌入，灌完后橡皮管需保留短时间再抽出。凡是用于口服或肌肉及皮下注射的药液均可

用保留灌肠法给药，特别适合于肠道便秘类病症。

第四节　影响兽药作用的因素

影响兽药作用的因素来自药物本身、动物机体和给药途径等。

（一）药物

药物的物理性质，如溶解度，对药物作用的影响很大。通常易溶解的药物比难溶解的药物易被吸收，且作用快，后者则较难吸收，发挥作用也较缓慢而持久。

1．药物剂量

剂量是指药物防治疾病的常用量。药物在一定的剂量前提下，机体吸收达到一定的浓度后才会发生治疗作用。剂量与疗效的关系在一定的范围内表现为剂量越大，浓度越高，作用就越强，疗效也越显著。药物的剂量太小，不能产生有效的作用；但剂量太大，超过了机体的耐受限度，则可能引起中毒及至死亡。选定药物剂量时，既要注意药物的安全范围，又要根据病猪的种类、体重、病情、病因等具体情况作出决定，并在用药后观察药效，按病情的需要在一定的范围内调整。

2．药物剂型

剂型是影响药物吸收的一个重要因素，在很大的程度上决定体内的吸收，从而影响药物在血液中的浓度及维持时间，最终影响药物对机体的作用。兽医实践中，在应用某些抗菌药物防治猪病时，为了产生速效及随后减少给药次数，维持药物在体内浓度，往往应先用易吸收的速效制剂，随后选用长效制剂。

（二）动物机体

不同种类的动物及同种类动物不同的个体和性别、年龄等，对药物的反应均有一定的差异。仔猪对某些药物较敏感，易引起中毒。对仔猪用药时，一定要抽查部分猪只的体重，依据猪只的实际体重准确配药，并先用药对少量猪只进行用药，视其反应，再给大群用药，以防引起猪只中毒。在猪只营养不良、体质虚弱时，对有些药物的敏感性增高，易发生不良反应。

（三）给药途径

不同的给药途径可以影响药物的吸收速度、利用程度及药效出现时间和维持时间，甚至改变药物作用的性质。经常采用的给药途径有内服、注射、皮肤给药和群体给药等。在临床实践中，为了获得更好的疗效，常将2种以上的药物同时合并使用，称为配伍用药或合并用药。配伍用药时，如果各药的作用相似，用药后药效增强，即为协同作用。在配伍用药时也有各药的作用相反，引起药效的减弱或抵消，则称为拮抗作用。临诊上，常利用协同作用，以增强药物的疗效；利用药物的拮抗作用，以减轻或避免某一药物副作用的产生或解除某一药物毒性反应。许多中草药复方制剂充分利用药物的协同或拮抗作用来选药组方。临床上减弱疗效或增加毒副作用的配伍应尽量避免使用。

（四）给药的次数和时间

为了药物在一定的时间内持续地发挥作用，需要维持药物在体内的有效浓度，因此，有些药物必须连续用药至一定的时间和次数。在一般情况下连续用药1~2个疗程尚无显著疗效时，应当总结经验，改用其他药物。在1个疗程内，重复给药的间隔时间，取决于药物在体内消除的快慢。疗程的长短，视病情而定，对大多数疾病（主要是传染病）来说，药物必须用至症状消失后才可停药，以免复发。但也要考虑药物的不良反应，不可无限期地延长用药时间。

第五节 兽医处方

兽医处方是兽医治疗和药剂配制的一项重要书面文件，处方正确与否，直接影响治疗效果和病猪的安全。兽医和药剂员要有高度的责任感，不允许出现任何错误。若由此引起医疗事故或造成损失，兽医和药剂员要负法律责任。因此，一定要严肃认真地开写处方和照方配药。同时，处方也是总结经验的一项重要依据，在药品管理中也是药物消耗的原始凭证。因此，兽医处方必须妥善保存，以便查阅。

（一）处方的内容及书写

兽医医疗单位的处方笺，其内容应包括4个部分：

1. 登记部分

包括处方的年、月、日、编号、畜主、地址、畜别、年龄、特征等。

2. 处方起头部分

在空白部分，其左上角常以"Rp"或"Px"起头，它是拉丁文"Recipe"的简写，即"取下列药品"的"取"的意思。

3. 处方主体

在"Rp"或"取"的下面，应按药物的名称、规格和数量，每药一行，逐行书写。药名应规范，按正式名称书写，数量的单位用公制，一律用阿拉伯字码，数量的小数应正写对齐，预防错误。固体以毫克（mg）、克（g）或千克（kg）为单位，液体以毫升（mL）或升（L）为单位。若以国际单位（IU）计量时，应以注明。

4. 兽医人员及药剂员签名

兽医在处方开写完毕及药剂员在配药完毕时，都应作详细核对，然后在处方的最后部分签名（如下例表）。

(二)处方笺及填写举例

畜牧兽医站处方笺

2002年1月8日　　　　　　　　　编号:015

畜主	杨利群	地址	三水	畜别	猪	性别	公
品种	杂交	群体数	1头	年龄	4月龄	特征	花白

Rp(处方):

  磺胺嘧啶　　　　　4.0克
  非那西汀　　　　　0.4克
  碳酸氢钠　　　　　4.0克
  甘草粉　　　　　　5.0克
  常水　　　　　　　适量
  配制　　　　　　　均匀拌于少量饲料中
  用法　　　　　　　一次内服

兽医(签名):　　　药剂员(签名):　　　药价:

同一处方中的各个药物应按它们的作用性质依次排列:
①主药:起主要作用的药物,如方剂中的磺胺嘧啶。
②佐药:起辅佐或加强主药作用的药物,如方剂中的非那西汀。
③赋型药:能制成适当剂型的药物,便于给药,如方剂中的水。

处方内的药物书写完毕,兽医人员应对药剂员指出对病猪的给药方法、次数及各次剂量。处方笺内若写几个药品时,要在每一处方药品前用(1)、(2)、(3)……标出序号。

第六节 选用兽药产品应注意的问题

(一) 兽药的批准文号

兽药的批准文号是国家批准兽药生产企业生产兽药产品的编号。由农业部或省、自治区直辖市的农牧主管部门审批核发。例如，桂兽药字（90）Z015021，"桂"表示审核批准发放批准文号的单位，在此表示广西壮族自治区；"Z"表示中药；"015"表示兽药厂的编号；"021"表示该品种的编号；"（90）"表示1990年核发。农兽药试字（92）X050012，分别表示为：农业部，兽医中试产品1992年发，"X"表示西药，"050"表示省的序号，"012"为品种的编号。

兽药批准文号一般为5年，到期由兽药生产厂家申请，重新核发。

(二) 生产批号

凡是兽药产品，在外包装和小包装的标签上均应印有生产批号。生产批号一般位于正下方或右下方，是用来表示药品生产日期和批次的一种编号，即以同一种原料、同一生产工艺、同一次投料所生产出来的质量均一的成品作为一种批号。我国现行通用的批号，通常为6位数，前2位系指年份，中间2位数为月份，最后2位数为日期。例如，批号990809，表示这批兽药是1999年8月9日生产的。有些厂家为表示当日生产若干批或几个班组生产同一批产品，便在6位数字后面加上一杠和数字，例如，981213—8，表示该厂1998年12月13日的第8批产品或第8班（组）生产的产品。也有一些厂家的产品批号除有上述意义外，还有表示该厂的产品代号或厂家代号，如注射用青霉素批号46—1191—13，"46"为产品代号，"11"为11月份，"91"为

1991年，"13"则为1991年11月份的第13批产品。又如3920419，表示第三兽药厂1992年4月19日生产的。虽有多种表示方法，但目前多采用以6位数为通用批号。批号的意义在于能准确地判断兽药产品的出厂日期，以便能够掌握先生产先销售先使用的原则，以防久贮变质。根据批号，能推算出药品的失效期。

(三) 有效期

药品的有效期是指某种药在一定的保存条件下，能够保持药物质量不变的期限。有些药品因其理化特性不稳定，保存一段时间以后，药效会逐渐降低或毒性增高而不能使用。因此，为了保证药物使用的疗效和安全生产，所有的兽药产品都必须规定有效期。临诊用药应在有效期内使用，以达到预期的疗效以及防止出现毒副作用。

第三章 安全用药基本知识

第一节 安全用药的概念

安全用药是指在畜禽养殖的全过程中,通过科学统计在过去一段时间内畜禽疫病的流行情况,准确诊断畜禽疫病,周密地做好疫苗和药物预防疫病的计划和科学合理地应用药物治疗畜禽疫病。在防止畜禽发病和治好畜禽疫病的前提下,以生产最低限度影响人类健康的绿色食品为最终目标,其用药过程对与用药对象同处在一个生产环境的动物及用药对象本身产生最小危害的用药方法可看作是安全用药。简单来说,安全用药就是能治好病,对人类、畜禽、环境安全。

1. **安全用药应以治好畜禽疫病为前提**

使用药物就是为了治病,因此安全用药的首要任务就是必须治好病。

2. **安全用药保障人类健康**

畜禽养殖的最终目的是改善人类的生活,提高人类的生活质素。如果在畜禽养殖过程中,由于不恰当用药而生产出对人类存在潜在危害的畜禽产品,不但无法达到改善人类生活质素的目的,而且使人们在消费畜禽产品的时候背负巨大的心理压力。安全用药就必须以生产对人类健康产生最低限度危害的绿色产品为最终目标,使人们放心地消费畜禽产品。

3. 安全用药保障畜禽健康

安全用药是以治好畜禽疾病为前提，但在使用药物过程中必须保障畜禽安全，包括用药剂量、途径和用药期限对用药对象本身和处于同一生态环境中的其他畜禽是否安全。如外用药是否会被其他畜禽误食、用药剂量和期限是否会引起畜禽本身的毒副作用、某些生物制品的使用是否会诱发健康畜禽发病等。

4. 安全用药保障生态环境安全

在用药过程中，某些药物会通过畜体排到环境中，其中一些药物由于难溶于水或结构稳定而长时间保持其药物活性，通过农作物吸收可转移到其他畜禽或人类身上，安全用药必须考虑药物对环境的影响。

第二节 畜禽疾病防治的用药现状

改革开放以来，我国经济建设成果显著，国家经济实力不断增强，畜牧业得到飞速发展，人民生活水平有了显著提高。我国是畜牧业大国，肉类、禽蛋、蜂产品产量均居世界前列。然而，由于我国过去对安全用药未能足够重视、从业人员技术水平不高或受利益驱使某些养殖者人为地使用违禁药物和未被批准使用的药物，随便地增大药量或改变用药途径，不遵守相应的用药限制和休药期，使得近年来不断出现由于不恰当用药，致使某些畜产品不同程度地危害人类健康而遭到抵制的事件发生，如蜂蜜中杀虫脒超标而被德国等欧盟国家、美国、日本拒绝进口；鸡肉中氯羟吡啶严重超标而被日本禁止进口等。1998年4月，从内地运到香港的生猪，由于猪肉及其内脏中β-兴奋剂残留严重超标，发生人食用猪内脏后严重中毒事件，对港人及国家有关部门造成很大震动。国内类似的案例仍有报道，除禽产品、蜂产品、猪产品中药物残留对人类危害的事件外，水产品中药物残留和违禁药物使用对人类产生危害的事件也有报道，加上以前报道的农产品

中农药残留的问题，显示国内养殖业的用药安全存在问题。

第三节　造成兽药残留的原因

（一）兽药的生产问题

1．含量不符合规定

含量不符合规定是主要问题。某药检所连续3年市场抽查兽药含量合格率为：1999年80.7%；2000年93.5%；2001年92%。多数不合格产品的含量低于标示量的50%，有的产品含量甚至为零，有的产品内加入干扰物质而无法测定含量。

2．中药成分不全

在中药产品中，缺少贵重药材的情况较为突出，如胃肠活、健胃散、复方禽菌灵散中缺少槟榔、知母等。市场抽检的结果是中药成分不全的占不合格产品的92.1%。

3．常用药品存在质量问题较多

市场抽检安痛定注射液50批，有41批不合格，不合格率为82%；抽检复方氨基比林注射液23批，不合格21批，不合格率为91.3%；抽检安乃近注射液39批，不合格25批，不合格率为64.1%；抽检胃肠活60批，不合格44批，不合格率为73.3%；抽检磺胺嘧啶钠注射液25批，不合格18批，不合格率为72%；氟哌酸可溶性粉14批，不合格7批，不合格率50%。

（二）兽药的使用问题

①兽药使用不规范、不科学导致药物残留的发生。为了预防畜禽疾病，在未确定病因的情况下，滥用青霉素、磺胺类和喹诺酮类等抗菌药，随意加大用药剂量，改变给药途径和不遵守休药期等。

②有的企业受经济利益驱使，在饲料中人为添加畜禽违禁药

物,包括抗生素类、镇静安眠类等化学药品,导致畜禽产品药物残留。

③有的厂家为了增加某些食品的卖相,如蛋黄、畜禽的皮肤色泽,使用促进色素沉淀的阿散酸、洛克沙肿制剂;有的企业为了增加褐色蛋壳的色泽使用土霉素药渣,这些因素也是造成兽药残留的一大原因。

④为了缓解畜禽的应激反应,对动物使用金霉素或土霉素等药物引起药物残留;环境污染引起药物残留;饲养者对药物残留的认识不足;相关部门对兽药的监管力度不够;缺乏兽药残留检验机构和必要检测设备,检测标准不够完善等也是造成兽药残留的原因。

第四节 兽药残留的危害

主要体现在3个方面:危害人体健康、影响畜牧业的发展和畜产品的国际、国内贸易。可以说兽药残留是人类的"隐形杀手",口中的"定时炸弹"。

(一) 危害人体健康

1. 急慢性毒性作用

大多数药物都不会产生急性毒性作用,但由于某些药物的毒性大或药理作用强,加上对添加兽药没有严格控制,也有少数人吃了含有药物残留的动物组织而发生急性中毒的报道,如1998年,在香港有人因吃了含有盐酸克仑特罗猪肺而发生急性中毒。许多兽药和药物添加剂都有一定的毒性,如果长期食用含有这种药物的动物源性食品就有可能发生慢性中毒作用。

2."三致"作用

"三致"作用即致癌、致畸、致突变。现已发现许多兽药有"三致"作用,如雌激素、呋喃硝基类、喹噁啉类的卡巴氧、肿

制剂等具有致癌作用。据英国报道，米他布尔是一种致畸物，可导致新生小猪畸形。动物组织中的药物残留和环境中的化学药品可引起基因突变或染色体畸变而造成人体的潜在危害，如苯丙咪唑类抗蠕虫药，能抑制细胞活性，具有潜在的致突变和致畸性。

3. 过敏反应

常引起人过敏反应发生的药物主要有青霉素类、四环素类、磺胺类和某些氨基糖苷类药物。如果使用青霉素类和磺胺类药物治疗奶牛乳房炎时不遵守规定的弃乳期，会造成牛乳中这些药物残留超标，可引起敏感人群发生不同程度的过敏反应，严重者甚至死亡。

4. 激素样作用

20世纪70年代以前，许多国家使用雌性激素或同化类激素用作畜禽的促生长剂，后来发现雌性激素具有致癌作用，已先后停止使用。但目前我国仍有非法将激素用于畜禽、水产养殖的情况，过多食用含有这类药物的食品，可能会干扰人的激素功能。

5. 对人类胃肠道微生物的影响

众多研究认为，含有抗生素类药物残留的畜产品，可以对人类胃肠道的正常菌群产生不良影响，使部分敏感菌受到抑制或被杀死，致使菌群的生态平衡受到破坏，可能会因为某些条件性病原菌大量繁殖而损害人类健康。Mokhtar报道，给27位感染了血吸虫的病人用吡喹酮治疗，对给药前后的结肠菌群进行评价，结果在治疗后48小时，需氧菌和类大肠杆菌计数有显著增加。

6. 耐药性

抗生素的大量使用加速了细菌耐药性产生。细菌耐药性受染色体和质粒上的基因控制，大多数细菌的耐药性属于质粒型耐药性。动物体内耐药菌株经畜产品传给人类，给临床上感染性疾病的治疗造成困难。

(二) 影响畜牧业的发展和畜产品的贸易

现代畜牧业生产离不开兽药的合理使用。如果不用药,动物一旦发病就难以控制和治疗,致使发病率和死亡率增加,饲养成本增加,严重挫伤饲养者的积极性,从而影响畜牧业的发展。但滥用药物又容易造成畜产品药物残留,耐药菌株的出现和不断增多也严重影响畜牧业的发展。我国政府为了控制药物残留,1989年,由国家农业部颁发了《允许作饲料添加剂的兽药品种及使用规定》;1994年,颁发了《动物性食品中药物最高残留限量》标准。这两个规定在后来执行过程中都曾做过修订。尽管如此,仍有些养殖户为牟取利润,滥用药物引起产品残留超标。1990年,在出口西德的蜂蜜中药物残留超标;出口日本的鸡肉中氯羟吡啶残留超标而遭拒绝。近两年由于畜禽肉中磺胺类、抗球虫类等药物残留超标而被国际市场拒绝,这不仅因畜产品品质不合格而给我国造成巨大的经济损失,更主要是损害了我国畜产品在国际上的声誉。我国是畜禽产品的生产大国,加入WTO后使我国畜禽产品在国际贸易中面临更加激烈的竞争环境,而药物残留往往是引发国际贸易中非贸易性技术壁垒障碍的导火线。

第五节 安全用药,保障人畜健康

(一) 合理使用兽药

1. 兽药的选用

所选用的兽药要来源于《中华人民共和国兽药典》等国家标准、行业标准和农业部有关文件规定的合格产品,并结合使用情况,优先选择药效好、毒性小的药物。国家农业部明令禁止的药物,如呋喃硝基类、氯霉素、盐酸克仑特罗和某些激素类药物等,要坚决禁止使用。人畜共用药如氨苄西林等青霉素类、盐酸

环丙沙星等喹诺酮类药物的使用容易产生细菌耐药性问题,导致该类药物对人类治疗低效或无效,在治疗畜禽疾病时这类药物应少用或不用。

2. 安全使用兽药

国家农业部与国家质检总局在 2002 年 4 月 29 日联合发布了《无公害农产品管理办法》。国家农业部决定,从 2002 年开始在全国推行无公害食品行动计划。对于畜禽产品安全,应主要解决畜禽饲养过程中药物滥用和畜禽产品药物残留超标的问题,因此,指导畜禽养殖者合理使用兽药和饲料添加剂,是保证畜禽产品质量安全的主要环节。

3. 合理应用抗生药物

(1) 严格掌握适应证:正确诊断是选择用药的前提,有了确切的诊断,方可了解其致病菌,从而选择对病原菌高度敏感的药物,做到有的放矢。临床上细菌学的诊断针对性更强,细菌的药敏试验及联合药敏试验与临床疗效的符合率为 70% ~ 80%。如有条件,可作细菌学的分离鉴定来选用抗生药。应尽量避免对无指征或指征不强而使用抗生药。因为目前多数抗生药对病毒和真菌无作用,但合并细菌性感染除外。因此,各种病毒性感染不宜用抗生药;对真菌性感染也不宜选用一般的抗生药。应在致病菌及其引起的感染性疾病确诊的基础上选择作用强、疗效好、不良反应少的药物。

(2) 掌握药物动力学特征,制定合理的给药方案:抗生药要发挥杀灭或抑制病原菌的作用,必须在靶组织或器官内达到有效的浓度,并能维持一定的时间。因此,必须有合适的剂量、间隔时间及疗程。疗程应充足,一般的感染性疾病可连续用药 3 ~ 4 天,症状消失后,再加以巩固 1 ~ 2 天,以防复发,磺胺类药的疗程更要长一些。在考虑了各药的药物动力学、药效学特征的基础上,结合猪只的病情、体况制定合理的给药方案,包括药物的品种、给药途径、剂量、间隔时间及疗程等。一般来说,危重病

例应以肌肉注射或静脉注射给药；消化道感染以内服为主；严重的消化道感染与并发败血症、菌血症应内服，并配合注射给药。

（3）避免耐药性的产生：为了防止耐药菌株的产生，应注意以下几点：

①严格掌握适应证，不滥用抗生药，可不用的尽量不用，单一抗生药物有效的就不采用联合用药。

②严格掌握用药指征，剂量要够，疗程要恰当。

③尽可能避免局部用药，并杜绝不必要的预防用药。

④病因不明者不要轻易使用抗菌药。

⑤发现耐药菌株感染，应改用对病原菌敏感的药物或采用联合用药。

⑥尽量减少长期用药。

（二）注意中兽药的配伍禁忌

中兽药的应用包括配伍宜忌和用药禁忌等内容。掌握这些用药知识和方法，按照病情和药性在治疗猪病时要求正确运用，对于保证药效的充分发挥作用和用药安全，是十分重要的。

1. 配伍

按照病情需要和用药原则，将两种以上的药物合用叫配伍。目的是为了适应病情的复杂变化，使药物更好地发挥其疗效或抑制不良作用，并对于较复杂的征候给予全面照顾，因而配伍对于用药具有重要意义。

中草药配伍后，药与药之间可以相互发生作用，产生复杂变化，归纳起来有6种。

（1）相须：两种以上功用相同的药物合用，可以加强疗效，叫做相须，如知母、黄柏同用，能共同增强滋阴降火的功效。

（2）相使：功能不相同，配合后相互促进，提高疗效，叫做相使，如黄芪、茯苓同用，可增强补气利水作用。

（3）相畏：一种药物能抑制另一种药物的毒性，叫做相畏，

如半夏畏生姜,生姜能抑制半夏的毒性和烈性。

(4) 相恶:一种药物能破坏另一种药物的功效,叫做相恶,如生姜恶黄芩,黄芩能降低或消除生姜的温性。

(5) 相杀:一种药物能消除另一种药物的毒性,叫做相杀,如绿豆杀巴豆毒,当服巴豆中毒时,可用绿豆解救。

(6) 相反:两种药物同用能产生有毒的副作用,叫做相反,如甘草反甘遂。

药物虽以配伍应用为多,但也有少数是单独应用即能发挥治疗作用的,叫做"单行"。

相须、相使、相畏、相恶、相杀、相反和单行在《神农本草经》中总称为药物的"七情"。除单行外,其余6种都是处方用药时应遵守的。配伍最好是用相须、相使,但相畏和相杀在一定条件下也可以用,如怕药性太强,要减轻其作用,就可以用相畏,有毒的用相杀。相恶、相反的不可配伍,特别是相反,临床上很少用,但也不是绝对的,如《元亨疗马集》中的堵膏散、大戟散中就用了甘草和甘遂,其道理是借着对抗作用而达到相反相成的目的。不过用药时要慎重,必须从病猪的体质和病情等各方面多加考虑,以免引起不良反应。

2. 禁忌

在用药时,为了安全,保证疗效,就必须重视禁忌问题。用药禁忌,除了配伍中的相反、相恶外,还有妊娠禁忌和用药禁忌两个方面。

(1) 妊娠禁忌:家畜怀孕后应注意药物的禁忌,因为某些药物具有堕胎的副作用。根据药物对于孕畜和胎儿损害程度的不同,一般可分为禁用和慎用两类。禁用的大都是药性猛烈、毒性较强的药物,如巴豆、牵牛、三棱、莪术、大戟、斑蝥、商陆、麝香、水蛭、虻虫等。慎用的包括活血、祛瘀、破气行滞以及辛热、滑利的药物,如附子、肉桂、干姜、大黄、枳实、桃仁、红花、半夏、冬葵子等。

凡禁用的药物最好不使用，慎用的药物应根据孕畜体质和疾病具体情况斟酌使用。在无特殊情况下应尽量避免，以防发生事故。

（2）用药禁忌：前人在临床实践中，把相反、相畏的药物编成十八反、十九畏。十八反、十九畏目前均作为用药禁忌。但在古代和近世配方中也有一些反畏同用的例子。

① 十八反：

甘草—（反）大戟、海藻、甘遂、芫花。

藜芦—（反）人参、丹参、沙参、玄参、细辛、芍药。

乌头—（反）半夏、瓜蒌、贝母、白芨、白蔹。

《珍珠囊补遗药性赋》将它归纳成十八反歌：

　　　　本草明言十八反，半蒌贝蔹芨议乌，

　　　　藻戟遂芫俱战草，诸参辛芍反藜芦。

② 十九畏：

硫黄—（畏）朴硝；水银—（畏）砒霜；

狼毒—（畏）密陀僧；巴豆—（畏）牵牛；

丁香—（畏）郁金；牙硝—（畏）三棱；

川乌、草乌—（畏）犀角；人参—（畏）五灵脂；

肉桂—（畏）石脂。

《珍珠囊补遗药性赋》也记载了十九畏歌：

　　　　硫黄原是火中精，朴硝一见便相争；

　　　　水银莫与砒霜见，狼毒最怕密陀僧；

　　　　巴豆性烈最为上，偏与牵牛不顺情；

　　　　丁香莫与郁金见，牙硝难合荆三棱；

　　　　川乌草乌不顺犀，人参最怕五灵脂；

　　　　官桂善能调冷气，石脂相遇便相欺。

第六节 中西结合对猪病群防群治

（一）猪病群体辨证论治

一个猪群往往处在相同的饲养管理条件下，饲料饮水相同，环境气候相同，接触致病因素的机会均等，即环境条件对猪群体的影响是一致的。在工厂化和集约化的条件下饲养的猪群体中，每个猪只个体的品种、年龄、性别往往是一致的，个体之间差异很小。这些都使得猪群体中发生疫病时，每个个体所反映出来的总体机能状态（即中兽医所说的"证"）有很大的一致性，因而为猪群体辨证提供了可能性。

在实践中，应用群体辨证的方法防治猪病收到较好效果。中兽医学对猪传染病的防治是基于对中草药和传染病的认识上进行的，无论是预防还是治疗，经过长期反复的实践，积累了丰富的经验。对猪传染病的预防主要是用中草药改善、加强猪的饲养管理、提高猪体的正气（抵抗力）来实现的。对猪传染病的治疗是在群体辨证的基础上，以群体症状的共性为主，适当兼顾个性，制定群体治疗原则。

（二）猪病防治群体给药

群体用药是指对较大数量的猪群体同时给药。目前，较普遍采用的群体给药剂型是煎汤饮水和混料喂服。

目前，用作混饲剂和饲料添加剂的中药有苍术、麦芽、芒硝、松针、贯众、六曲、硫黄、麦饭石、青蒿酯、杨树花、马齿苋、桐叶、钩吻、雄黄和金荞麦等。有的用单味药，有的用复方制剂。除了饲料添加剂外，还有其他剂型也可用于群体防治，如将雄黄、甘松、石菖蒲、苍术等粉碎为末，用棉纸裹成条点燃熏烟，能使空气中的细菌数明显减少，具有良好的空气消毒作用。

用某些中草药制成的注射液或复方制剂的煎液也可应用于猪病的群体防治。

(三) 西兽医防治猪病的优缺点

加强环境消毒和定期预防接种是西兽医预防猪传染性疾病的主要方法。它可通过消灭环境中的病原体、切断传播途径和刺激机体产生特异性的免疫力，使易感动物转化为非易感动物，从而有效地防止传染病的发生和流行。因此，它是有效预防传染性猪病不可缺少的重要手段。但是由于免疫程序不合理（因为科学有效的免疫程序难以确定）、免疫方法不当、疫苗质量参差不齐、毒株变异等各种原因，使预防接种等措施并不能完全控制猪传染病的发生，尤其是出现大量的非典型性疾病（如非典型猪瘟等）时尚无可靠的疫苗。因此，单纯用预防接种来预防猪病还具有很大的局限性。

目前，西兽医临床上治疗猪病的优缺点：

1. 高免血清

这种方法一般具有见效快、疗效好等优点，但又具有用量大、价格高、血清反应多、货源不足等缺点，因而在实际应用中受到很大的限制。

2. 抗病毒药

大量实践证明，除病毒灵、病毒唑、金刚烷胺等少数药物对感冒病毒具有一定的抑制作用外，尚无其他抗病毒药物，更无广谱抗病毒药。因此，西兽医抗病毒制剂还不能治疗猪的大部分病毒性疾病。

3. 抗生素

使用抗生素治疗猪细菌性疾病能迅速控制病情，具有缓解临床症状、有效降低传染性疾病的死亡率、使用方便、见效快、效果好等优点，但这些药物易产生耐药性，并且在猪产品中残留。

(四) 中兽药防治猪病的优缺点

1. 中药大多低毒无害，而且在食用畜产品中很少残留

中草药基本上是天然复合产物，毒性较小。有些中药其毒性成分常常会被其本身所具有的拮抗成分或其他被认为无效的成分所缓解，或被复方中的其他药物所制约，因而不显示出毒副作用。还有不少中药或方剂具有双向调节作用，对动物机体进行不同层次的良性调节。因此，很少有不良影响，这些特点和优势是大多数西药，尤其是抗生素所不具备的。

2. 中兽医对疾病的防治非常重视整体

中兽医既把猪只看成是一个不可分割的有机体，又将猪只与外界环境密切联系起来，因此，能比较全面地分析问题和处理问题，这是中兽医辨证论治的基本指导思想之一，与西兽医学单纯从病因决定论或从局部病理学观点看问题相比，中兽医的这一概念无疑是更合理一些。

3. 中兽医学对猪病的防治具有独特的扶正祛邪法则

中兽医从扶正和祛邪这两方面而论，尤其重视扶正固本。实验证明有些中药对细菌、病毒有杀灭作用。虽然有不少中药和方剂在体外抑菌作用远不如抗生药物，但对传染性疾病却有良好疗效，有的甚至超过西药。其原因在于，这些中药不是直接杀灭细菌或病毒，而是通过增强机体的免疫功能，发挥防病治病作用。从免疫学的观点来看，这种重视扶正固本的理论与实践，比单纯地抑杀病原微生物更积极、更主动。

4. 缺点

中兽医方法也有许多不理想的方面，如起效慢，疗程长，因而不能迅速缓解症状，因此，对病程短、症状严重的疫病往往效果不理想。此外，中草药制剂剂型较单一，仍然以散剂为主，因此使用不便，尤其是当猪发病后，往往食欲废绝，无法主动采食，给中兽医用药带来很大不便。

(五)中西兽医结合防治猪病

由于预防免疫接种能有效地提高机体特异性的抵抗病原微生物的能力,而中草药制剂可显著提高机体的非特异性抵抗力,从理论上看,中西兽医结合既能提高机体的特异性免疫力,又能提高机体的非特异性抵抗力,可显著提高机体抗疫病能力。此外,中草药制剂及针灸(尤其是疫苗穴位免疫注射)能使猪体抗体产生快、滴度高、维持时间长,从而显著提高预防接种的保护率。

由于有些中草药能直接抑制或消灭病原体(细菌,病毒,原虫)和中兽医疗法能显著提高机体的非特异性免疫力,从而抑制猪只体内的病原体;而西兽医药物又能有效控制继发感染,迅速缓解症状,降低猪病的死亡率,因此中西兽医结合可标本兼治,从而更有效地防治猪病。尤其是对某些混合感染的复杂病例,中西兽医结合治疗能起到更好的效果。中西兽医结合防治猪病存在着明显的互补性,可标本兼治,有效提高猪病防治水平。使用中草药配合西药来防治猪病,可降低西药的使用量,更有利于安全用药。因此,随着中西兽医结合防治猪病研究的进一步深入,尤其是随着防治各种猪病的中西兽医结合的成熟技术方案的出现和精制、高效、方便的中兽药新剂型的问世,中西兽医结合在防治猪病的领域将发挥更大的作用。

第四章 猪传染病

第一节 概 述

一、猪传染病发生的情况

1. 病种繁多

猪瘟、猪口蹄疫、结核病等原来已经基本控制的传染病又有重新抬头之势。随着引进种猪和动物产品的数量明显增加，导致一些新的传染病的传入和发生，如猪繁殖与呼吸综合征、猪圆环病毒感染、猪萎缩性鼻炎、猪传染性胸膜肺炎、猪伪狂犬病等。

2. 病情复杂

存在一个猪场同时流行多种疫病，一群猪同时发生多种疾病的病例增加，甚至某只猪同时发生多种疾病，给正确诊断增加了难度，因而治疗时制订综合防治技术需要更高的技术水平。

3. 发病非典型化和病原出现新的变化

目前各地发生的非典型猪瘟即是明显的例证，一些条件性传染病已变为非条件性传染病，其危害性日益严重，给诊断和防治工作带来更大的难度。

二、猪传染病的预防

1. 加强管理

①传染病是否发生以及发生的严重程度与猪只的抵抗力是密切相关的，正气旺则邪气不侵。因此，防治传染病的根本办法是：必须贯彻"预防为主"的方针，消除或减少降低猪抵抗力的一切不良因素，加强饲养管理，做好兽医卫生工作，以增强猪体的抵抗力。

②防止引入病原，并消灭或减少环境中的病原。防止从有病猪场购入带病猪，引入种猪时，猪只必须经过隔离观察和检疫后，确定为健康者方可混群饲养。做好猪舍、环境的清洁卫生和消毒工作，处理好粪便。病弱猪尽可能及时淘汰。坚持药物和卫生管理相结合的净化措施。

2．计划免疫

可依据疫病流行情况、易感动物等的不同以及疫苗免疫后产生保护力的时间和保护期的情况，不同的疫苗应针对不同年龄猪只选择较适合时期注射，也就是结合实际情况来实施免疫计划。选择疫苗的种类应视各地传染病流行情况而定。

一般情况下，是在未发生传染病的地方对受到某些传染病威胁的健康猪只进行预防接种。但在发生猪传染病时，在疫区（疫点）对未出现症状的猪只（假定健康猪）或邻近地区受到威胁的猪，进行相应疫苗的紧急预防注射，建立保护带，保护邻近乡村的猪只免受传染。如在某群猪中有猪发生猪瘟时，对全群猪用猪瘟疫苗进行大剂量（4头份或稍大）的紧急注射，利用猪瘟疫苗产生保护力快（注射后4天即可产生保护力）的特点，使猪群在短期内产生免疫力。

三、猪传染病的治疗

（一）抗生素的应用

抗生素是目前兽医临床使用最广泛和最重要的抗感染药物，对控制传染性疾病方面起着重要作用。但是目前抗生素的不合理

使用,尤其是滥用的现象较为严重,不仅造成药物的浪费,而且造成畜禽不良反应增多、细菌耐药性的产生和兽药残留等问题,给兽医工作、公共卫生及人类健康带来不良的后果。耐药菌株的增加、药物选用不当、剂量与疗程不足、不恰当的联合用药以及忽视药物的药动学因素对疗效的影响等,往往导致抗生药物临床治疗的失败。为了充分发挥抗生药的疗效、降低药物的不良反应、减少细菌耐药性的产生、提高药物治疗水平,必须做到合理使用抗生素药物。

1. 严格掌握适应证

正确诊断是选择药物的前提,有了确切的诊断,方可了解其致病菌,从而选择对病原菌高度敏感的药物。尤其是细菌学的诊断针对性更强,细菌的药敏试验及联合药敏试验与临床疗效的符合率为70%~80%。如有条件,可作细菌学的分离鉴定来选用抗生素。应尽量避免对无指征或指征不强使用抗生素,如各种病毒性感染不宜用抗生素;对真菌性感染也不宜选用一般的抗生素,因为目前多数抗生素对病毒和真菌无作用,但合并细菌性感染除外。应根据致病菌及其引起的感染性疾病的确诊结果,选择作用强、疗效好、不良反应少的药物。

2. 掌握药物动力学特征,制定合理的给药方案

抗生素要发挥杀灭或抑制病原菌的作用,必须在靶组织或器官内达到有效的浓度,并能维持一定的时间。因此,必须有合适的剂量、间隔时间及疗程。疗程应充足,一般的感染性疾病可连续用药3~4天,症状消失后,再加以巩固1~2天,以防复发,磺胺类药的疗程更要长一些。兽医临床药理学中通常是以有效血药浓度作为衡量剂量是否适宜的指标,有效血药浓度应至少大于最小抑菌浓度(MIC),根据临床试验表明,血药浓度如大于MIC值的3~5倍,可取得较好的疗效。同时,血中有效药物浓度维持时间受药物在体内的吸收、分布、代谢和排泄的影响。因此,应在考虑各药的药物动力学、药效学特征的基础上,结合畜禽的

病情、体况制定合理的给药方案,包括药物的品种、给药途径、剂量、间隔时间及疗程等。例如,对动物细菌性和霉菌性肺炎的治疗,除选择对致病菌敏感的药物外,还应考虑所选择的药物在肺组织中能否达到有效的浓度,如蒽诺沙星、达氟沙星等喹诺酮类、四环素类及大环内酯类;细菌性的脑部感染首选磺胺嘧啶,该药在脑脊液中的浓度高。合适的给药途径是药物取得疗效的保证。一般来说,危重病例应以肌肉注射或静脉注射给药,消化道感染以内服为主,严重的消化道感染与并发败血症、菌血症应内服,并配合注射给药。此外,兽医临床药理学提倡按药物动力学参数制定给药方案,特别是对使用毒性较大、用药时间较长的药物,最好能通过血药浓度监测,作为用药的参考,以保证药物的疗效,减少不良反应的发生。

3．避免耐药性的产生

随着抗生素的广泛应用,细菌耐药性的问题也日益严重,其中以金黄色葡萄球菌、大肠杆菌、绿脓杆菌、痢疾杆菌及结核杆菌最易产生耐药性。为了防止耐药菌株的产生,应注意以下几点:

①严格掌握适应证,不滥用抗生素。不一定要用的尽量不用,单一抗生素有效的就不采用联合用药。

②严格掌握用药指征,剂量要够,疗程要恰当。

③尽可能避免局部用药,并杜绝不必要的预防用药。

④病因不明者,不要轻易使用抗生素。

⑤发现耐药菌株感染,应改用对病原菌敏感的药物或采用联合用药。

⑥尽量减少长期用药。

4．防止药物的不良反应

应用抗生素治疗畜禽疾病的过程中,除要密切注意药效外,同时要注意可能出现的不良反应。对肝功能或肾功能不全的病例,易引起由肝脏代谢或肾脏消除的药物蓄积,产生不良反应。

对这样的病猪,应调整给药剂量或延长给药间隔时间,以尽量避免药物的蓄积性中毒。动物机体的机能状态不同,对药物的反应也有差异。营养不良、体质衰弱或怀孕母猪对药物的敏感性较高,容易产生不良反应。新生仔畜或幼龄动物,由于肝脏酶系发育不全,血浆蛋白结合率和肾小球滤过率较低,血脑屏障尚未完全形成,对药物的敏感性较高。与成年动物比较,药动学参数有较大的差异。此外随着畜牧业的高度集约化,不可避免地大量使用抗生素防治疾病,随之而来的是动物性食品(肉、蛋、奶)中药物的残留问题日益严重;另一方面,各种饲养场大量的粪、尿或排泄物向周围环境排放,抗生素又成为环境的污染物,给生态环境带来许多不良影响。

5. 抗生素的联合应用

联合应用抗生素的目的主要是扩大抗菌谱、增强疗效、减少用量、降低或避免毒副作用、减少或延缓耐药菌株的产生。

联合用药必须有明确的指征:

①用一种药物不能控制的严重感染或混合感染,如败血症、慢性尿道感染、腹膜炎、创伤感染。

②病因未明而又危及生命的严重感染,先进行联合用药,待确诊后再调整用药。

③容易出现耐药性的细菌感染,如慢性乳腺炎、结核病。

④需长期治疗的慢性疾病,为防止耐药菌株的出现,可考虑联合用药。

在兽医临床联合用药取得成功的实例有不少,如磺胺类药与抗菌增效剂 TMP 或 DVD 合用,使细菌的叶酸代谢双重阻断,抗菌作用增强,抗菌范围也有增大;青霉素与链霉素合用,青霉素使细胞壁合成受阻,合用链霉素,易于进入细胞而发挥作用,同时扩大抗菌谱;阿莫西林与克拉维酸合用能有效治疗由产生 β-内酰胺酶的致病菌引起的感染;林可霉素与大观霉素合用;泰妙菌素与金霉素合用等。

为了获得联合用药的协同作用,必须根据抗生素的作用特性和机制进行选择,防止盲目配伍。目前一般将抗生素分为4大类:Ⅰ类为繁殖期或速效杀菌剂,如青霉素类、头孢菌素类;Ⅱ类为静止期或慢效杀菌剂,如氨基糖苷类、多粘菌素类(对静止期或繁殖期均有杀菌活性);Ⅲ类为速效抑菌剂,如四环素类、氯霉素类、大环内酯类;Ⅳ类为慢效抑菌剂,如磺胺类等。Ⅰ类与Ⅱ类合用,一般可获得增强作用,如青霉素与链霉素合用,前者破坏细菌细胞壁的完整性,有利于后者进入菌体内发挥作用。Ⅰ类与Ⅲ类合用出现拮抗作用。例如青霉素+氯霉素或四环素类合用出现拮抗,在四环素的作用下,细菌蛋白质合成迅速抑制,细菌停止生长繁殖,使青霉素的作用减弱。Ⅰ类与Ⅳ类合用,可能无明显影响,但在治疗脑膜炎时,合用可提高疗效,如青霉素与SD合用。其他类合用多出现相加或无关作用。还应注意,作用机制相同的同一类药物合用的疗效并不增强,而可能相互增加毒性,如氨基糖苷类之间合用能增加对第八对脑神经的毒性;氯霉素类、大环内酯类、林可霉素类,因作用机制相似,均竞争细菌的同一靶位,有可能出现拮抗作用。此外,联合用药时还应注意药物之间的理化特性、药物动力学和药效学之间的相互作用与配伍禁忌。

此外为避免动物性食品中药物残留危害人类的健康和造成危害,应熟悉掌握各种药物在食品动物体内分布状况,遵守有关药物在动物组织中的最高残留限量和休药期的规定(见附录六)。

(二) 中草药治疗方案

1. **扶正与祛邪**

正邪消长决定着病症的发展。正胜邪祛则病症转愈;邪胜正祛则病症加重。因此,治疗目的就是要正复邪去,消除疾病,恢复健康。扶正就是用扶助正气的方药及加强病猪护养等方法,以提高机体抵抗力,达到祛除邪气、恢复健康的目的,即扶正以祛

邪。祛邪就是加强环境的消毒和对猪只的用药,使病原减弱或消除从而达到邪祛正扬的目的。

2. 治标与治本

中兽医在辨证施治中,始终是抓住疾病的本质,并针对疾病的实质(即本质)进行治疗,即治病求本。治病求本,是中兽医辨证施治的一个根本原则。只有遵循治病求本原则才有满意效果。根据疾病的种类和发生发展阶段,应有针对性地解决主要问题,同时兼顾次要表现,做到"治病求本,标本兼治"。

(三)针灸疗法

对于治疗猪的传染病来说,较多的是作为辅助手段,并往往和药方配合使用,所谓的"针不离方,方不离针",针灸和药物两种治疗手段配合使用,相辅相成,以便提高疗效。施针时,都应对病畜进行适当的保定,并注意针具、穴位的清洁消毒。

第二节 猪传染病的综合防治

一、猪 瘟

(一)本病简介

猪瘟(swine fever)又称烂肠瘟,是由黄病毒科瘟病毒属猪瘟病毒引起的一种急性、发热、接触性传染病。任何年龄、品种、性别的猪在任何季节都可发病。没有或不按期进行预防注射的地区,一旦发病,短期内可造成较大范围的流行,发病和死亡率都较高。在常发地区或免疫注射密度不很高的地区,可呈零星散发。病猪是主要的传染来源。传染途径主要是消化道,食入污染的饲料或饮水就能被传染;也可通过呼吸道、眼结膜及皮肤伤口感染。病猪的买卖、运输、尸体处理不当、肉品卫生检验不

严、兽医卫生措施执行不力均可促进本病的发生和流行。人、动物和昆虫等都可成为间接的传播媒介。通过胎盘传染使仔猪患病，是近年来发病的特点。剖检可见内脏器官出血和梗死。慢性经过的病例，主要是纤维素性坏死性肠炎。

临诊症状：

（1）急性病例：呈败血症的临诊症状；体温升到40.5~42℃，稽留热；有脓性结膜炎；病初便秘，粪呈羊粪球状，污黑色，后腹泻；病猪耳后、腹部、四肢内侧等毛稀皮薄等处，出现大小不等的红点或红斑，指压不褪色；公猪包皮发炎，挤压时有恶臭混浊液体射出；急性病例，多在1周左右死亡，死亡率可达60%~80%。小猪有神经症状。

（2）慢性病例：体温时高时低，食欲时好时坏，便秘与腹泻交替发生，病猪明显消瘦，毛焦臁吊，精神萎靡，行走不稳或不能站立。一般病程可达20天以上，最后衰竭死亡居多。

(二) 综合防治

1．预防措施

（1）做好平时的预防工作：每年采取定期注射和经常补针相结合的办法，用猪瘟兔化弱毒冻干苗，稀释后大小猪一律肌肉注射1毫升。注射后第4天即可产生免疫力，免疫期可达1年。要选择和制定适合本场的免疫程序。

（2）实行自繁自养的办法：若需要从外地购买猪种，运回后必须隔离饲养半个月左右，并进行疫苗注射，方可混群饲养。

（3）加强集市管理和运输检疫：杜绝病猪在集市出售和收购、运输中传播疫病。生猪交易市场、存猪栏、屠宰场等猪只集中场所，特别应加强兽医卫生管理及检疫措施。

（4）改善饲养管理：搞好圈舍、环境及管理用具的卫生、消毒工作。

（5）发生猪瘟时的紧急措施：目前尚无有效药物治疗猪瘟，

可试用大剂量猪瘟疫苗（10～30头份）肌肉注射，参考剂量每千克体重0.5头份，个别猪场有较好的效果。早期确诊及时采取措施，对控制和消灭猪瘟、减少经济损失具有重要意义。需要对猪进行预防时可参考以下方案。

处方一：抗猪瘟血清25毫升，硫酸庆大霉素16万～32万单位。

【作用】病猪未出现腹泻时应用。

【用法】供体重25～50千克猪只1次用，肌肉注射或静脉注射，每天1次，连用2～3次。

处方二：猪瘟活疫苗。

【作用】用于预防猪瘟。

【用法】按瓶签注明的头份加生理盐水稀释，大小猪均肌肉或皮下注射1毫升。在没有猪瘟流行的地区，断奶后无母源抗体的仔猪，注射1次即可。有疫情威胁时，仔猪可于生后21～30日龄和65日龄左右各注射1次。种猪每年注射2次。断奶前仔猪可接种4头份剂量的疫苗，以防母源抗体的干扰。

处方三：猪瘟细胞活疫苗。

【作用】用于预防猪瘟。

【用法】按瓶签注明的头份加生理盐水稀释，大小猪均肌肉或皮下注射1毫升。在没有猪瘟流行的地区，断奶后无母源抗体的仔猪，注射1次即可。有疫情威胁时，仔猪可于生后21～30日龄和65日龄左右各注射1次。断奶前仔猪可接种4头份剂量疫苗，以防母源抗体的干扰。

2. 治疗措施

对病猪及可疑病猪立即隔离饲养，特别是贵重的种猪，在备有抗猪瘟血清的单位可用其治疗；对发病猪场及附近猪场体温正常、尚未出现症状的猪只，立即全部用猪瘟兔化弱毒疫苗（2～4头份）进行紧急注射，可有效地制止新的病猪出现、缩短流行过程、减少部分损失；发病猪舍、运动场、饲养管理用具用消毒药

液进行消毒。粪、尿及垫草等污物堆积发酵后作肥料利用;死猪深埋或销毁、化制;急宰病猪的肉可根据当地条件,同兽病防疫有关人员商定处理办法,不能因吃病猪肉而传播疾病。需要对患病猪进行治疗时可参考以下的治疗方案。

(1) 西药治疗:宜抗病毒消炎。

处方一:同上述预防措施的处方一。

处方二:红霉素60万单位,注射用水10毫升,5%~10%葡萄糖注射液150毫升。

【作用】温和型猪瘟的早期辅助治疗。

【用法】供体重40千克猪只1次静脉注射,每天2次。与下述中草药处方一结合使用。

处方三:红霉素25万~75万单位,25%葡萄糖20~80毫升,30%安乃近10~20毫升。

【作用】温和型猪瘟早期辅助治疗。

【用法】红霉素和25%葡萄糖混合后耳静脉缓注,30%安乃近肌肉注射,每天1次。与下述中草药处方三结合使用。

(2) 中草药治疗:以清热解毒、活血化瘀、凉血救阴为治则。

处方一:玄参14克,连翘13克,桔梗16克,枳壳14克,荆芥7克,车前子16克,麦冬16克,生地7克,知母30克,生石膏30克,薄荷7克,金银花25克,蒲公英25克,甘草10克。

【作用】治疗早期温和型猪瘟。

【用法】按处方配药,共粉碎为末,白米粥为引冲灌,每天1剂,分2次服用。

处方二:生石膏50克,芒硝30克,大青叶40克,板蓝根40克,大黄20克,生地25克,玄参25克,黄连15克,黄芩15克,连翘20克,甘草10克。

【作用】治疗早期温和型猪瘟。

【用法】按处方配药,将生石膏粉碎为细末与芒硝混合,其

他药水煎 2 次，去渣，乘热加入石膏、芒硝，候凉供体重 50 千克猪只灌服。20~50 千克猪只剂量减半，20 千克以下取 1/3 的分量。食欲增加，粪便好转后不能马上停药，需再继续用药 1 个疗程，剂量则为原剂量的 1/2~1/3，若粪便正常可去大黄、芒硝。

处方三：生石膏 100 克，板蓝根 30 克，玄参 20 克，连翘 30 克，知母 30 克，生地 30 克，桔梗 20 克，黄连 15 克，栀子 20 克，丹皮 20 克，金银花 20 克，红花 20 克，桃仁 20 克，赤芍 15 克，大黄 40 克，芒硝 100 克，鲜竹叶 20 克，甘草 20 克，黄芩 20 克。

【作用】清热解毒、活血化淤、凉血救阴、促进食欲，治疗温和型猪瘟。

【用法】按处方配药，粪稀减大黄、芒硝，渴甚者加花粉、麦冬各 20 克，水煎 2 次，合并煎液，供体重 50 千克猪只服用。

处方四：黄连 3 克，黄芩 9 克，栀子（炒）6 克，连翘 6 克，黄柏 6 克，生石膏 3 克，知母 6 克，金银花 12 克，白芍 4.5 克，枳壳 3 克，地榆 6 克，厚朴 1.5 克，大黄 9 克，茯苓 6 克，甘草 1.5 克。

【作用】猪瘟早期治疗。

【用法】按处方配药，煎汁取液，供体重 25 千克猪只每天 2 次服用。

处方五：大黄 15 克，厚朴 20 克，枳实 15 克，芒硝 25 克，玄参 10 克，麦冬 10 克，金银花 15 克，连翘 20 克，石膏 50 克。

【作用】用于治疗有恶寒发热，大便燥结表现的猪瘟。

【用法】按处方配药，煎水去渣，供体重 10 千克的猪只服用，分早晚灌服。为了避免灌药呛肺，可用胃管投药。连用 3~5 天。

处方六：黄连 5 克，黄柏 10 克，黄芩 15 克，金银花 25 克，连翘 15 克，白扁豆 25 克，木香 10 克。

【作用】治疗出现拉稀的猪瘟。

【用法】按处方配药,煎水去渣,供体重10千克的猪只分早晚各灌服1次,连用3~5天。

处方七:败酱草、夏枯草、金银花藤、大血藤各15克。

【作用】治疗猪瘟。

【用法】按处方配药,煎水灌服,或粉碎为末加水每天1次灌服,连服2~3天。

处方八:苦胆头180克,节节红、曲节草、猪角菜、小青各60克,黄花草、白菊花叶、白石榴花各30克。

【作用】治疗猪瘟。

【用法】按处方配药,切段,用水5~10千克煎至2.5~3千克。每天分3次灌服,连服3~7天。

处方九:白头翁25克,地榆炭25克,栀子15克,川乌10克,生草乌10克,雄黄10克,连翘10克,牙皂10克,狼毒10克,泽泻15克,郁李仁15克,锅底泥(灶心土)100克。

【作用】治疗猪瘟。

【用法】按处方配药,煎汤灌服,每天1剂,连服3~5剂。

处方十:白信或红矾。

【作用】治疗猪瘟。

【用法】发病初期用,在猪耳廓中部稍靠下方,避开血管,用宽针穿一个1.7~1.9厘米深的皮下囊后,在囊内塞入绿豆大小的白信或红矾即可。

处方十一:茵陈、蒲公英、土茯苓各30克。

【作用】治疗猪瘟。

【用法】按处方配药,煎汤2次,混合煎液,分2~3次灌服。每天1剂,连服3~5剂。

处方十二:一枝黄花、野菊花、忍冬藤、千里光各15~24克(鲜药加倍)。

【作用】治疗猪瘟。

【用法】按处方配药,煎水灌服,每天1剂,连用3~5剂。

处方十三:车前子30克,贯众、茯苓、何首乌各75克,苍术12克,绿豆120克。

【作用】治疗猪瘟。

【用法】按处方配药,水煎取汁,候温灌服,供体重50千克的猪只1天服用,连用3~5剂。

处方十四:板蓝根90克,玄参、金银花、穿心莲各60克,竹叶、生地、白术各30克,甘草9克。

【作用】治疗猪瘟。

【用法】按处方配药,水煎取汁,候温灌服,成年猪每天2次,连用2~3天。

处方十五:地龙、石膏、大黄各30克,金银花18克,玄参、知母、连翘各15克。

【作用】治疗猪瘟。

【用法】按处方配药,煎汤2次,混合药液,供体重20~50千克的猪只分2次灌服,每天1次,连服2~3天。

处方十六:寒水石5克,连翘10克,葛根15克,桔梗10克,升麻15克,白芍10克,花粉10克,雄黄5克,双花10克。

【作用】治疗猪瘟。

【用法】按处方配药,共粉碎为末,温水冲调,候温灌服,供大猪1次服完,每天1次,连服2~3天。

(3)针灸治疗:

方案一:

【主穴】血印、尾尖、天门、卡耳。

【配穴】三里、山根、八字、涌泉、滴水。

方案二:

【主穴】百会、尾尖、山根、血印、涌泉、滴水。

【配穴】玉堂、天门、前八字、六脉、后八字。如有气喘时扎肺俞、苏气二穴。拉稀时扎交巢。

在确诊本病的基础上,应进行紧急预防接种或用高免血清作被动免疫,结合中草药方剂的安全用药方案来防治本病。尽量避免盲目使用抗生素,造成药物残留和出现耐药菌株。

二、猪丹毒

(一) 本病简介

猪丹毒 (swine erysipelas) 是由猪丹毒丝菌引起猪的一种急性、败血性传染病。病原体猪丹毒丝菌寄生在病猪的所有器官,耐过猪的扁桃体、肠道和胆汁及病猪的分泌物和排泄物污染环境和土壤是本病的主要传染源。本病有一定季节性,气候较暖和的季节发生较多。以 3~6 月龄的猪发病最多,老龄猪和哺乳猪发病少。在流行初期,猪群中的猪只常为最急性经过,突然死亡 1~2 头,且多为健壮大猪,以后陆续发病或死亡。发病后如能及时采取治疗措施,常可终止流行;青霉素治疗有效。有较明显的常在性,呈散发或地方流行。

主要症状:败血症表现和皮肤上出现紫红色疹块。慢性病猪主要表现为心内膜炎和关节炎。

确诊可进行细菌学检查。以新鲜病料抹片,革兰氏染色后镜检,可见单个或成堆的长丝状菌体,即可确诊。

(二) 综合防治

1. 预防措施

平时做好疫苗预防注射或用抗血清进行预防。

处方一:抗血清 50 毫升。

【作用】预防猪丹毒。

【用法】1 次静脉或皮下注射。

处方二:猪丹毒氢氧化铝甲醛菌苗。

【作用】预防猪丹毒。

【用法】10千克以上的断奶猪一律皮下注射5毫升；10千克以下或尚未断奶的猪，皮下注射3毫升，1个月后再补注3毫升。注射后21天产生免疫力，免疫期为6个月。

处方三：猪丹毒活疫苗。

【作用】预防猪丹毒。

【用法】本疫苗稀释后要保存于阴暗处，限4小时内用完。口服疫苗时，在免疫前应停食4小时，将用冷水稀释了的疫苗拌入少量新鲜凉饲料中，让猪自由采食。疫苗有效期：在-15℃保存为12个月；在2~8℃为9个月；在5~30℃为10天。

处方四：猪丹毒弱毒菌苗。

【作用】预防猪丹毒。

【用法】菌苗为冻干苗，用20%氢氧化铝生理盐水稀释，大小猪一律皮下注射1毫升，注射后7天产生免疫力，免疫期6个月。口服时，每头2毫升，服后9天产生免疫力，免疫期6个月。

2．治疗措施

发病后应早期确诊，隔离病猪，及时治疗。青霉素为首选抗生素，用量为每千克体重1万~4万单位，每天2~3次，肌肉注射。应该指出，经过治疗后，体温下降，食欲和精神好转时，仍需继续注射2~3次，以巩固疗效，防止复发或转为慢性。猪场环境及饲养管理用具，应进行消毒，猪粪及垫草集中堆放，发酵腐熟后作肥料用。病死猪或屠宰猪可高温处理，血液、内脏等深埋。屠宰和解剖人员应加强防护工作，免受猪丹毒丝菌感染，如有感染，立即就医。

（1）西药治疗：以抗菌消炎为治则。

处方一：青霉素80万~160万单位，复方氨基比林注射液10~20毫升。

【作用】治疗对青霉素敏感的猪丹毒。

【用法】青霉素，体重20千克以下猪只40万~60万单位；

体重20~50千克猪只用80万~160万单位;体重50千克以上的猪只酌情增加。每天早晨、下午各肌肉注射1次,待体温下降、食欲恢复还应再用药1~2次,以防复发。

说明:对青霉素不敏感的猪丹毒病猪,可用氨苄青霉素或链霉素,每千克体重20毫克;或20%复方磺胺嘧啶钠10~30毫升(首次加倍)替换青霉素。

处方二:抗血清50毫升。

【作用】治疗对青霉素不敏感的猪丹毒。

【用法】1次静脉或皮下注射。

(2)中草药治疗:以清热解毒或宣毒发表、透疹外出为治则。

处方一:大青叶120克,生石膏40克,贝母40克,板蓝根40克。

【作用】治疗猪丹毒。

【用法】按处方配药,粉碎为末,开水冲调,候温灌服,每天1剂,连服3剂。

处方二:金银花12克,连翘12克,地骨皮12克,黄芩12克,大黄12克,蒲公英15克,紫花地丁15克,木通10克,滑石12克,生石膏30克。

【作用】治疗猪丹毒。

【用法】按处方配药,水煎取汁,供体重25千克猪只1次灌服,连服2~3剂。

处方三:

①清热解毒汤:黄连、黄芩、山栀子、丹皮各25克,金银花、紫花地丁、板蓝根、玄参各45克,马鞭草、赤芍各24克,大黄30克。

②活蚯蚓300条,白糖550克。

【作用】治疗猪丹毒。

【用法】按处方①配药,每剂2煎,合并煎液,供2头中等

体重猪只分 2 次灌服；按处方②配药，活蚯蚓置于干净玻璃缸中，加入白糖，放置 12~15 小时，待蚯蚓化成液体后，用三层纱布过滤 2 次，取上清液肌肉注射，每天 1 次，每次每头 10 毫升，连续 3 天，蚯蚓渣涂擦疹块，一般联合用药 3~4 天可痊愈。

处方四：大黄 25 克，黄芩 12 克，甘草 30 克，马勃 10 克，薄荷 25 克，酒玄参 30 克，牛蒡子 15 克，升麻 12 克，柴胡 30 克，桔梗 25 克，滑石 60 克，板蓝根 30 克，青黛 30 克，陈皮 20 克，连翘 30 克，荆芥 30 克。

【作用】治疗猪丹毒。

【用法】按处方配药，水煎灌服，每天 1 剂，连服 3~4 剂。另用黄柏、苍术、马齿苋、蒲公英各 25 克，水煎取汁洗刷疹块。

处方五：寒水石 5 克，连翘 10 克，葛根 15 克，桔梗 10 克，升麻 15 克，白芍 10 克，花粉 10 克，雄黄 5 克，金银花 5 克。

【作用】治疗猪丹毒。

【用法】按处方配药，煎汤灌服，每天 2 剂，连用 2 天。

处方六：穿心莲注射液 10~20 毫升。

【作用】治疗亚急性猪丹毒。

【用法】1 次肌肉注射，每天 2~3 次，连用 2~3 天。

处方七：地龙 30 克，石膏 30 克，大黄 30 克，玄参 16 克，知母 16 克，连翘 16 克。

【作用】治疗猪丹毒。

【用法】按处方配药，水煎分 2 次灌服，每天 1 剂，连用 3~5 剂。

处方八：柴胡 15 克，木通 9 克，甘草 9 克，陈皮 15 克，山楂 30 克，神曲 30 克，大黄 30 克，芒硝 60 克，苍术 15 克，白术 15 克，麦芽 20 克。

【作用】治疗猪丹毒。

【用法】按处方配药，水煎灌服，每天 1 剂，连用 2~3 剂。

处方九：柴胡、金银花、连翘、升麻、葛根、花粉、薄荷、

白芷各10克，白芍、甘草各6克。

【作用】治疗猪丹毒。

【用法】按处方配药，共粉碎为细末，供体重50千克左右的猪只分2次内服，每天1剂，连用3剂。

处方十：大青叶90克，石膏、贝母、板蓝根各30克。

【作用】治疗猪丹毒。

【用法】按处方配药，共粉碎成细末，开水冲调，候温灌服。供体重30千克左右的猪只1次服用，每天1剂，连服3~5剂。

处方十一：蟾酥1.5克（用几滴酒浸化），轻粉10克，麝香6克，枯矾13克，寒水石13克（火煅），铜绿10克，乳香13克，朱砂30克。

【作用】治疗猪丹毒。

【用法】按处方配药，共粉碎为细末，装瓶盖紧备用。20千克重的猪用1克；25~30千克的猪用1.2克；30~40千克的猪用1.5克；50千克以上的猪用1.9克。用药时先用几滴酒把药浸湿，再加水调成糊状，让猪自行咽下，每天1次，连用2~3天。

处方十二：黄柏、栀子、大黄、黄芩各40克，连翘、知母、花粉、金银花、菊花、食盐各30克，赤小豆、甘草各10克，黄连6克，苦参24克，井水2.5升。

【作用】治疗猪丹毒。

【用法】按处方配药，泡24小时，煎成药液，浓缩至原药液的2/3，用四层纱布过滤5次，装入瓶内，煮沸消毒，冷却备用。皮下或肌肉注射，每天1次，大猪每次10毫升，中猪6~8毫升，小猪4~6毫升，连用2~3天。

处方十三：黄连10克，黄芩10克，黄柏15克，大黄30克，栀子15克，枳壳15克，金银花20克，牛蒡子25克，丹皮15克，胆草15克，大青叶30克，野菊花15克，淡豆豉15克，甘草5克。

【作用】治疗猪丹毒。

【用法】按处方配药，水煎取汁，候温分 4 次灌服，连服 2 剂即有明显效果。

处方十四：荆芥 20 克，防风 15 克，川芎 30 克，升麻 15 克，薄荷 15 克，金银花 15 克，连翘 20 克，栀子 25 克，木通 20 克，麻仁 15 克，酒大黄 15 克，雄黄 15 克，青皮 20 克，贯众 15 克。

【作用】治疗无疹块型猪丹毒。

【用法】按处方配药，车前草、蜂蜜为引，煎水取汁，候温内服，每天 1 剂，分 2 次服完，连用 2~3 剂。

处方十五：金银花 50 克，连翘 25 克，栀子 50 克，花粉 25 克，大力子 50 克，甲珠 15 克（有疹块者），蝉蜕 15 克，赤芍 15 克，大黄 50 克，芒硝 50 克，滑石 50 克，射干 25 克。

【作用】治疗猪丹毒。

【用法】按处方配药，紫花地丁为引，煎水内服，体重 50 千克猪只分 2 次服完，每天 1 剂，连用 2~3 剂。

处方十六：大青叶、大黄、葶苈子、山豆根、麦冬、黄芩、胆草、生石膏各 15~25 克。

【作用】治疗猪丹毒。

【用法】按处方配药，水煎取汁，候温灌服。供体重 20~40 千克的猪只 1 次灌服，每天 1 剂，连用 3~5 剂。

处方十七：金银花 25 克，山豆根 15 克，桔梗 15 克，荆芥 25 克，野菊花 25 克，栀子 15 克。

【作用】治疗猪丹毒。

【用法】按处方配药，加蜂蜜 100 克为引，水煎取汁候温灌服。供 50 千克重的猪只 1 次服完，每天 1 剂，连用 3~5 剂。

处方十八：石膏 18 克，芒硝 18 克，大黄 9 克，生地 12 克，玄参 12 克，黄柏 9 克，黄芩 9 克，栀子 9 克，丹皮 9 克，黄连 6 克，甘草 6 克。

【作用】治疗猪丹毒。

【用法】按处方配药，水煎去渣，候温灌服。供大猪早晚分

2次服，连服2~3剂。

（3）针灸治疗：

方案一：

【主穴】卡耳（白砒或红矾）、山根、血印、尾尖。

【配穴】涌泉、三里、滴水。

方案二：

【主穴】肺俞、理中、尾尖、血印。

【配穴】山根、玉堂、蹄叉。

三、猪 肺 疫

（一）本病简介

猪肺疫（swine pasteurellosis）又叫猪巴氏杆菌病，俗称锁喉疯或肿脖子瘟。病原体为特定血清型的多杀性巴氏杆菌，存在于病猪的脏器、分泌物和排泄物中，病菌一般经呼吸道或消化道而感染发病。本病常见于中、小猪发病，以秋末春初及气候骤变季节发生最多，南方易发生于潮湿闷热及多雨季节。由于部分猪只上呼吸道带菌，所以长途运输、饲养管理不当、卫生极差及环境突变等是发病的重要应激因素。我国北方或华北地区，大多为散发或继发性猪肺疫，南方则以流行性猪肺疫出现。

发病症状：急性病例呈出血性败血症、咽喉炎和肺炎的症状。慢性病例主要表现为慢性肺炎症状。呈散发性发生，常是其他病的继发病。急性病例一般病程较短，可突然死亡，典型的表现是：急性咽喉炎，颈部高度红肿，热而坚硬，呼吸困难及肺炎症状；散发或继发性的慢性病猪，症状不明显，易和其他传染病相混淆。

鉴别诊断：除注意与猪瘟、丹毒区别诊断外，急性咽喉炎病例要与急性炭疽区分，猪很少发生急性炭疽，且不形成流行，剖检时，急性炭疽病猪的脾脏肿大与猪肺疫不同，如将局部病料作

细菌学检查，两者病原形态不同，易于分开。

(二) 综合防治

1. 预防措施

贯彻"预防为主"的方针是防治本病的根本办法，消除或减缓降低猪抵抗力的一切不良因素，加强饲养管理，做好兽医卫生工作，以增强猪体的抵抗力。每年春秋两季定期进行预防注射，我国目前使用两种菌苗，一为猪肺疫氢氧化铝甲醛菌苗，断奶后的大小猪只一律皮下注射5毫升，注射后14天产生免疫力，免疫期为6个月；另一为口服猪肺疫弱毒冻干菌苗，按瓶签说明的头份，用冷开水稀释后，混入饲料或水中喂猪，一律口服1头份，免疫期为6个月。

处方一：抗血清25毫升，链霉素0.5~1.5克。

【作用】预防猪肺疫。

【用法】链霉素每千克体重20毫克给药（可用青霉素、硫酸丁胺卡那霉素、10%磺胺嘧啶钠注射液按各自安全用量替换链霉素），抗血清按每千克体重0.5毫升，混合后肌肉注射。

处方二：猪巴氏杆菌病活疫苗。

【作用】预防猪肺疫。

【用法】按瓶签标明头份，用冷水稀释好疫苗，口服，按每头猪1头份疫苗拌入少量新鲜凉饲料中，让猪自由采食。本疫苗稀释后应保存于阴暗处，限4小时内用完。免疫期为10个月。有效期在2~8℃为12个月。

处方三：猪巴氏杆菌灭活疫苗。

【作用】预防猪肺疫。

【用法】断奶后的猪，不论大小，每头皮下注射5毫升。

2. 治疗措施

(1) 西药治疗：

处方一：同上述预防措施处方一。

处方二：盐酸强力霉素 150～250 毫克，氟哌酸 0.5～2 克。

【作用】治疗猪肺疫。

【用法】盐酸强力霉素每千克体重 3～5 毫克 1 次肌肉注射，每天 1 次，连用 2～3 天；氟哌酸每千克体重 20 毫克 1 次喂服，每天 2 次，连用 3～4 天。

处方三：青霉素 80 万～160 万单位，链霉素 0.5～1 克。

【作用】治疗猪肺疫。

【用法】青霉素每千克体重 2 万～3 万单位，链霉素每千克体重 20 毫克，混合后肌肉注射，每天 2 次，连续用药至体温下降后的第 2 天为止。

处方四：恩诺沙星注射液 25～30 毫升，5%葡萄糖氯化钠液 250～500 毫升，30%安乃近 20～30 毫升。

【作用】治疗猪肺疫。

【用法】恩诺沙星注射液和 5%葡萄糖氯化钠液混合后 1 次静脉注射；安乃近肌肉注射，每天 1 次，连用 2～3 次。并在肿胀处配合火针治疗。

（2）中草药治疗：以清热解毒、泻肺利咽为治则。争取早诊断、早治疗。

处方一：白药子 9 克，黄芩 9 克，大青叶 9 克，知母 6 克，连翘 6 克，桔梗 6 克，炒牵牛子 9 克，炒葶苈子 9 克，炙枇杷叶 9 克。

【作用】治疗猪肺疫早期病例。

【用法】按处方配药，加鸡蛋清 2 个为引，水煎取汁 1 次喂服，每天 2 剂，连用 3 天。

处方二：金银花 30 克，连翘 24 克，丹皮 15 克，紫草 30 克，射干 12 克，山豆根 20 克，黄芩 9 克，麦冬 15 克，大黄 20 克，元明粉 15 克。

【作用】治疗猪肺疫。

【用法】按处方配药，水煎分 2 次喂服，每天 1 剂，连用 2

天。

处方三：大青叶、大黄、葶苈子、山豆根、麦冬、黄芩、胆草、生石膏各10～15克。

【作用】治疗猪肺疫。

【用法】按处方配药，水煎取汁，候温灌服，每天1次，连用3～5天。

处方四：桔梗6克，玄参6克，山豆根6克，牛蒡子5克，射干6克，黄芩9克，杏仁5克，知母5克，贝母3克，甘草6克。

【作用】治疗猪肺疫。

【用法】按处方配药，水煎取汁，候温灌服，每天1剂，连用3天。

处方五：金银花、连翘、知母、牛蒡子、黄连、山豆根、紫花地丁、甘草各10克，射干、大黄、蝉蜕各12克。

【作用】治疗猪肺疫。

【用法】按处方配药，粉碎为末，供50千克体重猪只拌料喂服，或开水冲调，候温灌服。

处方六：党参、五味子、炙甘草各7克，白术、麦冬各10克，茯苓15克，生姜片3片，大枣3个。

【作用】治疗慢性猪肺疫。

【用法】按处方配药，煎汤取汁，候温灌服，每天1剂，连服3～5剂。

处方七：金银花30克，连翘25克，黄芩25克，黄连15克，玄参30克，桔梗25克，枳实25克，大黄5克，杏仁30克，瓜蒌仁30克，百部30克，山豆根30克，天冬30克，甘草15克。

【作用】治疗猪肺疫。

【用法】按处方配药，桑皮、车前草为引，煎汤取汁，候温灌服，供50千克体重猪只服用，连用2～3天。

处方八：山豆根40克，射干40克，胆草40克，黄芩25克，

黄柏30克,栀子30克,苦参25克,甘草15克,柴胡15克,大黄30克。

【作用】治疗猪肺疫。

【用法】按处方配药,煎汤取汁,候温灌服,供体重50千克猪只1天服完,连用2天。

处方九:黄芩20克,黄连10克,栀子20克,杏仁20克,薄荷25克,茯苓20克,滑石25克,泽泻20克,天冬15克,紫菀25克,麦冬25克,川贝15克,山豆根20克,胆草40克,橘红20克。

【作用】治疗猪肺疫。

【用法】按处方配药,粉碎为细末,供大猪分4次喂服,每天1次,连服2~3剂。

处方十:金银花20克,连翘20克,射干20克,青黛15克,玄参15克,马勃10克,天冬20克,甘草10克,白糖50克。

【作用】治疗猪肺疫。

【用法】按处方配药,蚯蚓20条为引,煎汤供50千克体重的猪只1天服完,连用2~3次。

处方十一:山豆根15克,马勃10克,黄连15克,栀子20克,黄芩25克,花粉25克,枳实15克,大黄25克,玄参30克,胆草30克,木通30克,连翘20克,桔梗30克,雄黄15克,姜虫(成粉)5克,全虫5克,葶苈子20克,苏子5克。

【作用】治疗猪肺疫。

【用法】按处方配药,白糖、苍耳子、冰片(粉碎为细末)为引,煎水内服,供体重50千克猪只分2天服完,每天2次。

处方十二:象贝20克,桔梗20克,金银花25克,杏仁20克,百部20克,麦冬20克,百合20克,款冬花25克,全虫10克,木通20克,黄柏20克。

【作用】治疗猪肺疫。

【用法】按处方配药,煎水取汁,供体重30千克猪只内服,

分2次服完。另外还必须动手术,以硫黄擦火针烙患处,如有化脓用苦蒿水洗。

处方十三:金银花40克,大力子30克,射干30克,山豆根30克,杏仁25克,桔梗25克,玄参25克,黄芩40克,知母30克,黄柏40克,雄黄20克,大蒜50克,车前草40克,夏枯草30克,黄连20克,栀子40克,薄荷15克,蒲公英40克。

【作用】治疗猪肺疫。

【用法】按处方配药,水煎取汁,候温灌服,供大猪分4天服完,每天1次。

处方十四:马尾连10克,黄柏15克,金银花15克,桔梗10克,柴胡10克,槟榔10克,白僵虫10克,滑石15克,木香10克,青皮15克,甘草5克。

【作用】治疗猪肺疫。

【用法】按处方配药,水煎取汁,藿香、茨黄连(三颗针)为引,候温灌服,供大猪1次服完,连用3~5次。

处方十五:荆芥25克,山豆根25克,黄芩15克,天冬25克,马兜铃20克,桔梗25克,栀子25克,川连15克,射干25克,大力子25克,连翘25克。

【作用】治疗猪肺疫。

【用法】按处方配药,万年青为引,煎水灌服,供大猪1次服完,连服2~3次。

处方十六:丹皮25克,紫草25克,射干20克,山豆根35克,黄芩15克,麦冬40克,大黄35克,元明粉25克。

【作用】治疗猪肺疫。

【用法】按处方配药,煎水去渣,供体重25~35千克猪只分早晚灌服,连用3~5天。

处方十七:射干50克,山豆根50克,金银花50克,连翘40克,牛蒡子50克,僵蚕25克,马勃30克,寒水石50克,甘草15克。

【作用】治疗猪肺疫。

【用法】按处方配药,煎水去渣,分早晚灌服,连用2~3天。

(3) 针灸治疗:

方案一:

【主穴】苏气、肺俞、断血、锁喉、理中。

【配穴】高热时,配血印、尾尖;食欲不振,配山根、玉堂。

方案二:

【主穴】山根、血印、肺俞、锁喉、尾尖。

【配穴】六脉、后三里、涌泉。

四、仔猪副伤寒(猪沙门氏菌病)

(一)本病简介

仔猪副伤寒[swine paratyhoid(swine salmonellosis)]又称猪沙门氏菌病,主要是由猪霍乱和猪伤寒沙门氏菌引起的仔猪传染病。本病多发生于1~2月龄(体重10~15千克)小猪,地方流行或散发,流行缓慢,常在寒冷、气候多变及阴雨连绵季节发生,环境卫生差、仔猪抵抗力降低可诱发本病。本病在我国各地的猪场都有发生,特别是饲养卫生条件不好的猪场,给养猪业造成很大损失。

发病症状:初期急性发生时,与猪瘟相似,必须结合其他资料综合判断。典型的症状是持续下痢,呈慢性经过,部分仔猪还有肺炎症状。急性病例为败血症变化,慢性病例为大肠坏死性炎症及肺炎。多发生于幼龄仔猪,成年猪很少见到。

急性病例可从实质器官分离出病原菌,慢性病例不易成功。如已分离到沙门氏菌,必须综合其他症状、病理及流行特点进行分析,综合判断。

(二) 综合防治

1. 预防措施

改善饲养管理和卫生条件,消除引起发病的应激因素,增强仔猪抵抗力。在本病常发地区,可对 1 月龄以上哺乳或断奶仔猪,用仔猪副伤寒冻干弱毒菌苗预防,用 20% 氢氧化铝生理盐水稀释,肌肉注射 1 毫升,免疫期 9 个月;口服时,按瓶签说明,服前用冷开水稀释成每头份 5~10 毫升,搀入饲料中喂服;或将 1 头份疫苗稀释于 5~10 毫升冷开水中给猪灌服。

处方:仔猪副伤寒活疫苗。

【作用】预防仔猪副伤寒。

【用法】本品适用于 1 月龄以上的哺乳或断奶健康仔猪。按瓶签注明的头份口服或注射,瓶签注明限于口服者不得用于注射。

口服:按瓶签标明的头份,临用前用冷开水稀释后给猪灌服。

注射:用 20% 氢氧化铝生理盐水,按每头份 1 毫升将疫苗稀释,于猪耳后浅层肌肉注射。

2. 治疗措施

圈舍彻底清扫、消毒,特别是饲槽要刷洗干净。粪便堆积发酵后利用;必要时,对假定健康猪用抗生素拌料进行预防;隔离病猪,及时治疗,可选用磺胺类等药物;病死猪应深埋。

(1) 西药治疗:以敏感药物按一定的周期进行替换使用。

处方一:磺胺嘧啶 0.2~0.8 克,三甲氧苄氨嘧啶 40~160 毫克,10% 磺胺嘧啶钠注射液 25 毫升,25% 葡萄糖注射液 40~60 毫升。

【作用】治疗仔猪副伤寒。

【用法】每千克体重磺胺嘧啶 20~40 毫克、三甲氧苄氨嘧啶 4~8 毫克,混合后,分 2 次喂服,连用 1 周;磺胺嘧啶钠每千克

体重5毫升和葡萄糖注射液混合后1次静脉注射,每天1次,连用3~5次。

处方二:盐酸强力霉素注射液30~100毫克,盐酸土霉素0.6~2克。

【作用】治疗仔猪副伤寒。

【用法】盐酸强力霉素每千克体重3~5毫克,每天1次,连用3~5天;土霉素每千克体重10~25毫克,分2~3次喂服。

处方三:氟哌酸0.2~1克,盐酸山莨菪碱(654-2)50~100毫克。

【作用】治疗仔猪副伤寒。

【用法】氟哌酸每千克体重10毫克;盐酸山莨菪碱每千克体重1~2毫克。分别肌肉注射,每天2次,连续5天为1个疗程。

(2)中草药治疗:以清热解毒、扶正健脾为治则,最好与西药配合使用,以巩固其疗效。

处方一:青木香10克,苍术6克,黄连10克,地榆炭15克,炒白芍15克,白头翁10克,车前子10克,烧大枣5枚为引。

【作用】治疗仔猪副伤寒。

【用法】按处方配药,粉碎为末,1次喂服,每天1次,连用2~3剂。

处方二:黄连15克,木香15克,白芍20克,槟榔10克,茯苓20克,滑石25克,甘草10克。

【作用】治疗仔猪副伤寒。

【用法】按处方配药,水煎,分3次服,每天2次,连用2~3剂。

处方三:黄芩6克,陈皮6克,莱菔子9克,神曲9克,柴胡9克,连翘6克,金银花9克,槐木炭6克,苦参9克。

【作用】治疗仔猪副伤寒。

【用法】按处方配药,水煎,分2次喂服,每天1剂,连用

2～3剂。

处方四：金银花、黄芩、山楂各50克，薏苡仁25克，柴胡10克，茯苓、大青叶、生姜各30克，白芍、陈皮、甘草各20克。

【作用】清热解毒、扶正健脾，治疗仔猪副伤寒。

【用法】按处方配药，水煎3次，合并药液，文火浓缩至1 000毫升，每千克体重2毫升内服，每天3次，连用2～5天。

处方五：白头翁20克，黄柏15克，黄芩15克，苦参5克，金银花15克。

【作用】治疗仔猪副伤寒。

【用法】按处方配药，煎汤，候温灌服。

处方六：黄连须30～60克，黄芩20克，黄柏20克，栀子23克，麻黄10克，淡豆豉20克，姜黄20克，石膏30～60克，牛蒡子15克，木通20克，大黄23克，甘草6克。

【作用】治疗仔猪副伤寒。

【用法】按处方配药，煎汤，候温，供1头大猪服用，分3次灌服。

处方七：黄连10克，黄柏30克，秦皮20克，白头翁30克，石膏60克，大黄10克，紫草10克，鲜白茅根100克。

【作用】治疗仔猪副伤寒。

【用法】按处方配药，水煎3次，合并药液，文火浓缩至1 000毫升，每千克体重2毫升服用，每天3次，连用2～5天。

处方八：黄连10克，黄柏15克，白头翁25克，金银花20克，煨葛根30克，茯苓20克，枳实10克，槟榔15克。

【作用】治疗仔猪副伤寒。

【用法】按处方配药，煎水去渣，供体重15～25千克的猪只1天分2次灌服，连用2～3天。

处方九：栀子50克，连翘50克，滑石粉50克，薏苡仁20克，知母40克，菊花30克，茯神30克，大黄40克，远志40

克,猪苓50克,泽泻50克,芒硝50克,胆草40克,木通6克,赤合香20克,柴胡50克,黄柏30克,黄芩30克,黄连20克。

【作用】治疗仔猪副伤寒。

【用法】按处方配药,粉碎为细末混合均匀,每5千克体重服5克,每天2次,连用3~5剂。

处方十:生半夏500克,明矾250克,雄黄250克,杜仲500克,贯众500克,五味子500克,黄芩500克,黄柏500克,胡椒200克,油皂250克,使君子250克,麝香25克。

【作用】治疗仔猪副伤寒。

【用法】按处方配药,粉碎为细末,体重5~15千克小猪2~5克,20~30千克中猪4~10克,40~60千克大猪6~20克。混料喂服。

处方十一:黄芩30克,荆芥30克,桂枝30克,杏仁5克,桔梗40克,防风40克,川芎20克,麻黄25克,粉草5克,生姜15克,大枣20克。

【作用】治疗仔猪副伤寒。

【用法】按处方配药,煎水内服,此系中猪用量,大小猪酌情增减,每天2次,如能吃料,可混在饲料中喂服,连服2~3剂。

处方十二:连翘10克,桑叶10克,杏仁10克,薄荷10克,桔梗15克,陈皮15克,竹叶15克,通草10克,桑白皮10克。

【作用】治疗仔猪副伤寒。

【用法】按处方配药,如咽喉肿加射干、山豆根、大力子各15克,水煎服,每天2~3次,连服3~5剂。

处方十三:苍术25克,北细辛5克,防风25克,白芷25克,茯苓皮25克,贯众25克,麻黄15克,甘草5克。

【作用】治疗仔猪副伤寒。

【用法】按处方配药,苏根、石菖蒲、茅草根、臭草根为引,煎汤取汁,候温灌服,每天2次,连用2~3剂。

处方十四：大蒜 5~25 克。

【作用】治疗仔猪副伤寒。

【用法】将大蒜捣成泥或制成大蒜酊内服，每天 3 次，连服 3~4 天。

处方十五：白头翁 6 克，龙胆草、苦参、白芍各 3 克，陈皮 4.5 克，甘草 1.5 克。

【作用】治疗仔猪副伤寒。

【用法】按处方配药，粉碎为细末，开水冲调，候温内服。供体重 5~10 千克猪只服用，每天 1 剂，连用 3 剂。

处方十六：连翘、金银花各 5 克，花粉、鹤虱各 3 克，槐花、白头翁、陈皮、黄连、黄芩、芦根、桉树叶各 6 克。

【作用】治疗仔猪副伤寒。

【用法】按处方配药，水煎取汁，供 1 头仔猪分 3 次服完，每天 1 剂，连服 3~5 剂。

处方十七：黄连、黄柏、通草各 10 克，白头翁、甘草各 6 克，车前子、滑石粉各 15 克。

【作用】治疗仔猪副伤寒。

【用法】按处方配药，粉碎成细末，开水冲调，供 1 头仔猪分 4 次灌服，每天 1 剂，连服 2~3 剂。

(3) 针灸治疗：

方案一：

【主穴】交巢、后三里、脾俞、七星。

【配穴】血印、尾尖、玉堂、山根。

方案二：

【主穴】血印、玉堂、三里、交巢、尾尖。

【配穴】山根、大椎、百会、涌泉、滴水、七星。

五、猪气喘病

(一) 本病简介

猪气喘病（swine enzootic pneumonic）又称为猪地方流行性肺炎、猪支原体肺炎，是由猪肺炎支原体引起猪的一种慢性、接触性传染病。病原体为猪肺炎支原体。主要通过呼吸道的飞沫传播，也可能通过消化道、眼结膜或胎盘而感染。任何年龄、性别、品种的猪都可发病，以哺乳仔猪和幼猪最易感，而且症状明显，死亡率高些；体格健壮的猪只，只是偶有咳嗽声，以慢性经过为主。在新疫区可呈急性暴发，在饲养管理不良、天气突然变化时，症状随之明显及恶化，用一般药物治疗后，症状暂时消退，以后易复发。

发病症状：以咳嗽和喘气为特征。一般体温、精神和食欲正常，病程较长。随着不良因素的影响，症状明显或加剧。多呈慢性经过，常有其他病菌继发感染。这是集约化养猪场常见的疫病之一，也是 SPF 猪场要求净化的疫病之一。

鉴别诊断：主要注意与猪传染性胸膜肺炎、猪肺丝虫和蛔虫引起的咳嗽相区分。

(二) 综合防治

1. 预防措施

认真贯彻自繁自养的原则，平时注意加强饲养管理。国内已研制出猪气喘病弱毒苗，可以试用。

处方：猪气喘病冻干弱毒疫苗。

【作用】预防猪气喘病。

【用法】按疫苗瓶签注明的头份加生理盐水稀释，每头份 5 毫升。在猪右侧胸腔倒数第六肋骨至胛骨后缘 3.3～5 厘米处进针，针头一旦刺透胸壁即行注射。

2. 治疗措施

发病时的控制措施:

①通过听咳嗽、看呼吸早期发现,严格隔离病猪是控制好本病的重要环节,种猪场应将病猪淘汰。

②治疗病猪。目前认为,早期应用土霉素、卡那霉素治疗有一定效果。加强对病猪的饲养管理,将病猪按大小、强弱及习性分栏饲养,饲喂时要细心照料,少给勤添,定时、定量、定温;无治疗价值的病猪应尽早淘汰。

③病猪舍及管理用具要定期消毒,粪便堆积一处发酵后作肥料。

④培育健康猪群,关键在于严格隔离饲养和坚决执行各项卫生防疫制度。母猪在严格隔离条件下单圈饲养,观察后代有无气喘病。如能做到"母猪不见面,小猪不窜圈",连续观察2~3窝后代,到断奶时证明没有发生气喘病者,可认为该母猪是健康的。从仔猪中进行选育,逐渐扩大健康猪群。只要能够做到以上要求,结合较好的饲养管理条件,经过2~3年细致的观察和工作,是能够培育出无气喘病猪群的。

(1) 西药治疗:抗菌消炎。

处方一:硫酸卡那霉素注射液200万单位,盐酸土霉素3克,注射水20毫升。

【作用】治疗猪气喘病。

【用法】每千克体重卡那霉素10~15毫克、土霉素30毫克,1次肌肉注射,每天1次,连用3~5天。用时先用注射用水稀释好土霉素后再混入卡那霉素,混匀后注射。

处方二:泰乐菌素0.5克。

【作用】治疗猪气喘病。

【用法】每千克体重10毫克,1次肌肉注射,每天1次,连用5~7天。

处方三:盐酸强力霉素150~250毫克。

【作用】治疗猪气喘病。

【用法】每千克体重3~5毫克,1次肌肉注射,每天1次直至痊愈。

处方四:林可霉素(洁霉素)0.3~2克。

【作用】治疗猪气喘病。

【用法】每千克体重15~30毫克,每天注射1次,连用5天为1个疗程。

处方五:土霉素碱0.5~3克。

【作用】治疗猪气喘病。

【用法】每千克体重50毫克,分2次肌肉注射,连用5天为1个疗程。也可用硫酸卡那霉素、猪喘平治疗此病,还可试将土霉素碱与经消毒的花生油混匀后肌肉注射,部分病例效果良好。

(2)中草药治疗:与西药治疗方案结合应用。

处方一:葶苈子25克,瓜蒌25克,麻黄25克,金银花50克,桑叶15克,白芷15克,白芍10克,茯苓10克,甘草25克。

【作用】治疗猪气喘病。

【用法】按处方配药,水煎取汁,1次灌服,每天1剂,连用2~3剂。

处方二:麻黄30克,白果25克,杏仁25克,苏叶20克,甘草20克,石膏100克,黄芩20克。

【作用】治疗实喘型猪气喘病。

【用法】按处方配药,煎汤,候温灌服。

处方三:炙麻黄10克,炒白芍20克,葶苈子20克,桔梗15克,桂枝12克,花粉12克,连翘30克,柴胡10克,五味子12克,杏仁12克,党参20克,山药30克,甘草10克,金银花30克。

【作用】治疗虚喘型猪气喘病。

【用法】按处方配药,煎汤,候温灌服,供大猪2次服用,

每天1剂,连用2~3剂。

处方四:银花藤、羌活、石菖蒲、山薄荷、青蛙草、龙胆草、巴戟、藿香、威灵仙各15~25克,小茴香、金钱草各10~20克。

【作用】治疗猪气喘病。

【用法】按处方配药,加水1.5~2.5千克,水煎取汁,分6次服完,每天3次,连用2~3剂。

处方五:麻黄、杏仁、桂枝、五味子、白芍、干姜、甘草各9克,半夏18克,细辛6克。

【作用】治疗猪气喘病。

【用法】按处方配药,根据病症情况还可酌加清热解毒类中药,如生石膏、黄芩、栀子等。粉碎成粉,体重25~50千克猪只每天用量为45克,体重50千克以上猪只80克,连用5~10天。

处方六:芦苇茎100克,薏苡仁100克,冬瓜仁100克,鱼腥草100克,桃仁50克。

【作用】功能补肺止咳,利水平喘。主治猪气喘病、支气管炎。

【用法】按处方配药,芦苇茎去节,如用鲜品,取干品的3倍量,将各药分别粉碎,先将芦苇茎和鱼腥草煎煮3次,每次煮沸15分钟;过滤,将此滤液再煎煮薏苡仁、冬瓜仁、桃仁,方法同上,过滤,合并3次滤液,浓缩至糖浆状,搅拌加入3倍量95%乙醇,放置24小时过滤,滤液减压回收乙醇,再加4~5倍量95%乙醇,放置冷处24小时过滤,滤液减压回收乙醇至无醇味,加4.5毫升吐温-80,加注射用水至450毫升,搅拌均匀,放冷处24小时精滤,灌封,100℃灭菌30分钟。每1毫升药液相当生药1克。猪肌肉注射10~20毫升,气管注射5毫升,每天1次。

处方七:贝母、葶苈子、板蓝根、茯苓各30克,桔梗24

克,生甘草、山栀子、黄芩各18克。

【作用】功能清热解毒,消炎止痛,止咳平喘,活血生肌。治疗风热咳喘。

【用法】按处方配药,粉碎为细末,开水冲调,候温灌服。

处方八:法半夏、橘皮、瓜蒌、杏仁、厚朴各12克,麻黄9克,云苓、五味子各15克。

【作用】功能辛温解表,宣肺平喘。主治咳嗽。

【用法】按处方配药,共为细末,分4次拌料喂服,每天2次。

处方九:金银花10克,连翘10克,栀子6克,荆芥10克,薄荷10克,牛蒡子10克,杏仁10克,桔梗10克,前胡10克,瓜蒌10克,石膏12克,甘草3克,桑白皮12克。

【作用】治疗风热咳喘。

【用法】按处方配药,煎汤内服,供大猪1天2次服完,连服2~3剂。

处方十:党参10克,黄芪15克,熟地15克,五味子10克,紫菀10克,桑白皮10克。

【作用】治疗猪气虚咳喘。

【用法】按处方配药,煎汤,候温灌服,每天1次,连服3~5天。

处方十一:通关藤100克。

【作用】功能清热解毒,消炎止痛,止咳平喘,活血生肌。主治猪肺热症。

【用法】按处方配药,水煎灌服或用其煎液拌料饲喂,按每头猪每天100克,分早晚2次服用。7~10天为1个疗程,一般1个疗程即可。

处方十二:鱼腥草、蒲公英、桔梗、水杨柳、大青叶、制黄芩、肺形草各40克。

【作用】功能清肺解热,理气止咳。主治猪肺热症。

【用法】按处方配药,煎汤去渣,候温灌服。

处方十三:滇独活、麻黄、藏黄连、黄精、松花各等份。

【作用】功能祛风解表,泻火燥湿,润肺止咳。主治猪气喘病。

【用法】按处方配药,粉碎为细末混合为散剂,中等大小猪每次服30克。也可按下面方法制成针剂:生药500克、水10 000毫升,浸泡24小时后蒸馏,药渣加水5 000毫升浸泡12小时,煮沸,同法再蒸馏1次,加入前液,调整pH值,灭菌备用。中等大小猪只每次肌肉注射20毫升。

处方十四:鱼腥草2 000克,前胡1 000克,马兜铃500克,生半夏500克。

【作用】功能清热解毒,利水消肿。可用于呼吸道感染引起的急慢性炎症,特别适用于肺炎咳嗽、气喘病。

【用法】按处方配药,洗净切碎后装入蒸馏瓶内,加水适量,浸泡、蒸馏收集蒸馏液4 000毫升,然后将蒸馏液重蒸馏,收集重蒸馏液2 000毫升,加入16克氯化钠调节渗透压,精滤,封装,灭菌。每1毫升相当生药2克,每支5毫升。用量,小猪2~4毫升,中等猪5~10毫升,大猪15~20毫升。肌肉注射,每天2次,连用2~3天。

处方十五:蒲公英400克,紫花地丁300克,柴胡300克,薄荷100克,苏叶100克,吐温-80 10毫升,苯甲醇10毫升。

【作用】功能解表清热,利咽消肿。主治猪咽喉炎。

【用法】

①取紫花地丁、蒲公英洗净切碎,加水浸泡煎煮2次,每次1小时,用纱布过滤,合并2次滤液,并浓缩至400毫升,放冷后加95%乙醇使药液含醇量达60%,搅拌,放置24~48小时,过滤,滤液再加95%乙醇使药液含醇量达80%,放置过夜,过滤,回收乙醇至无醇味。

②将柴胡、薄荷、苏叶粉碎,加水2 250毫升,用蒸馏器蒸

馏，收集蒸馏液 800 毫升，再将蒸馏液重蒸馏 1 次，收集重蒸馏液 500 毫升。

③将蒸馏液与水提取液合并，加入苯甲醇和吐温-80，混匀，加注射用水至 1 000 毫升，过滤至澄明，灌封，灭菌即得。本品生药含量相当 1.2 克/毫升。肌肉注射，每天 1~2 次，每次 5~20 毫升。

(3) 针灸治疗：

方案一：

【主穴】苏气、脾俞、理中、三里。

【配穴】耳尖、尾尖、山根、玉堂。

方案二：

穴位药疗：以苏气或肺俞、膻中、六脉等穴为主，注入蟾酥、穿心莲、鱼腥草、桉叶、断肠草或蛋清或盐酸土霉素、硫酸卡那霉素等药液。

六、猪细小病毒病

(一) 本病简介

猪细小病毒病 (porcine parvovirus disease) 是由细小病毒科的猪细小病毒引起猪的繁殖障碍病之一，病猪和带毒猪是该病的传染源。细小病毒可引起多种动物感染，猪细小病毒主要引起猪的繁殖障碍；不同年龄、性别的家猪和野猪都可感染；本病主要发生于初产母猪；可水平传播和垂直传染，特别是购入带毒猪后，可引起暴发流行；本病具有很高的感染性，易感的健康猪群一旦病毒传入，3 个月内几乎可导致猪群 100% 感染；感染群的猪只，较长时间保持血清学阳性反应。病毒主要分布在猪体内一些增生迅速的组织如淋巴结生发中心、结肠固有层、肾间质、鼻甲骨膜等。主要经过口、鼻和交配等途径而感染，也可经胎盘垂直传给胎儿而引起流产、死产。

发病特点：主要是受感染的母猪，特别是初产母猪产出死胎、畸形胎、木乃伊胎、弱仔猪及健康仔猪，母猪无明显的其他症状。同一时期内有多头母猪发生流产、死胎、木乃伊胎、胎儿发育异常等病象，而母猪本身没有明显的临诊症状，但具有传染性。该病在我国较多的猪场发生，特别是集约化猪场，造成相当大的危害，应该重视该病的防治。

鉴别诊断：引起母猪繁殖障碍的原因很多，有传染性和非传染性两方面，传染性因素引起的主要与猪繁殖和呼吸综合征、伪狂犬病、猪乙型脑炎、布氏杆菌病、衣原体病和弓形体病引起的流产相区别。

（二）综合防治

本病无有效的治疗方法，主要采取预防措施。防止将带毒猪引入无本病的猪场，引进种猪时，进行猪细小病毒病的血凝抑制试验，当 HI 滴度在 1∶256 以下或阴性时才能引进；人工免疫接种的疫苗有灭活疫苗和弱毒疫苗两种，我国普遍使用的是灭活疫苗，初产母猪和育成公猪在配种前 1 个月免疫注射；初产母猪推迟在 9 月龄后配种；将血清学反应阳性的老母猪放入后备种猪群中，或将初产猪赶到污染猪圈内饲养等方法，使其受到自然感染而产生自动免疫的办法，在流行地区可考虑试行。因本病发生流产或木乃伊同窝的幸存仔猪，不能留作种用；同样，头胎母猪的后代也不宜留作种用。

处方一：猪细小病毒病灭活氢氧化铝疫苗。

【作用】预防猪细小病毒病。

【用法】母猪及后备母猪每次配种前 2～8 周，于颈部肌肉注射 2 毫升。公猪于 8 月龄时注射。

处方二：猪细小病毒病灭活油佐剂疫苗。

【作用】预防猪细小病毒病。

【用法】本疫苗用于阳性猪群时，对断奶以后的仔猪、4 月

龄至配种之前的后备母猪和不同月龄的种公猪均可使用，对经产母猪无须免疫。用于阴性反应猪群时，则每头母猪，包括初产、经产母猪都需免疫，配种前任何时间免疫均可。

七、仔猪黄痢

（一）本病简介

仔猪黄痢（yellow scour of newborn piglet）又叫早发性大肠杆菌病，是由一定血清型的大肠杆菌引起的初生仔猪的一种急性、致死性传染病。病原体为致病性的溶血性大肠杆菌。该病的发生与母猪，特别是怀孕母猪的饲养管理有关，如饲料搭配不全面、栏舍不洁等均可导致本病的发生。主要侵害1周龄以内的仔猪，以1~3日龄仔猪发病最为多见。在产仔季节常常可使很多窝仔猪发病，同窝仔猪发病最高可达100%；以第一胎母猪所产仔猪发病率最高，死亡率也高，有时可致全窝仔猪死亡。仔猪出生时尚还健康，快者数小时后突然发病和死亡。

发病症状：病猪主要症状是拉黄痢，粪大多呈黄色水样，内含凝乳小片，顺肛门流下，其周围多不留粪迹，易被忽视。下痢重时，小母猪阴户尖端可出现红色，后肢被粪液污染；病仔猪精神沉郁，不吃奶，脱水，昏迷而死。急症者不见下痢，身体软弱，倒地昏迷死亡。本病在我国较多的地区和猪场都有发生，是危害仔猪的重要传染病之一。主要病变是胃、肠粘膜的急性卡他性炎症，肠道变化以十二指肠最严重，空肠、回肠次之。

（二）综合防治

1. 预防措施

平时做好圈舍及环境的卫生及消毒工作。做好产房及母猪的清洁卫生和护理工作，产前对母猪乳房和后躯清洗或擦拭干净。常发本病地区可用大肠杆菌腹泻 K_{88}、K_{99}、987P 三价灭活菌苗，

或大肠杆菌 K_{88}、K_{99} 双价基因工程苗给产前 1 个月的怀孕母猪注射，使仔猪通过母乳获得被动保护，防止发病。

处方一：仔猪腹泻大肠杆菌灭活疫苗。

【作用】预防仔猪黄痢。

【用法】母猪产前 40 天和 15 天在颈部肌肉各注射 1 次疫苗，每次 5 毫升。

处方二：仔猪大肠杆菌腹泻 K_{88}-LTB 双价基因工程活疫苗。

【作用】预防仔猪黄痢。

【用法】按瓶签注明的头份，用灭菌生理盐水稀释。口服免疫，每头份 500 亿活菌与 2 克小苏打一起拌入少量精饲料中，喂空腹母猪；肌肉注射免疫，每头份 100 亿活菌。两种免疫方法均在怀孕母猪临产前 2~3 周进行，病情严重的猪场可在产前 1 周再加强免疫 1 次，方法同上。

处方三：仔猪腹泻基因 K_{88}-K_{99} 双价灭活疫苗。

【作用】用于预防仔猪黄痢。

【用法】使用时每瓶疫苗加 1 毫升无菌生理盐水溶解，与 20% 铝胶 2 毫升混匀，注射于临产前 21 天左右的怀孕母猪的耳根皮下。仔猪通过初乳获得 K_{88}、K_{99} 抗体，为了确保免疫保护效果，尽量使所有仔猪吃足初乳。

国内有的猪场，在仔猪出生后即全窝用抗生素口服，连用 3 天，以防止发病；也有用调痢生、促菌生等竞争性细菌制剂在吃奶前喂服，以预防发病；也有采用本场淘汰母猪的全血或血清，给初生仔猪口服或注射进行预防，据称有一定效果。

2．治疗措施

开始发病时，立即对全窝仔猪给药，常用药物有金霉素、新霉素、磺胺甲基嘧啶等。由于细菌易产生抗药性，最好先分离出大肠杆菌做纸片药敏试验，以选出最敏感的治疗药品用于治疗，方能收到好的疗效。

（1）西药治疗：抗菌消炎、止泻。

处方一：磺胺嘧啶 0.2~0.8 克，三甲氧苄氨嘧啶 40~160 毫克，活性炭 0.5 克。

【作用】治疗仔猪黄痢。

【用法】按处方配药，各药混匀后分 2 次喂服，每天 2 次直至痊愈。

处方二：磺胺脒 200 毫克，TMP 或 DVD 40 毫克。

【作用】治疗仔猪黄痢。

【用法】口服，每天 2 次，连服 3 天。

处方三：多粘菌素 B 硫酸盐（抗敌素）5 万~10 万单位。

【作用】治疗仔猪黄痢。

【用法】肌肉注射，每天 2 次，连用 2~3 天。

处方四：氟哌酸注射液 2.5~10 毫升。

【作用】治疗仔猪黄痢。

【用法】每千克体重 10~15 毫克，肌肉注射，每天 2 次，连用 3 天为 1 个疗程。

（2）中草药治疗：

处方一：白头翁 2 克，龙胆末 1 克。

【作用】治疗仔猪黄痢。

【用法】按处方配药，共粉碎为末，供 1 头仔猪喂服，每天 3 次，连用 3 天。

处方二：大蒜 100 克，95% 乙醇 100 毫升，甘草末 1 克。

【作用】治疗仔猪黄痢。

【用法】大蒜用乙醇浸泡 15 天以后每次取汁 1 毫升，加甘草末 1 克，调糊供 1 头仔猪 1 次喂服，每天 2 次直至痊愈。

处方三：

黄连 5 克，黄柏 20 克，黄芩 20 克，金银花 20 克，诃子 20 克，乌梅 20 克，草豆蔻 20 克，泽泻 15 克，茯苓 15 克，神曲 10 克，山楂 10 克，甘草 5 克。

【作用】治疗仔猪黄痢。

【用法】按处方配药,粉碎为末,分2次喂,早晚各1次,连用2剂。

处方四:黄连、黄柏、黄芩、白头翁各30克,诃子肉、乌梅肉、山楂肉、山药各15克。

【作用】治疗仔猪黄痢。

【用法】按处方配药,共粉碎为末,分9包,每次1包,用温水调匀灌服,每天3次,连服3剂。

处方五:黄连10克,苍术3克,雄黄0.3克,百草霜或茶油饼(煅炭)4.5克,醋或酸菜水适量。

【作用】治疗仔猪黄痢(早发性大肠杆菌病)。

【用法】先将黄连、苍术粉碎为末,再与雄黄、百草霜(或茶油饼炭末)混匀,密封装瓶。同时以醋或酸菜水将药粉调成糊状,用毛笔或小竹片取药涂于仔猪口内,每天1次,分2次服,连服3~4剂。

处方六:秦皮5克,白头翁3克,地榆3克,老鹳草3克。

【作用】治疗仔猪黄痢。

【用法】按处方配药,水煎浓汁喂服,每天1次,连用3~5剂。

处方七:南瓜藤烧灰。

【作用】治疗仔猪黄痢(早发性大肠杆菌病)。

【用法】调水喂服,每天3次,连服3天。

处方八:南瓜根自然汁。

【作用】治疗仔猪黄痢(早发性大肠杆菌病)。

【用法】每次取1酒杯喂服,每天3次,连服2~3剂。

(3)针灸疗法:

方案:

【穴位】肾中穴。

【药物】0.5%~1%普鲁卡因。

【针法】用9号针刺入0.3~0.5厘米,将普鲁卡因1~4毫升

注入肾中穴。

八、仔猪白痢

(一) 本病简介

仔猪白痢 (white scour of piglet) 又称迟发性大肠杆菌病,病原体为致病性大肠杆菌。大肠杆菌是动物肠道内正常存在的细菌。当饲养管理不善,如母猪过肥、乳汁过浓、哺乳母猪营养不全、乳汁质量较差;仔猪饲料调制不当,引起消化不良;栏舍阴寒潮湿及天气骤变、阴雨连绵等因素影响下,仔猪抵抗力降低,从而继发感染而发病。是 10~30 日龄的仔猪常见的肠道传染病,多发于 10~20 日龄仔猪;一窝仔猪中陆续或同时发病,有的仔猪窝发病多,有的发病少或不发病;一年四季均可发生,但以严冬、炎热及阴雨连绵季节发生较多;每当气候突然变坏时(如下大雪、寒流等),发病数显著增多;母猪饲养管理和卫生条件不良,如圈舍潮湿阴寒、缺乏垫草、粪便污秽、温度不定、饲料品质差或配合不当、突然更换饲料、缺乏矿物质和维生素、母猪泌乳过多或过浓或不足等都可促进本病的发生和发展。

发病症状:临诊见患病猪只体温不高,排出白色或灰白色粥状稀粪,或黄白色稀粪,剖检可见胃肠卡他性炎症,胃内常积有多量凝乳块。在我国各地猪场均有不同程度的发生,对养猪业的发展有相当大的影响。

(二) 综合防治

1. 预防措施

采取综合防治措施,积极改善饲养管理及卫生条件,做好经常性的预防管理工作,包括:

①加强妊娠母猪和哺乳母猪的饲养管理。

②做好仔猪的饲养管理。

③改进猪舍的环境卫生。

④预防性给药等。

处方：当归 750 克。

【作用】预防仔猪发生白痢。

【用法】按处方配药，水煎 30 分钟，捻碎再煎 30 分钟，使之成为药糊，混合 1.5 千克米粥喂给怀孕 3 个月的母猪，只喂 1 次。

2. 治疗措施

早期及时治疗。治疗仔猪白痢的药物和方法较多，要因地因时选用，如选用白龙散、大蒜甘草液、金银花大蒜液、硅碳银、活性炭、调痢生和促菌生等药物，补充硫酸亚铁或硒，埋线疗法等，以收敛、止泻、助消化为主药，必要时，投服敏感抗生素。

(1) 西药治疗：抗菌、收敛、止泻、助消化。

处方一：庆大霉素 6 万~12 万单位，盐酸山莨菪碱 1 毫升。

【作用】治疗仔猪白痢。

【用法】1 头仔猪的用量，庆大霉素静脉注射，盐酸山莨菪碱交巢穴注射，每天 1 次，连用 2~3 天。

处方二：黄连素片 1~2 克，硅碳银 1~2 克。

【作用】治疗仔猪白痢。

【用法】按处方配药，供 1 头仔猪 1 次喂服，每天 2 次，连用 1~2 天。

处方三：陈年老醋 80~100 克。

【作用】治疗仔猪白痢。

【用法】按处方配药，供 1 头母猪分 2~3 次拌入饲料，一般 2~3 天后仔猪下痢即可停止。

处方四：50%高渗葡萄糖 10 毫升。

【作用】治疗仔猪白痢。

【用法】按处方配药，腹腔注射，每天 1 次，连用 2~3 天。

(2) 中草药治疗：清热解毒、燥湿止痢或温中健脾、涩肠止

泻。

处方一：白头翁50克，黄连50克，生地50克，黄柏50克，青皮25克，地榆炭25克，青木香10克，山楂25克，当归25克，赤芍20克。

【作用】治疗仔猪白痢。

【用法】按处方配药，水煎取汁，供10只仔猪喂服，每天1剂，连用1~2剂。

处方二：白头翁7克，龙胆草4克，黄连1克。

【作用】清热解毒、燥湿止痢，治疗热痢型仔猪白痢。

【用法】按处方配药，和米汤灌服，每天1次，连服2~3剂。

处方三：乌梅20克，煨诃子肉15克，姜黄15克，黄连15克，柿饼2个。

【作用】清热解毒、燥湿止痢，治疗热痢型仔猪白痢。

【用法】按处方配药，煎汤，分3~5次服完，每天1次，候温灌服。

处方四：姜黄、乌梅、柿蒂、老鹳草各等份。

【作用】清热解毒、燥湿止痢，治疗热痢型仔猪白痢。

【用法】按处方配药，粉碎为末，制成散剂，仔猪每次服10~15克，每天2次，连用2~3天。

处方五：地榆（醋炒）5份，白胡椒1份，百草霜3份。

【作用】温中健脾、涩肠止泻，治疗寒痢型仔猪白痢。

【用法】按处方配药，共粉碎为末，每头仔猪每次服5克。

处方六：炮姜、炒白术、炒山楂各等量。

【作用】温中健脾、涩肠止泻，治疗寒痢型仔猪白痢。

【用法】按处方配药，共粉碎为末，供母猪服用，每次40克，如仔猪能吃也可给仔猪喂一部分，连用2~3天。

处方七：白头翁末2份，龙胆末1份。

【作用】治疗仔猪白痢。

【用法】按处方配药，两药混匀，每头每次9克，每天1次，连服2~3天，药粉以常水调成糊状，涂于仔猪舌面。

处方八：蛇莲（干品）、朱砂莲（干品）、葡萄糖粉各200克，淀粉100克。

【作用】治疗仔猪白痢。

【用法】按处方配药，将蛇莲、朱砂莲粉碎，加入葡萄糖粉，用适量生理盐水调成糊状，每头每次2~3克，每天3次。

处方九：番石榴干粉100~200克。

【作用】治疗仔猪白痢。

【用法】按处方配药，喂母猪，每天2次，连喂2天。

处方十：山楂、麦芽、神曲、枳壳、陈皮、火麻仁、白头翁、龙胆各16克。

【作用】治疗仔猪白痢。

【用法】按处方配药，煎水喂母猪，连服4~5剂。

处方十一：大蒜（去皮）62克，白胡椒62克，明矾16克，白酒125克。

【作用】治疗仔猪白痢。

【用法】按处方配药，先将大蒜捣烂浸泡在酒内，12小时后将白胡椒、明矾粉碎成末，放入大蒜浸液内，将此药涂于母猪乳头，让仔猪吮食。

处方十二：黄连100克，苦参200克，白头翁160克，白胡椒40克。

【作用】治疗仔猪白痢。

【用法】按处方配药，将药物焙焦粉碎为末混匀，每天2次喂母猪，每次5~10克，连服3~5天。

处方十三：仙鹤草干品25克。

【作用】治疗仔猪白痢。

【用法】按处方配药，煎水取汁，候温灌服，分2次喂仔猪，日服2次，连服2~3剂。

处方十四：附子 5 克，高良姜 10 克，肉桂 10 克，白术 10 克，党参 10 克，扁豆 20 克，陈皮 10 克，神曲 15 克，茯苓 15 克，甘草 5 克，木香 10 克。

【作用】治疗仔猪寒痢。

【用法】按处方配药，共粉碎为细末，能吃食的搀入饲料喂，不能吃食的搀入奶粉用奶瓶喂，体重 5 千克小猪，每天喂 3 次，每次喂 5~10 克，如用炒黄的大麦面加红糖，再搀药末，小猪则肯吃。

处方十五：党参 10 克，茯苓 10 克，白术 15 克，扁豆 15 克，肉豆蔻 5 克，木香 5 克，石榴皮 15 克，砂仁 10 克，肉桂 10 克，山药 15 克，瞿麦 15 克。

【作用】治疗仔猪寒痢。

【用法】按处方配药，共粉碎为细末，能吃食的搀入饲料喂，不能吃食的搀入奶粉用奶瓶喂，体重 5 千克小猪，每天喂 3 次，每次喂 5~10 克，连服 2~3 天。

(3) 针灸治疗：

方案一：

【主穴】玉堂、六脉、交巢、尾尖、后三里。

【配穴】山根、鼻梁、大椎、血印、百会、尾根。

方案二：

在后三里和乳基穴（中间乳基）用小圆针捻转入针 0.7~1.7 厘米深，留针 5 分钟，每天 1 次，连续 5 天，从第 2 天起留针 3 分钟。

九、猪水肿病

(一) 本病简介

猪水肿病（edema disease of pig）又称猪胃肠水肿，是由溶血性大肠杆菌的毒素引起断奶仔猪的一种急性散发性疾病。病原为

具有特异血清型的大肠杆菌所产生的毒素。主要发生于断奶前后的仔猪,常突然发生,病程短,迅速死亡,致死率高;发病多是营养良好和体格健壮的仔猪;一般局限于个别猪群,不广泛传播;多见于春季和秋季,病的发生与饲料和饲养方式的改变、饲料单一或喂给大量浓厚的精饲料等有关。

发病症状:主要特征是突然发病,体温不高,四肢运动障碍,后躯无力,摇摆和共济失调;有的病猪做圆圈运动或盲目乱冲,突然猛向前跃;各种刺激或捕捉时,触之惊叫,叫声嘶哑,倒地,四肢乱动,似游泳状;病猪常见脸部、眼睑水肿,重者延至颜面、颈部,头部变"胖"。剖检变化为头部皮下、胃壁及大肠间膜的水肿。

鉴别诊断:注意与营养不良性水肿区分。

(二)综合防治

1. 预防措施

加强断奶前后仔猪的饲养管理,提早补料,训练采食,使仔猪断奶后能适应独立生活;断奶不要太突然,不要突然改变饲料和饲养方法;饲料喂量逐渐增加,防止饲料单一或过于浓厚,增加维生素丰富的饲料;病初投服适量缓泻盐类泻剂,促进胃肠蠕动和分泌,以排出肠内容物,常用的抗生素也可应用。

2. 治疗措施

对此病治疗主要是综合、对症疗法。

(1) 西药治疗:宜抗炎、强心、利尿、解毒。

处方一:20%葡萄糖注射液20毫升,硫酸卡那霉素注射液30万单位,地塞米松注射液1毫克,维生素C注射液2毫升,安钠咖注射液3~5毫升,呋喃苯胺酸注射液1~2毫升,大蒜泥10克。

【作用】治疗猪水肿病。

【用法】将20%葡萄糖、卡那霉素、地塞米松、维生素C注

射液混合后1次静脉推注,连用1~2次;安钠咖注射液1次皮下注射,视情况可第2天再注射1次;呋喃苯胺酸1次肌肉注射,可于第2天酌情再注射1次;大蒜泥分2次喂服,每天2次,连用3天。

处方二:抗血清5~10毫升,硫酸庆大霉素8万~16万单位,20%磺胺嘧啶钠注射液20~40毫升,维生素B_1注射液2~4毫升,20%葡萄糖注射液40~60毫升,40%乌洛托品注射液5~10毫升,10%葡萄糖酸钙注射液10毫升。

【作用】治疗猪水肿病。

【用法】血清及庆大霉素1次肌肉注射,可于第2天酌情再注射1次;20%磺胺嘧啶钠、维生素B_1和20%葡萄糖注射液混合后,1次静脉或腹腔注射,每天1次,连用2~3天;葡萄糖酸钙、乌洛托品注射液混合1次静脉注射,每天1次,连用2~3天。

处方三:20%复方磺胺嘧啶钠注射液10毫升,5%~10%氯化钙注射液5~10毫升,40%乌洛托品注射液5~10毫升,0.1%亚硒酸钠注射液2~5毫升。

【作用】治疗猪水肿病。

【用法】复方磺胺嘧啶钠、氯化钙、乌洛托品混合后静脉注射;亚硒酸钠,按体重5~10千克仔猪2~3毫升,体重20千克以上仔猪5毫升,严重病例隔5~6天重复用药1次;同时根据病情适当配合使用地塞米松效果更好。此外对病猪还可应用盐类缓泻剂通便,以减少毒素的吸收,对治疗有积极的作用。

处方四:蒽诺沙星注射液4~6毫升,0.1%亚硒酸钠3~4毫升。

【作用】治疗猪水肿病。

【用法】深部肌肉注射1次,病重者隔5~6天重复注射1次。

处方五:维生素B_{12}10~20毫克,板蓝根注射液2~30毫升,

链霉素 0.5~1.5 克，亚硒酸钠-维生素 E 2~20 毫升。

【作用】治疗猪水肿病。

【用法】每千克体重维生素 B_{12} 0.15 毫克、板蓝根注射液 0.6 毫升、链霉素 30 毫克，混合后肌肉注射，每天 2 次，连用 3 天；亚硒酸钠-维生素 E，每千克体重 0.3 毫升，1 次肌肉注射。

处方六：庆大霉素 5 毫升，地塞米松 100~200 毫克，板蓝根 10 毫升，磺胺嘧啶钠 10 毫升。

【作用】治疗猪水肿病。

【用法】分点肌肉注射，连用 2~3 次。

(2) 中草药治疗：以利水消肿、通泻解毒为治则，与西药治疗配合使用。

处方一：芒硝 50 克，大青叶 25 克，大黄 25 克，牵牛子 20 克，茵陈 25 克，栀子 20 克，胆草 15 克，茯苓 15 克，郁金 15 克，陈皮 15 克，川朴 15 克，车前子 15 克，芦荟 10 克，瓜蒂 10 克。

【作用】治疗猪水肿病。

【用法】按处方配药，共粉碎为末，开水 3 000 毫升冲调，加红糖 250 克为引，供 10 头体重 10 千克的仔猪 1 次灌服或让其自由饮用，隔日 1 次，连用 2 次。

处方二：苍术、白术、神曲、猪苓、车前子各 6 克，滑石 12 克，甘草 16 克。

【作用】治疗猪水肿病。

【用法】按处方配药，加水浓煎，分 2 次喂服。

处方三：桑白皮、陈皮、大腹皮、茯苓皮、鲜生姜皮各 15 克，土狗 1 个，黄芪 16 克，大黄 20 克，槟榔 12 克。

【作用】治疗猪水肿病。

【用法】按处方配药，两煎灌服，每天 1 剂，连用 3 剂。

处方四：赤小豆 100 克，商陆 16 克，生姜 10 片，大蒜 6 个，亚硒酸钠-维生素 E 0.3 毫升，磺胺嘧啶钠 5~10 毫升，磺胺-5-甲

氧嘧啶钠5~10毫升,板蓝根注射液5~10毫升,50%葡萄糖30~60毫升,葡萄糖酸钙20~40毫升,乌洛托品10毫升。

【作用】利水消肿、通泻解毒,治疗猪水肿病。

【用法】按处方配药,水煎取汁,胃管投服,每天1剂,一般用药1~2剂即可;同时配合化疗药治疗:每千克体重0.3毫升,肌肉注射亚硒酸钠-维生素E;磺胺嘧啶钠、磺胺-5-甲氧嘧啶钠、板蓝根注射液,每天上、下午交替肌肉注射1次;50%葡萄糖、葡萄糖酸钙、乌洛托品混合后1次肌肉注射。便秘时可用肥皂水深部灌肠。痊愈后,为防止复发,除加强饲养管理外,还可应用维生素B_{12}、维丁胶性钙、三磷酸腺苷各2毫升混合肌肉注射,隔4天1次,连续2次。

处方五:白术9克,木通6克,茯苓9克,陈皮6克,石斛6克,冬瓜皮9克,猪苓5克,泽泻6克。

【作用】治疗猪水肿病。

【用法】按处方配药,水煎,分2次喂服,每天1剂,连用2剂。

处方六:茯苓皮15克,大腹皮10克,陈皮10克,猪苓10克,泽泻10克,石斛20克,苍术20克,木通15克,丑牛15克,桑根皮30克。

【作用】治疗猪水肿病。

【用法】按处方配药,水煎取汁,候温灌服,供大猪1次服用,每天1次,连用2~3次。

处方七:羌活、秦艽、槟榔、商陆各20克,桥里木(叫耳木)20克,大腹皮40克,茯苓皮40克,木通40克,泽泻40克。

【作用】治疗猪水肿病。

【用法】按处方配药,生姜皮、车前草为引,水煎喂服,供患猪1次服用,每天1次,连用2~3次。

处方八:茯苓皮、牵牛子、木通各10克,石斛、苍术各12

克、泽泻、大腹皮、猪苓、陈皮、红花各6克,雄黄粉30克。

【作用】治疗猪水肿病。

【用法】按处方配药,除雄黄外,水煎取汁,候温加雄黄粉灌服,每天1次,连用3~5次。

处方九:黄芩、黄柏、大黄、泽泻、茯苓各等量。

【作用】治疗猪水肿病。

【用法】按处方配药,共粉碎为末,每天灌服20~60克,连用3~5天。

处方十:金银花、贯众、山楂各25克,木香、槟榔、陈皮、枳壳、红花各10克,神曲、当归、甘草各16克,生地黄、竹叶各31克,连翘13克。

【作用】治疗猪水肿病。

【用法】适于体重20千克的猪只。按处方配药,水煎取汁,供患猪1天2次灌服,连用2~3天。

处方十一:仙鹤草、龙胆草、泽泻、茯苓、车前子、木通各9克,焦白术、何首乌、当归、甘草各15克,土狗7个。

【作用】治疗猪水肿病。

【用法】按处方配药,水煎取汁,候温灌服,供体重30~50千克猪只1次服用,每天1次,连用3~5次。

处方十二:桉树叶(生品)45克,五加皮19克,大腹皮15克,地骨皮10克,茯苓皮15克。

【作用】治疗猪水肿病。

【用法】按处方配药,煎水取汁,候温喂服,供患猪1次服完,每天1次,连用3~5次。

(3)针灸治疗:

方案:

【主穴】天门、蹄门、带脉、尾本。

【配穴】耳尖、大椎、三里。

十、仔猪梭菌性肠炎

(一) 本病简介

仔猪梭菌性肠炎 (clotridial enteritis in piglet) 又称仔猪红痢或仔猪传染性坏死性肠炎,病原体为 C 型魏氏梭菌。病猪和带菌猪是本病的主要传染源。仔猪往往由于舔食污染的母猪乳头或土壤而吞食 C 型魏氏梭菌芽孢,导致消化道感染。主要发生于 3 日龄以内的新生仔猪,引起初生仔猪的急性传染病。

发病症状:临诊特征是排出带血的红色稀粪或混含坏死组织碎片和气泡,病程短,死亡率高。病理变化为出血性、坏死性肠炎。

确诊可进行病原分离与鉴定。

(二) 综合防治

1. 预防措施

在发病猪场,对怀孕母猪于产前 1 个月和产前半个月各肌肉注射猪红痢氢氧化铝菌苗 10 毫升,使仔猪出生后吃到注苗母猪初乳,获得免疫保护;做好产房及临产母猪的清洁卫生及消毒工作;在常发病猪场,仔猪出生后未吃初乳前用抗生素(如青霉素、土霉素)进行预防性口服,有一定效果。

处方一:猪红痢氢氧化铝菌苗。

【作用】预防仔猪红痢。

【用法】母猪在分娩前 30 天和 15 天,各肌肉注射 1 次,每次 5~10 毫升。如前胎次已用过本疫苗,可于分娩前 15 天左右注射 1 次即可,剂量为 3~5 毫升。

处方二:磺胺嘧啶 0.2~0.8 克,三甲氧苄氨嘧啶 40~160 毫克,活性炭 0.5~1 克,链霉素粉 1 克,胃蛋白酶 3 克。

【作用】预防仔猪红痢。

【用法】磺胺嘧啶、三甲氧苄氨嘧啶、活性炭混匀后 1 次喂服，每天 2～3 次；链霉素粉、胃蛋白酶混匀后供 5 只仔猪服用，每天 1～2 次，连用 2～3 天。本方案与 C 型魏氏梭菌灭活菌苗配合使用预防仔猪红痢。

2．治疗措施

（1）西药治疗：

处方一：5％葡萄糖液 20 毫升，庆大霉素 8 万单位，硫酸阿托品 4 毫克，地塞米松 10 毫克。

【作用】治疗仔猪红痢。

【用法】按处方配药，混合后静脉注射，每天 1 次，连用 3 天。

处方二：50％葡萄糖液 20 毫升，10％复方磺胺嘧啶 10 毫升，氢化可的松 5 毫升。

【作用】治疗仔猪红痢。

【用法】按处方配药，混合后 1 次肌肉注射。

（2）针灸治疗：

方案一：

【主穴】太阳、鼻梁、尾尖、百会、耳尖。

【配穴】脑俞、山根、玉堂、理中。

方案二：

【主穴】山根、耳尖、百会、尾尖、滴水、涌泉。

【配穴】天门、苏气、六脉、后三里。

十一、猪口蹄疫

(一) 本病简介

口蹄疫（foot and mouth disease）是由小核糖核酸病毒科的口蹄疫病毒引起偶蹄兽的一种急性、热性和高度接触性的传染病。病猪水疱液、水疱皮及其淋巴组织中含病毒最多，血液、口涎、

眼泪、奶、尿、粪便等也有一定量的病毒。猪对口蹄疫病毒特别易感，有时牛、羊等偶蹄动物不发病时猪还会发病；不同年龄的猪易感程度不完全相同，一般是越年幼的仔猪发病率越高，病情越重，死亡率越高；猪口蹄疫多发生于秋末、冬季和早春，尤以春季达到高峰，但在大型猪场及生猪集中的仓库，一年四季均可发生；本病常呈跳跃式流行，主要发生于集中饲养的猪场、仓库、城郊猪场及交通沿线。传播途径主要经呼吸道、消化道、创伤、粘膜感染。畜产品、人、动物、运输工具等都是本病的传播媒介，最危险的传染媒介是病猪肉及其制品，还有泔水，其次是被污染的饲养用具及运输工具。

发病症状：临诊上以猪口腔粘膜、鼻吻部、蹄部以及乳房皮肤发生水疱和溃烂为特征。病初体温高，达 40～41℃，全身症状明显，蹄冠、蹄叉、蹄踵发红，形成水疱和溃烂，有继发感染时，蹄壳可能脱落；病猪跛行，喜卧；病猪鼻盘、口腔、齿龈、舌、乳房（主要是哺乳母猪）也可见到水疱和烂斑；仔猪可因肠炎和心肌炎死亡，剖检可见心肌松软，似煮熟肉样，切面有淡黄色斑或条纹，俗称虎斑心。猪口蹄疫的发病率很高，传染快，流行面大，对仔猪可引起大批死亡，造成严重的经济损失，世界各国对口蹄疫都十分重视防疫，此病已成为国际重点检疫对象。

病原鉴定：口蹄疫病毒具有多型性的特点，发病地区必须采集水疱液和水疱皮，迅速送到指定的检验机构进行检验，以便作出确诊和鉴定出病毒型，才能采取针对性强的控制措施。

鉴别诊断：注意与猪水疱病、猪水疱疹和猪水疱性口炎鉴别。

（二）综合防治

1. 预防措施

做好平时的预防工作。如疑为口蹄疫时，立即向上级有关部门报告疫情，并采集病料送检；对发病现场进行封锁，按上级业

务部门的规定,执行严格的封锁措施,按"早、快、严、小"的原则处理;对猪舍、环境及饲养管理用具进行严格消毒;病猪隔离,加强护理,对症治疗,促进口腔和蹄早日康复;体重达到一定重量的病猪,经有关部门批准,可集中屠宰,按食品卫生部门的有关法规处理。一定要做好消毒工作,防止病原扩散传播。发病地区可用口蹄疫灭活疫苗注射,有一定预防效果。

处方:高效口蹄疫O型灭活油佐剂疫苗。

【作用】用于预防猪O型口蹄疫。

【用法】用前摇匀,猪耳根后肌肉注射。一般防疫,大小猪每只均注射1毫升。重点防疫时,体重30千克以下猪每只注射1毫升,体重30～80千克每只猪注射2毫升,体重80千克以上猪每只注射3毫升。

2. 治疗措施

猪发生口蹄疫一般都采取扑杀措施,但对个别名贵种猪则可试用以下治疗方法。

(1) 西药治疗:

处方:口蹄疫抗血清25毫升,0.1%高锰酸钾适量,碘甘油或1%～2%龙胆紫适量。

【作用】治疗猪口蹄疫。

【用法】血清每千克体重0.5毫升,1次肌肉或静脉注射;以0.1%高锰酸钾溶液冲洗患部,然后涂碘甘油或龙胆紫溶液。

(2) 中草药治疗:

处方一:冰片5克,硼砂5克,黄连5克,明矾5克,儿茶5克。

【作用】治疗猪口蹄疫。

【用法】按处方配药,粉碎为末,患部用消毒药清洗后将药末撒布。

处方二:贯众15克,桔梗12克,山豆根15克,连翘12克,大黄12克,赤芍9克,生地9克,花粉9克,荆芥9克,木通9

克,甘草9克,绿豆粉30克。

【作用】治疗猪口蹄疫。

【用法】按处方配药,共粉碎为末,加100克蜂蜜为引,开水冲服,每天1剂,连用2~3剂。

处方三:青黛3份,黄连2份,黄柏3份,薄荷1份,桔梗2份,儿茶2份。

【作用】治疗猪口蹄疫。

【用法】按处方配药,粉碎为末,患部用消毒药清洗后将药末撒布。

处方四:青黛、明矾、黄连、地榆、冰片、黄柏、儿茶各10克。

【作用】治疗猪口蹄疫。

【用法】按处方配药,粉碎为末,局部用消毒药水洗涤后撒布本药末。

处方五:煅制石膏10克,锅底灰10克,食盐适量。

【作用】治疗猪口蹄疫。

【用法】按处方配药,粉碎为末,撒布蹄部患处。

处方六:木焦油1份,凡士林1份。

【作用】治疗猪口蹄疫。

【用法】混匀涂擦蹄部创口。

处方七:青黛3克,雄黄6克,冰片、枯矾各9克,硼砂15克。

【作用】治疗猪口蹄疫。

【用法】按处方配药,粉碎为末,吹入口内,每天2次,连用3~5天。

处方八:贯众15克,木通、桔梗、荆芥、连翘、大黄各12克,赤芍、天花粉、丹皮、甘草各9克,生地6克。

【作用】治疗猪口蹄疫。

【用法】按处方配药,粉碎为末,加蜂蜜250克,煎水取汁,

候温灌服。

十二、猪水疱病

(一) 本病简介

猪水疱病（swine vesicular disease）又称猪传染性水疱病，是由肠道病毒属的病毒引起的一种急性、热性、接触性传染病。病原是肠道病毒属的猪水疱病毒。病猪和病愈带毒猪及其产品是主要的传染源。在各种家畜中，只有猪可感染发病，人类有一定的易感性；各品种、年龄、性别的猪一年四季都可发生，不同条件的养猪场发病率10%～100%；猪群高度集中、调运频繁、猪仓库、屠宰场、铁路沿线等处传播快，发病率高；分散饲养的农村和农户，少见发生和流行。本病主要通过消化道、呼吸道、皮肤和粘膜伤口感染。

发病症状：病猪体温升高，达40～42℃，全身症状明显，主要症状是在蹄冠、蹄叉、蹄踵或副蹄出现水疱和溃烂，病猪跛行，喜卧；重者继发感染，蹄壳脱落；部分病猪（5%～10%）在鼻端、口腔粘膜出现水疱和溃烂；部分哺乳母猪（约8%）乳房上也出现水疱，多因疼痛不愿哺乳，致使仔猪无奶而死。由于本病传染速度快、发病率高，对养猪业的发展造成严重威胁，必须十分重视本病的预防工作。

鉴别诊断：本病在临诊上与口蹄疫、水疱性口炎及水疱疹极为相似。所不同者，口蹄疫还能引起牛、羊、骆驼等偶蹄动物发病；水疱性口炎除传染牛、羊、猪外，尚能传染马；水疱疹及水疱病只传染猪，不传染其他家畜。因此，该病的确诊，还必须进行实验室检查。主要方法有：

①动物接种。将病料分别接种1～2日龄小鼠和7～9日龄小鼠，如果两组小鼠均发病死亡，可诊断为口蹄疫；如果1～2日龄小鼠死亡，而7～9日龄小鼠不死，则可诊断为猪水疱病。病

料在 pH 值为 3~5 的缓冲液中处理 30 分钟后，接种 1~2 日龄小鼠，小鼠死亡者为猪水疱病，反之则为口蹄疫。

②病毒分离培养与鉴定。

③血清学诊断。常用的有补体结合试验、反向间接血凝试验和免疫荧光试验。

（二）综合防治

参照口蹄疫介绍的办法，威胁区和疫区可用乳鼠化弱毒疫苗预防注射。

处方：猪水疱病仓鼠组织灭活疫苗。

【作用】用于预防猪水疱病。

【用法】每头猪接种疫苗 2 毫升。

十三、猪 痢 疾

（一）本病简介

猪痢疾（swine dysentery）又称血痢，是猪的一种严重的肠道传染病。病原体为猪痢疾密螺旋体。病猪和带菌猪是本病的传染源，康复猪的带菌率很高，且带菌时间长达数月，是主要的传染源。在自然情况下，只有猪发病；各个年龄、品种的猪都可感染，但主要侵害的是 2~3 月龄的幼龄猪；小猪的发病率和死亡率都比大猪高；病猪及带菌者是主要传染源，本病的发生无明显季节性；由于带菌猪的存在，经常通过猪群调动和买卖猪只将病传播开。带菌猪在正常的饲养管理条件下常不发病，当有降低猪体抵抗力的不利因素、饲料不足、缺乏维生素和应激因素时，便可促使发病。

发病症状：最常见的症状是出现程度不同的腹泻。一般是先拉软粪，渐变为黄色稀粪，内混粘液或带血。病情严重时所排粪便呈红色糊状，内有大量粘液、血块及脓性分泌物。有的拉灰

色、褐色甚至绿色糊状粪，有时带有很多小气泡，并混有粘液及纤维素性伪膜。病猪精神不振、厌食及喜饮水、拱背、脱水、腹部蜷缩、行走摇摆、用后肢踢腹、被毛粗乱无光、迅速消瘦，后期排粪失禁。肛门周围及尾根被粪便污染，起立无力，极度衰弱而死亡。大部分病猪体温正常。慢性病例，症状轻，粪中含较多粘液和坏死组织碎片，病期较长，进行性消瘦，生长停滞。引起主要临诊症状为严重的粘液性出血性下痢。急性型以出血性下痢为主，亚急性和慢性型以粘液性腹泻为主。剖检病理特征为大肠粘膜发生卡他性、出血性及坏死性炎症。

诊断：取病猪新鲜粪便或大肠粘膜涂片，用姬姆萨、草酸铵结晶紫或复红染色液染色、镜检，高倍镜下每个视野见3个以上具有3～4个弯曲的较大螺旋体，即可怀疑此病。

鉴别诊断：需与猪传染性胃肠炎、猪流行性腹泻区分。

（二）综合防治

1. 预防措施

防止从病猪场购入带菌种猪，如果引入种猪，猪只必须隔离观察和检疫，健康者方可混群饲养；需要指出，该病治后易复发，必须坚持疗程和改善饲养管理相结合方能收到好的效果；做好猪舍、环境的清洁卫生和消毒工作，处理好粪便；病猪最好淘汰；坚持药物治疗、饲养管理和卫生措施相结合的净化措施，可收到较好的净化效果。

2. 治疗措施

病猪及时治疗常有一定效果。痢菌净（MAQO, 3-甲基乙酰基喹噁啉1,4 二氧化物）每千克体重5毫克内服，每天2次，连服3天为1个疗程，或按0.5%痢菌净注射液，每千克体重0.5毫升，肌肉注射；硫酸新霉素、林肯霉素、四环素族抗生素等多种抗菌药物都有一定疗效。

（1）西药治疗：治宜消炎、止泻。

处方一：0.5%痢菌净25毫升。

【作用】治疗猪痢疾。

【用法】每千克体重0.5毫升，1次肌肉注射，每天2次，连用2~3天。

处方二：土霉素碱。

【作用】治疗猪痢疾。

【用法】治疗量，按每1000千克饲料100~150克，连喂3~5天。

处方三：硫酸新霉素。

【作用】治疗猪痢疾。

【用法】治疗量，按每1000千克饲料300克，连喂3~5天。预防量减半。

处方四：泰乐菌素。

【作用】治疗猪痢疾。

【用法】治疗量，按每升水570毫克，连饮3~10天。预防量为每1000千克饲料100克。

处方五：林可霉素。

【作用】治疗猪痢疾。

【用法】治疗量，按每1000千克饲料100克，连用3周。预防量为40克。

处方六：四环素。

【作用】治疗猪痢疾。

【用法】治疗量，按每1000千克饲料100~120克，连喂3~5天。

处方七：磺胺脒0.5~5克，甲氧苄氨嘧啶0.2~1.5克。

【作用】治疗猪痢疾。

【用法】治疗量，磺胺脒每千克体重150毫克、甲氧苄氨嘧啶每千克体重30毫克，混合后1次内服，每天2次，连用2~3天。

(2) 中草药治疗：

处方一：黄柏15克，黄连10克，黄芩10克，白头翁20克。

【作用】治疗猪痢疾。

【用法】按处方配药，水煎，候温灌服。

处方二：黄柏20克，黄连15克，苦参20克，白头翁15克，秦皮20克，诃子20克，乌梅20克，甘草15克。

【作用】治疗猪痢疾。

【用法】按处方配药，煎汤胃管投服，每天1次，连服5天。

处方三：白矾1克，白头翁5克，石榴皮10克。

【作用】治疗猪痢疾。

【用法】先将白头翁和石榴皮加水煎汁，将白矾加入药液，溶解后供体重25~35千克猪只，分2次拌入饲料中或灌服，连用3~5天。

处方四：地锦草25 000克，硬脂酸镁35克。

【作用】功能清热解毒。主治猪肠炎、痢疾。

【用法】取地锦草3 000克，粉碎为细末，过100目筛；其余地锦草加水煎煮两次，合并煎液，用纱布过滤，浓缩至与生药等量，加95%乙醇1.5~2倍，搅匀，静置24小时，吸取上层清液，弃去残渣，回收乙醇，浓缩成浸膏，加入地锦草细末，拌匀，过20目筛搓粒，置60℃以下烘干，候冷，加硬脂酸镁，混匀，压片。每片重0.35克。服用时每次4片，每天3次，粉碎为末拌饲，或温水调灌。

处方五：木香10~25克，苦参60~125克。

【作用】治疗猪痢疾。

【用法】按处方配药，早晚水煎服，为50千克体重猪只服用剂量。病情严重者，开始时每天1~2剂，2~3天后，改每天1次。里急后重严重者加白头翁、秦皮、辣蓼、铁苋菜、地锦草、马齿苋等；脓血多者加仙鹤草、墨旱莲、地榆炭、槐花炭等；发热者加葛根、玄参、生地、麦冬；久泻气血双亏者加党参、白

术、升麻等。

处方六：鲜马齿苋、鲜地锦草、鲜铁苋菜、鲜辣蓼草各2 500克。

【作用】治疗猪肠炎痢疾。

【用法】按处方配药，煎汁2 000毫升，加明矾1 000克、麸皮2 500克混合溶化，炒干粉碎为末。小猪每次服10克，大猪40～60克，拌料喂服，连用3～5天。

处方七：穿心莲60克。

【作用】治疗猪肠炎痢疾。

【用法】按处方配药，煎水喂服。

处方八：石菖蒲、大蒜各适量，雄黄少许。

【作用】治疗猪肠炎痢疾。

【用法】按处方配药，煎水喂服。

处方九：络石藤70克，忍冬藤45克，鱼腥草80克。

【作用】治疗猪肠炎痢疾。

【用法】按处方配药，煎水取汁，拌料喂服。

处方十：糯米250克（炒焦后粉碎），地榆（炒炭）、青蒿、六月雪各30克。

【作用】治疗猪肠炎痢疾。

【用法】按处方配药，煎水喂服，百草霜调服。供大猪1次服用，每天1次，连用3～5次。

处方十一：木炭18克，车前子15克，甘草10克，大蒜适量。

【作用】治疗猪肠炎痢疾。

【用法】按处方配药，粉碎为末，拌料喂服。

处方十二：木炭末30克，山楂炭30克，石榴皮25克（烧炭）。

【作用】治疗猪肠炎痢疾。

【用法】按处方配药，粉碎为末，开水冲服。

处方十三：鲜马齿苋 250 克。
【作用】治疗猪痢疾。
【用法】按处方配药，煎水取汁，加红糖 25 克灌服。
(3) 针灸治疗：
方案一：
【主穴】海门、后海、后三里。
【配穴】尾根、六脉、百会。连续施针 2~3 次，隔天 1 次。
方案二：
【穴位】交巢穴。

水针注射 10% 葡萄糖 1~2 毫升、0.5%~1% 普鲁卡因 1~2 毫升、穿心莲 2~10 毫升、黄连素 2 毫升或维生素 C 等，每天注射 1 次，2~3 天即可。

十四、猪传染性胃肠炎

(一) 本病简介

猪传染性胃肠炎（transmissible gastroenteritis in pig，TGE）是由冠状病毒属的猪传染性胃肠炎病毒引起的一种急性、高度接触性传染病。病猪和带毒猪是本病的主要传染源。主要经过消化道传染，也可由呼吸道传染。各种年龄猪均可感染发病，但症状轻微，并可自然康复，以 10 日龄以下的哺乳仔猪发病率和死亡率最高，随年龄增大死亡率稳步下降，其他动物对本病无易感性。本病的发生有季节性，我国多流行于冬春寒冷时节，夏季发病少，在产仔旺季发生较多。在新发病猪群，几乎全部猪只均可感染发病，在老疫区则呈地方流行，由于经常产仔和不断补充的易感猪发病，使本病在猪群中经常存在。

发病症状：仔猪的典型临床表现是突然呕吐，接着出现急剧的水样腹泻，粪水呈黄色、淡绿色或白色。病猪迅速脱水，体重下降，精神萎靡，被毛粗乱无光。吃奶减少或停止吃奶、战栗、

口渴、消瘦，于2~5天死亡，1周龄以下哺乳仔猪死亡率50%~100%，随着日龄增加，死亡率降低；病愈仔猪增重缓慢，生长发育受阻，甚至成为僵猪。架子猪、肥猪及成年公母猪主要是食欲减退或消失，水样腹泻，粪水呈黄绿色、淡灰色或褐色，混有气泡；哺乳母猪泌乳减少或停止，3~7天病情好转随即恢复，极少发生死亡。

剖检可见猪尸脱水，腹、颈、耳根部呈粉红色。具有特征性病理变化，主要见于小肠的绒毛变短，小肠呈气性肿胀，伴有卡他性肠炎，脾脏、淋巴结肿大，肠系膜淋巴结充血。临床可依据大群的猪发病而且呈水泻样腹泻、哺乳仔猪（5日龄内）病死率高、大猪感染经过3~7天能恢复等特点而作出初步诊断。

(二) 综合防治

1．预防措施

目前尚无特效的药物可供治疗。停食或减食，多给清洁饮水或易消化饲料，小猪进行补液、给服"口服补液盐"等措施，有一定缓解作用。由于此病发病率很高，传播快，一旦发病，采取隔离、消毒等措施效果不大。加之康复猪可产生一定免疫力，猪只发病流行后即可停止。在规模较大的猪场一旦发病，经研究，可对未分娩母猪及年龄较大猪只进行人工感染，使之短期内发病，疫情中止。还可使哺乳仔猪从免疫母猪初乳中获得免疫力，从而保护仔猪免受感染；可试用猪传染性胃肠炎弱毒疫苗预防。

处方：哈尔滨兽医研究所TGE华毒株疫苗。

【作用】防治猪传染性胃肠炎。

【用法】对妊娠母猪于产前45天和15天左右进行肌肉注射、鼻内接种各1毫升，被动免疫的保护率达95%以上，接种母猪对胎儿无侵袭力。或对未接种TGE疫苗，受本病威胁猪群的1~2天初生仔猪可做主动免疫，口服接种0.5毫升，4~5天后即可产生免疫力。

2. 治疗措施

(1) 西药治疗：止泻、补液。

处方一：0.1%高锰酸钾溶液200毫升，痢菌净1克。

【作用】治疗猪传染性胃肠炎。

【用法】0.1%高锰酸钾溶液，每千克体重4毫升，1次喂服。痢菌净，每千克体重20毫克，1次肌肉注射，每天2次；内服则用量加倍。

处方二：硫酸庆大霉素16万~32万单位，25%葡萄糖注射液50~100毫升，山莨菪碱10毫克，维生素B_1 50毫克。

【作用】治疗猪传染性胃肠炎。

【用法】硫酸庆大霉素、葡萄糖注射液混合后1次静脉注射；山莨菪碱和维生素B_1混合，1次后三里穴注射，每天1次，连用3天。

处方三：氯化钠3.5克，氯化钾1.5克，小苏打2.5克，葡萄糖粉20克。

【作用】治疗猪传染性胃肠炎。

【用法】按处方配药，加温开水1 000毫升配成溶液，自由饮服。为防止继发感染，视实际情况添加敏感抗生素，效果更佳。

处方四：磺胺脒0.5~4.0克，次硝酸铋1~5克，小苏打1~4克。

【作用】治疗猪传染性胃肠炎。

【用法】按处方配药，混合后1次灌服。

(2) 中草药治疗：

处方一：黄连40克，三颗针40克，白头翁40克，苦参40克，胡黄连40克，白芍30克，地榆炭30克，乌梅30克，诃子30克，大黄30克，车前子30克，棕榈炭30克，甘草30克。

【作用】治疗猪传染性胃肠炎。

【用法】按处方配药，粉碎为末混匀，分6次灌服，每天3

次，连用2天以上。

处方二：红糖120克，生姜30克，茶叶30克。

【作用】治疗猪传染性胃肠炎。

【用法】按处方配药，水煎取汁，1次喂服。

处方三：黄柏100克。

【作用】治疗猪传染性胃肠炎。

【用法】按处方配药，加水煎至200毫升，候温，分3次进行肛门灌注，当天早晚和第2天各灌注1次。

处方四：桂圆壳15克。

【作用】治疗猪传染性胃肠炎。

【用法】按处方配药，加水200毫升煎汁至50毫升，弃渣，候凉胃管投服，或拌料服，每天2次，连用2~3天。

处方五：苍术20克，白术20克，川朴20克，桂枝15克，陈皮20克，泽泻20克，猪苓20克，茯苓20克，甘草15克。

【作用】治疗猪传染性胃肠炎。

【用法】按处方配药，水煎取汁，候温灌服。粪干者加大黄或人工盐；腹胀者加木香、莱菔子；体弱者加党参、当归、肉苁蓉；体温偏低时加附子、肉桂、小茴香；胃寒者加干姜或生姜；有表症加重桂枝；水泻不止加补骨脂、豆蔻、吴茱萸、五味子。

处方六：白头翁30克，黄连10克，秦皮25克，白芍25克，黄柏30克，泽泻15克，茯苓15克，苍术20克，陈皮20克，厚朴20克，木香15克，大黄炭25克，金银花炭25克，甘草5克。

【作用】治疗猪传染性胃肠炎。

【用法】按处方配药，水煎取汁，每天灌服2~3次，连用2天。病初可辅以龙胆苏打粉（片）、大黄苏打片、碳酸氢钠及中成药健胃散等；腹泻出现后可酌情灌服氟哌酸等；对虚脱者须行补液或对症治疗。

处方七：地锦草、铁苋菜、萹蓄各500克。

【作用】治疗猪传染性胃肠炎。

【用法】按处方配药,冬季则加地榆500克,加水2 000毫升,蒸馏成1 000毫升,分装,消毒备用。小猪每次肌肉注射5~10毫升,大猪每次肌肉注射10~20毫升,每天1次,连用3~5剂。

处方八:马齿苋、积雪草、铁苋菜、鸡眼草、刺苋、马鞭草各60克(鲜草)。

【作用】治疗猪传染性胃肠炎。

【用法】按处方配药,加水1 500毫升,煎汁500毫升,每头小猪每次内服5~15毫升,每天2次,连服2~3天。

处方九:黄连10克,白头翁、乌梅、诃子各15克,白芍、地榆炭、车前子、甘草各12克,大黄9克。

【作用】治疗猪传染性胃肠炎。

【用法】按处方配药,水煎取汁,候温灌服。

处方十:生姜50克,白术100克。

【作用】治疗猪传染性胃肠炎。

【用法】按处方配药,煎汁加红糖15克,供体重25千克的猪只1次服用,每天1~2次,连服3~5天。

处方十一:藿香、苏梗、厚朴、半夏、苍术、陈皮各10~20克,茯苓20克,甘草、豆蔻、佩兰各10克。

【作用】治疗猪传染性胃肠炎。

【用法】按处方配药,水煎取汁,候温灌服,供体重25千克病猪服用,每天1~2次,连服3~5天。

处方十二:葛根20克,扁豆、连翘、黄连、黄芩各10~15克,半夏、佩兰、藿香、车前子各10克,甘草6克。

【作用】适用于湿热秽浊症、暴泻、发病急骤的猪传染性胃肠炎。

【用法】按处方配药,水煎取汁,候温灌服。供体重25千克猪只服用,每天1剂,连服2~3剂。

处方十三:鲜枫树二层皮300克,鲜樟树皮200克,杉木炭

末50克,地榆30克,红糖100克。

【作用】治疗猪传染性胃肠炎。

【用法】按处方配药,将枫树皮、樟树皮、地榆炒炭存性,加杉木炭、红糖炒片刻,加水煮沸内服。供大猪1天分2次服完,连服2~3天。

处方十四:黑胡椒。

【作用】治疗猪传染性胃肠炎。

【用法】按每5千克体重2粒,粉碎后加适量温水喂服或拌料喂服,每天2次,对10日龄内患病仔猪,每次1粒,每天2次,温水适量灌服,连用2~3次。

处方十五:大蒜50~100克。

【作用】治疗猪传染性胃肠炎。

【用法】按处方配药,捣烂大蒜,拧头喂服。

处方十六:常山60克,马齿苋250克,鹅不食草30克。

【作用】治疗猪传染性胃肠炎。

【用法】按处方配药,煎水喂服。

(3) 针灸治疗:

方案一:

【主穴】交巢、百会、后三里。

【配穴】脾俞、玉堂。

方案二:

【主穴】三里、交巢、带脉。

【配穴】蹄叉、百会。

十五、猪流行性腹泻

(一) 本病简介

猪流行性腹泻(porcine epidemic diarrhea)是以排水样稀便、呕吐、脱水为特征的一种肠道传染病。病原体为冠状病毒属的猪

流行性腹泻病毒。病猪是主要传染源。主要经消化道传染,传播迅速,数日内可波及全群。

发病症状:病猪表现为呕吐、腹泻和脱水。粪稀如水,灰黄色或灰色,在吃食或吮乳后发生呕吐;年龄越小,症状越重,1周以内仔猪发生腹泻后2~4天脱水死亡,死亡率平均50%;断奶仔猪、肥育猪及母猪常厌食、腹泻,4~7天恢复正常。该病在我国有发生,临诊上与猪传染性胃肠炎难以区别。各种年龄的猪都能感染发病,哺乳仔猪和肥育猪发病率可达100%,母猪为15%~90%;有明显季节性,主要发生于冬季,也能在夏季发生,我国以12月到翌年2月发生最多。

鉴别诊断:本病的发病特点、临诊症状和病理变化与猪传染性胃肠炎十分相似,本病的病死率略低于传染性胃肠炎,在猪群中的传播也比较缓慢一些,要确切区分开,必须进行实验室诊断。常用方法有:

①免疫荧光染色检查:取病猪小肠作冰冻切片或小肠粘膜抹片,风干后丙酮固定,加荧光抗体染色,水洗后盖片、镜检。腹泻后6小时空肠和回肠的荧光细胞检出率达90%~100%。

②免疫电镜检查。

③酶联免疫吸附试验(ELISA)。

④人工感染试验。

(二) 综合防治

1. 预防措施

参照猪传染性胃肠炎。

2. 治疗措施

(1) 西药治疗:消炎、补液,预防继发感染。

处方一:氯化钾1.5克,5%氟甲砜霉素注射液5~20毫升,氯化钠3.5克,碳酸氢钠2.5克,葡萄糖20克,温开水1 000毫升,磺胺脒4克,次硝酸铋4克,小苏打2克。

【作用】辅助治疗猪流行性腹泻。

【用法】按处方配药,混合后1次喂服,每天2次,连用2~3天。

处方二:环丙沙星注射液。

【作用】辅助治疗猪流行性腹泻。

【用法】每千克体重5~10毫克,肌肉注射,每天1次,连用2~3天。

处方三:鸡新城疫Ⅰ系苗1瓶(500羽份)。

【作用】诱导干扰素产生,辅助治疗猪流行性腹泻。

【用法】按处方配药,加注射用水50毫升,混匀,每头每次5毫升,肌肉注射或交巢穴注射,每天1次,连用2天。

处方四:2.5%蒽诺沙星注射液2~12毫升。

【作用】辅助治疗猪流行性腹泻。

【用法】按处方配药,每千克体重5~10毫克,肌肉注射,每天1次,连用2~3天。

(2)中草药治疗:

处方一:炒白术18克,炒白芍12克,焦诃子12克,泽泻10克,苍术8克,车前子10克,百草霜12克,炒高粱15克。

【作用】治疗猪肠炎腹泻。

【用法】按处方配药,共为细末,开水冲调,候温灌服。供体重30千克左右猪只服用,每天1剂,连用3~5天。

处方二:败酱草40克,白头翁35克,马齿苋38克。

【作用】治疗猪肠炎腹泻。

【用法】按处方配药,煎水喂服。

处方三:败酱草12克,天花粉12克,生葛根15克,牡丹皮12克,炒白芍10克,薏苡仁13克,全当归8克,厚朴8克,枳壳8克,泽泻8克。

【作用】治疗猪肠炎腹泻。

【用法】按处方配药,煎水取汁,候温喂服。供体重30千克

左右猪只1次服用,每天1剂,连用2~3剂。

处方四:板蓝根30克,大青叶35克,忍冬藤32克,败酱草35克,筋骨草20克。

【作用】治疗猪肠炎腹泻。

【用法】按处方配药,煎水取汁,候温喂服。供体重30千克左右猪只1次服完,每天1次,连服2~3天。

处方五:黄荆根20克,鱼腥草30克。

【作用】治疗猪肠炎腹泻。

【用法】按处方配药,煎水取汁,候温喂服。

处方六:黄荆子15克,皂角13克,陈皮15克,食盐8克。

【作用】治疗猪肠炎腹泻。

【用法】按处方配药,煎水喂服。供体重10~20千克猪只服用,每天1剂,连服3~5剂。

(3) 针灸疗法:

方案:

【穴位】后三里、交巢、带脉、配蹄叉、百会等。

【针法】白针或血针。

十六、猪传染性萎缩性鼻炎

(一) 本病简介

猪传染性萎缩性鼻炎 (infectious atrophic rhinitis in pig) 是以慢性鼻炎、颜面部变形、鼻甲骨尤其是鼻甲骨下卷曲发生萎缩和生长迟缓为特征的一种慢性呼吸道疾病。病原体为支气管败血波氏杆菌I相菌和产毒素的多杀性巴氏杆菌(主要为D型)。病猪和带菌猪是主要传染源。本病的发生多数是由有病的母猪或带菌母猪传染给仔猪的。猪圈潮湿、寒冷,猪群拥挤,缺乏运动,饲料单纯及缺乏钙、磷等矿物质以及缺乏青绿饲料等,常易诱发本病,并加重病理过程。常发生于2~5月龄的猪只,在我国呈散

发性发生,也是 SPF 猪场要求净化的疫病之一。本病在自然条件下只见猪发生,各种年龄的猪都可感染,最常见于 2~5 月龄的猪;在出生后几天至数周的仔猪感染时,症状较重,发生鼻炎后多能引起鼻甲骨萎缩;年龄较大的猪感染时,可能不发生或只产生轻微鼻甲骨萎缩,但一般表现为鼻炎症状,症状消退后可成为带菌猪。

发病症状:受感染的小猪出现鼻炎症状,打喷嚏,呼吸有鼾声,常用前肢搔鼻部,或鼻端拱地,或在墙壁、食槽边缘蹭鼻部,从鼻孔流出粘性或脓性分泌物和不同程度的鼻出血。在出现鼻炎症状的同时,病猪的鼻泪管阻塞和眼结膜发炎,从眼角不断流出眼泪和分泌物,由于尘土沾积,常在内眼角下部的皮肤上形成一个半月形的泪痕,呈褐色或黑色斑痕,故有"黑斑眼"之称。

经 2~3 个月后,多数病猪进一步发展,引起鼻甲骨萎缩。当鼻腔两侧损伤大致相等时,鼻腔的长度和直径减小,使鼻腔缩小,可见到病猪的鼻缩短,鼻端向上翘起,鼻背皮肤发生皱褶,下颌伸长,上下门齿错开,不能正常吻合。当一侧鼻腔病变较严重时,可造成鼻子歪向一侧,甚至呈 45°歪斜。由于鼻甲骨萎缩,致使额窦不能以正常速度发育,以致两眼之间的宽度变窄,头的外形发生改变。

(二) 综合防治

1. 预防措施

无本病的健康猪场,其防治的主要原则是坚决贯彻自繁自养,加强检疫工作,切实执行兽医卫生措施,严防从外购进病猪或带菌猪;对病猪及可疑病猪坚决淘汰,及时消灭传染来源。种猪群发病时,严格禁止出售种猪和猪苗,只能育肥屠宰,以除后患;必要时,对贵重种猪实行剖腹取胎,隔离饲养,培养无此病的健康猪群;并可对种母猪和仔猪用灭活菌苗或二联灭活菌苗免

疫接种，据称有一定效果。

处方：猪传染性萎缩性鼻炎灭活疫苗。

【作用】预防猪传染性萎缩性鼻炎。

【用法】妊娠母猪产前1个月于颈部皮下注射疫苗2毫升。免疫母猪所产仔猪于1周龄、3~4周龄分别在颈部皮下注射疫苗0.2毫升及0.4毫升，另外同时每侧鼻孔滴入不加油佐剂的疫苗菌液各0.25毫升及0.5毫升。不加佐剂的疫苗菌液为临用前将原苗（即灭活原菌液）用含有1/1 000硫柳汞的灭菌磷酸盐水稀释为200亿/毫升的菌液。

2．治疗措施

（1）西药治疗：宜抗菌消炎。

处方一：链霉素200万单位，注射用水2毫升，磺胺二甲嘧啶100克，金霉素100克，青霉素50克。

【作用】治疗猪传染性萎缩性鼻炎。

【用法】按处方配药，链霉素配成注射液，每天2次，连用3天。磺胺二甲嘧啶、金霉素、青霉素三药混合拌1 000千克饲料，连用4~5周。

处方二：泰乐菌素100克，磺胺嘧啶100克。

【作用】治疗猪传染性萎缩性鼻炎。

【用法】按处方配药，二药混合后拌1 000千克饲料，连续喂服4~5周。

处方三：2.5%恩诺沙星注射液2~12毫升。

【作用】治疗猪传染性萎缩性鼻炎。

【用法】每千克体重10毫克，肌肉注射，每天1次，连用2~3天。

处方四：环丙沙星注射液。

【作用】治疗猪传染性萎缩性鼻炎。

【用法】每千克体重10毫克肌肉注射，或配成0.025%溶液自饮，每天1次，连用2~3天。

处方五：土霉素。

【作用】治疗猪传染性萎缩性鼻炎。

【用法】治疗量，按每1 000千克饲料100～150克，连喂3～5天。

处方六：庆大霉素。

【作用】治疗猪传染性萎缩性鼻炎。

【用法】每千克体重1～2毫克，肌肉注射，每天2次，6天为1个疗程。

处方七：卡那霉素。

【作用】治疗猪传染性萎缩性鼻炎。

【用法】每千克体重10～20毫克，肌肉注射，每天2次，6天为1个疗程。

处方八：链霉素0.5～1克。

【作用】治疗猪传染性萎缩性鼻炎。

【用法】每千克体重10～15毫克，每天2次，连用5天为1个疗程。

处方九：1%金霉素。

【作用】治疗猪传染性萎缩性鼻炎。

【用法】每千克体重10～20毫克，注入鼻道，每天2次，连用10天为1个疗程。

(2) 中草药治疗：

处方一：当归、栀子、黄芩各15克，知母、白鲜皮、麦冬、牛蒡子、射干、甘草、川芎各12克，苍耳子18克，辛夷9克。

【作用】治疗猪传染性萎缩性鼻炎。

【用法】按处方配药，水煎取汁，候温灌服，供体重30千克猪只服用，每天1剂，连用2～3剂。

处方二：防风、半夏、百合、贝母、大黄、白芷、薄荷各16克，桔梗、款冬花各22克，细辛9克，蜂蜜62克。

【作用】治疗猪传染性萎缩性鼻炎。

【用法】按处方配药,共粉碎为细末或水煎,分 2 次喂服,每天 1 剂,连用 2~3 剂。

十七、猪布氏杆菌病

(一) 本病简介

猪布氏杆菌病(brucellosis in pig)主要是以母猪患病后,发生流产、子宫炎、跛行和不孕症;公猪患病后,发生睾丸炎和副睾炎的一种急性或慢性传染病。病原体为猪布氏杆菌。病猪及带菌猪是主要传染来源,可通过交配、消化道等途径传播;公猪精液中有病原体,人工授精可引起传染;5 月龄以下的猪易感性较低,随着年龄的增长感受性增高;第一胎母猪发病率高,阉割后的公母猪感染率较低。

发病症状:母猪的主要症状是流产,多发生在怀孕的第 2~3 个月。有的在妊娠的第 2~3 周即流产;早期流产的胎儿和胎衣,多被母猪吃掉,常不被发现;流产前的症状也不明显;流产的胎儿多为死胎,胎衣不下的情况较少,少数母猪可发生胎衣不下及引起子宫炎,影响其配种。重复流产的较少见;新感染此病的猪场,流产较多。

公猪主要症状是睾丸发炎和副睾发炎。一侧或两侧无痛性肿大。有的症状较急,局部热痛,并伴有全身症状。有的病猪睾丸发生萎缩、硬化,甚至性欲减退或丧失,失去配种能力。

诊断:可作细菌检查,病料(胎水、胎衣、胎儿)做成玻片,用柯兹洛夫斯基染色法染色、镜检,可见成丛的红色球状小杆菌,即可确诊。有条件时,可作细菌分离培养。

鉴别诊断:应与猪繁殖和呼吸综合征、细小病毒病、乙型脑炎、钩端螺旋体病、猪伪狂犬病、猪弓形体病等区别诊断。

（二）综合防治

1. 预防措施

种猪场坚持自繁自养的原则。凡经查明为病猪或阳性猪时，应立即隔离，一律淘汰，以除后患；在发病猪场，对检疫证明无病的猪，用猪布鲁氏杆菌2号弱毒冻干菌苗进行预防免疫，最好在配种前1~2个月进行，免疫期为1年；加强一般兽医卫生管理，特别要注意产房、用具及环境的彻底消毒。妥善处理流产胎儿、胎衣、胎水及阴道分泌物。

处方：布氏杆菌活疫苗。

【作用】用于预防猪布氏杆菌病。

【用法】本品适宜作口服免疫，亦可肌肉注射。怀孕母畜口服后不受影响，猪群每年口服1次，持续数年不会造成血清学反应长期不消失的现象。口服免疫、皮下或肌肉注射均可。猪注射2次，每次活菌200亿，间隔1个月。

2. 治疗措施

处方：2.5%恩诺沙星注射液2~12毫升。

【作用】辅助治疗猪布氏杆菌病。

【用法】每千克体重10毫克，肌肉注射，每天1次，连用2~3天。

十八、猪　痘

（一）本病简介

猪痘（swine pox）是由猪痘病毒引起的一种急性、热性传染病。主要是病猪与健康猪接触，经损伤的皮肤而感染，猪血虱、吸血昆虫（蚊、蝇）在传播上起重要作用。多发生于4~6周龄仔猪及断乳仔猪，发病急，死亡率高，成年猪有抵抗力；猪舍潮湿、拥挤及营养不良时，发病和死亡增高。

发病症状：在猪的皮肤上发生典型的丘疹和痘疹。病猪体温升高，精神和食欲不振。主要在病猪皮薄毛少的部位，如鼻吻、眼睑、腹部、四肢内侧、背部或体侧、乳房等处发生结节样丘疹，突出于皮肤表面，很快变成暗棕色结痂，最后脱落而愈；发痘时病猪有痒感，在猪圈墙壁、栏柱等处摩擦；大多取良性经过，极少数病猪可发生全身痘和继发感染，死亡率高。

（二）综合防治

1．预防措施

平时做好猪只饲养管理和圈舍、环境的消毒卫生工作；消灭猪血虱，杀灭蚊、蝇有重要预防作用；对病猪作局部对症治疗，防止继发感染。康复猪可获得较强的免疫力。

2．治疗措施

（1）西药治疗：局部消炎，预防感染。

处方一：0.1%高锰酸钾适量，1%龙胆紫或碘甘油适量，青霉素80万～160万单位，链霉素100万～200万单位，注射用水5毫升。

【作用】治疗猪痘。

【用法】先剥去痘痂，用0.1%高锰酸钾溶液洗净患处，再涂1%龙胆紫或碘甘油；青霉素、链霉素1次肌肉注射，每天2次，连用2～3天。

处方二：板蓝根注射液6毫升，氢化可的松2毫升。

【作用】治疗猪痘。

【用法】按处方配药，二药混合后，肌肉注射，每天1次，连用2～3天。

（2）中草药治疗：散风透疹、清热解毒为治则。

处方一：枸杞根90克，忍冬藤90克。

【作用】治疗猪痘。

【用法】按处方配药，水煎取汁，灌服并洗患处，每天1剂，

连用3剂以上。

处方二：荆芥15克，防风10克，芫荽10克，薄荷10克，绿豆30克，白糖20克，甘草10克，小米粥100克。

【作用】治疗猪痘。

【用法】按处方配药，先将小米和绿豆水煎取汁100毫升，其余药配齐后共煎2次，取药液100毫升，与小米绿豆汤混合，候温加入白糖，供2头仔猪分2次灌服，连服2剂。

处方三：芦根30克，紫草、金银花、连翘各20克，蒲公英50克，甘草10克。

【作用】治疗猪痘。

【用法】按处方配药，水煎取汁，供体重10~20千克猪只2天服用，灌服或拌料喂服，2天1剂，连用1~2剂。

处方四：大泽兰、葫芦茶、了哥王根各100克，秤星木根、鱼腥草、百部藤各150克。

【作用】治疗猪痘。

【用法】按处方配药，煎水3升，供10头仔猪服用。每天2次，连服2天。

处方五：茅根50克，苇叶50克，桐花50克。

【作用】治疗猪痘。

【用法】按处方配药，煎水半碗，1次内服，连用2~3天。

处方六：干葛10克，麻黄10克，桂枝10克，白芍10克，甘草5克，升麻5克。

【作用】治疗猪痘。

【用法】按处方配药，生姜为引，水煎取汁，候温灌服，供体重20~30千克猪只1次服用，每天2次，连用2~3天。

处方七：花椒15克，艾叶15克，大蒜数瓣。

【作用】治疗猪痘。

【用法】按处方配药，煎水洗患处，洗后涂消炎软膏。

处方八：葛根15克，紫苏15克，香椿树内皮25克，地骨

皮 25 克，荆芥 40 克，升麻 30 克，石膏 15 克。

【作用】治疗猪痘。

【用法】按处方配药，共煎水取汁，候温 1 次灌服，每天 1 次，连用 3~5 天。

处方九：黑豆 250 克，绿豆 250 克，甘草 50 克。

【作用】治疗猪痘。

【用法】按处方配药，水煎内服。

处方十：升麻 10 克，葛根 10 克，赤芍 9 克，牛蒡子（炒）9 克，金银花 15 克，连翘 11 克，紫草 12 克，薄荷 11 克，芦根 13 克。

【作用】治疗猪痘。

【用法】按处方配药，生姜为引，煎水喂服。

处方十一：牛蒡子 10 克，荆芥 10 克，防风 10 克。

【作用】治疗猪痘。

【用法】按处方配药，煎水喂服，并洗患处。

处方十二：地肤子 12 克，浮萍草 13 克，蝉蜕 10 克，白矾 6 克。

【作用】治疗猪痘。

【用法】按处方配药，煎水喂服。

处方十三：紫草茸、山豆根、黄药子、白药子、牛蒡子、生黄芪、天花粉、香白芷、生葛根、炒白术、炒没药、荆芥穗、青防风、川贝母、甜桔梗、生甘草各 6~9 克。

【作用】治疗猪痘。

【用法】按处方配药，水煎取汁，候温灌服，供大猪 1 天分 2 次喂服，连服 2~3 天。

(3) 针灸治疗：

方案一：

【主穴】尾尖、耳尖、鼻梁。

【配穴】苏气、三里、涌泉。

方案二：

【主穴】山根、血印、百会。

【配穴】玉堂、肺门、风门。

十九、猪破伤风

（一）本病简介

破伤风（tetanus）又名强直症、锁喉风，是由破伤风梭菌经创伤感染的急性、中毒性传染病。其特征是病猪的肌肉呈持续性的强直痉挛和对外界刺激的兴奋性增高。此病在我国各地都有散发。猪较为常见。主要为创伤感染，猪多由阉割消毒不严而感染。

发病症状：病猪表现为四肢僵直，两耳竖立，尾不摆动，牙关紧闭，重者发生全身痉挛及角弓反张；对外界刺激兴奋性增高，常有"吱吱"的尖细叫声；如治疗不及时或治疗不当常常死亡。

（二）综合防治

1．预防措施

防止外伤发生，特别是在猪阉割时，要做好器械和术部的消毒工作，为预防感染，可在去势的同时，给猪注射破伤风抗毒素血清 3 000 单位，有较好预防效果。

2．治疗措施

对病猪及时治疗，方法包括：

①将猪置于安静地方，尽量减少或避免刺激。

②发现和处理好伤口，清除异物，消毒及撒涂消炎药物。

③早期及时注射抗破伤风血清，猪为 10 万～20 万单位，分 2 次皮下注射。

④使用镇静解痉药物，如氯丙嗪 50～100 毫克，或水合氯醛

灌肠，或25%硫酸镁10~15毫升，或1%普鲁卡因穴位注射。

⑤对症疗法：补液，注射维生素C，调整胃肠药等。

⑥中兽医疗法。

(1) 西药治疗：以抗菌、镇静、处理伤口为治则。

处方：破伤风抗毒素20万~80万单位，2%高锰酸钾溶液适量，5%碘酊适量，20%乌洛托品10~30毫升，青霉素80万~160万单位，链霉素100万~200万单位，注射用水5毫升，3%双氧水20~25毫升，10%葡萄糖注射液80~100毫升。

【作用】治疗猪破伤风。

【用法】用2%高锰酸钾溶液或3%双氧水反复洗涤伤口，再涂擦5%碘酊；破伤风抗毒素1次皮下或肌肉注射；20%乌洛托品1次肌肉注射；每千克体重青霉素1万~4万单位、链霉素1万单位，混合后1次肌肉注射，每天2次，连用2~3天；3%双氧水和10%葡萄糖注射液混合后1次静脉注射。

(2) 中草药治疗：

处方一：雄黄25克，艾叶50克。

【作用】治疗猪破伤风。

【用法】按处方配药，粉碎为末冲服，每天2剂，连用2~3天。

处方二：全蝎5克，蜈蚣5克，蝉蜕10个，麻黄50克，桂枝5克，当归50克，细辛2.5克，葱1根，姜10克。

【作用】治疗猪破伤风。

【用法】按处方配药，水煎取汁，分2次灌服，隔日1剂，连用2~3剂。

处方三：天麻35克，炮南星30克，防风30克，荆芥穗40克，葱白1根。

【作用】治疗猪破伤风。

【用法】按处方配药，水煎喂服，每天1剂，连用3~4剂。

处方四：僵蚕60克，红花30克，川芎45克，续断25克，

防风 30 克,全蝎 45 克,钩藤 30 克。

【作用】治疗猪破伤风。

【用法】按处方配药,水煎,黄酒 250 克为引,分 4~6 次灌服。

处方五:壁虎 7~9 只。

【作用】治疗猪破伤风。

【用法】按处方配药,水煎,加白酒 30 毫升,供体重 10~15 千克猪只 1 次灌服,每天 1 次,连用 2~3 次,服后饲养在暖房中。

处方六:蝉蜕 30 克,金银花 100 克。

【作用】熄风止痉,主治猪破伤风。

【用法】按处方配药,加水 250 毫升,煎至 125 毫升左右,去渣,候温徐徐灌服,每天 1 次,连服 5~7 天。

处方七:白芷、僵蚕、薄荷、防风、羌活、南星、蔓荆子各 25 克,桔梗、红花各 10 克,麻黄、甘草各 7.5 克。

【作用】治疗猪破伤风。

【用法】按处方配药,水煎取汁,混在饲料内喂服。先肌肉注射 25% 大蒜液 20 毫升、30% 硫酸镁 40 毫升,待口腔打开后服上药。

处方八:防风 25 克,荆芥 25 克,秦艽 25 克,枳壳 25 克,当归 25 克,砂仁 15 克,川芎 20 克,桔梗 25 克,陈皮 25 克,苏木 20 克。

【作用】治疗猪破伤风。

【用法】按处方配药,煎水内服,供大猪 1 次服完,每天 1 次,连服 2~3 天。

处方九:防风 30~60 克,羌活 30~60 克,天麻 15~45 克,胆南星 15~45 克,炒僵蚕 30~60 克,川芎 24~45 克,蝉蜕 10~45 克(炒黄粉碎为末),红花 30 克,全蝎(去头足)12~24 克,姜白芷 15~45 克,姜半夏 24~45 克。

【作用】治疗猪破伤风。

【用法】按处方配药，以黄酒130毫升为引。供体重20~50千克猪只服用，1~2天1剂，初期连服2~3剂，中期3~4剂。

处方十：防风24克，羌活24克，天麻18克，蝉蜕30克，全蝎12克。

【作用】治疗猪破伤风。

【用法】按处方配药，水煎去渣，候温加黄酒130毫升灌服。

处方十一：全蝎、蔓荆子、僵蚕、白附子、川乌各9克，制天南星、制半夏、蝉蜕各6克，薄荷、乌梢蛇各15克，防风12克，蜈蚣2条。

【作用】治疗猪破伤风。

【用法】按处方配药，水煎冲酒50毫升内服。此为体重30~50千克猪只的剂量。

处方十二：乌梢蛇30克，干葛15克，天麻15克，细辛8克，苏梗10克，当归10克，防风12克，木香7克，生姜7克。

【作用】治疗猪破伤风。

【用法】按处方配药，煎水取汁，候温喂服。供体重30千克左右猪只1次喂服，连用3~5剂。

处方十三：钩藤120克，蝉蜕60克，天麻30克，甘草15克。

【作用】治疗猪破伤风。

【用法】按处方配药，煎水取汁，候温内服。供大猪1次服用，每天1次，连服2~3剂。

(3) 针灸治疗：

方案一：

【主穴】天门（用火针）、锁口、牙关、百会（用火针）。

【配穴】山根、血印、大椎、百会。

方案二：

【穴位】卡耳。

【针法】用小宽针在卡耳穴切一小皮囊,灌入鲜蟾酥(1~2个耳腺液)或卡入红砒1粒,白酒适量。同时肌肉注射青霉素、链霉素各100万单位,将猪关在黑房中,用0.5%明矾水自饮,一般2~3天开始采食,5~7天痊愈。

二十、猪炭疽病

(一) 本病简介

炭疽病(anthrax)是由炭疽杆菌引起的各种家畜、野生动物和人类共患的急性败血性传染病。炭疽杆菌形成芽孢,在外界环境中能生存很长时间,猪只通过消化道感染,放牧猪可经拱土寻食而感染;猪的感受性较低,多为散发或屠宰时发现;夏季发生稍多。猪多为慢性经过,生前无明显症状,多在屠宰后肉品检验时才被发现;有的猪(亚急性型)为咽炎症状,体温升高,精神及食欲不振,咽喉及腮腺部明显肿胀,吞咽和呼吸困难,颈部活动不灵活,口鼻粘膜发绀,最后可窒息死亡;个别猪也可出现急性败血症症状。猪多散发,亚急性或慢性居多。

剖检变化为血液凝固不良,脾脏显著肿大,皮下及浆膜下有出血性胶样浸润。

诊断:取可疑病死猪末梢血液或脾,涂片后,进行炭疽荚膜染色(甲醛、龙胆紫或美蓝染色),可见带荚膜的大杆菌;或分离培养,可见炭疽杆菌的特征菌落。

(二) 综合防治

1. 预防措施

猪炭疽严重污染猪场时,可考虑用无毒炭疽芽孢苗0.5毫升或第2号炭疽芽孢苗1毫升,皮下注射,注射2周后产生免疫力,免疫期1年。一旦发病,立即用抗炭疽血清50~100毫升(大猪)和抗生素(青霉素、四环素等)或磺胺类药治疗,同时

上报疫情，采取封锁、隔离、消毒、毁尸的坚决措施，尽快扑灭疫情。

屠宰场、肉联厂应加强屠宰猪只的检疫，特别是做好放血后的头部检疫。

2．治疗措施

(1) 西药治疗：

处方一：抗血清25毫升，青霉素200万单位。

【作用】治疗猪炭疽病。

【用法】抗血清，每千克体重0.5毫升，1次肌肉注射或静脉注射。青霉素，每千克体重4万单位，1次肌肉注射或静脉注射，每天2次连用3天以上。

处方二：抗血清25毫升，青霉素200万单位，链霉素100万单位。

【作用】治疗猪炭疽病。

【用法】抗血清，每千克体重0.5毫升，1次肌肉注射或静脉注射；青霉素，每千克体重4万单位，1次肌肉注射或静脉注射，每天2次，连用3天以上；链霉素，每千克体重1万～2万单位，肌肉注射，每天2次，连用3天以上。

处方三：抗血清25毫升，复方磺胺嘧啶钠0.2～10克。

【作用】治疗猪炭疽病。

【用法】抗血清，每千克体重0.5毫升，1次肌肉注射或静脉注射。复方磺胺嘧啶钠，每千克体重0.1克，肌肉注射，首次量加倍，每天2次，连用4～5天。

(2) 中草药治疗：

处方：黄连、黄芩、栀子、木通各12.5克，连翘、金银花、车前草、大黄各16克，芒硝31克，甘草9克。

【作用】治疗猪炭疽病。

【用法】按处方配药，水煎取汁，用于体重30千克左右的猪只，候温灌服。

(3) 针灸治疗：

方案：

【主穴】天门、脑俞、血印、大椎、太阳。

【配穴】牙关、耳门、涌泉、滴水。

二十一、猪伪狂犬病

(一) 本病简介

猪伪狂犬病（pseudorabies）是由疱疹病毒科的伪狂犬病病毒引起家畜和野生动物的一种急性传染病。病原是疱疹病毒科的伪狂犬病病毒。常存在于脑脊髓组织中，病猪发热期间，其鼻液、唾液、乳房和阴道分泌物、血液以及实质性器官中都含有病毒。猪、牛、羊等多种动物都可自然感染；病猪、带毒猪是重要传染来源，通过消化道、呼吸道、伤口及配种等途径发生感染；母猪感染后，仔猪通过吸乳而感染；妊娠母猪通过胎盘侵害胎儿。多发生于冬、春季节，哺乳仔猪死亡率很高。

发病症状：随猪龄不同，症状有很大差异，但都无瘙痒症状。新生仔猪及4周龄以内仔猪，常突然发病，体温升至41℃以上，病猪精神委顿、不食、呕吐或腹泻；随后可见兴奋不安，步态不稳，运动失调，全身肌肉痉挛或倒地抽搐；有时呈不自主地前冲、后退或转圈运动；随着病程发展，出现四肢麻痹，倒地侧卧，头向后仰，四肢乱动，最后死亡，病程1~2天，死亡率很高。

4月龄左右的猪，多表现轻微发热、流鼻液、咳嗽、呼吸困难，有的出现腹泻，几天可恢复。也有部分出现神经症状而死亡。

妊娠母猪主要发生流产、产死胎或木乃伊胎。产出的弱胎多在2~3天死亡。流产率可达50%。

成年猪一般呈隐性感染，有时见上呼吸道卡他性炎症症状。

诊断：可进行动物接种试验确诊。取病料（脑、脾等）制成1∶10悬液，加抗生素处理、离心，取上清液1毫升皮下或肌肉注射于家兔，2~3天后，家兔注射部奇痒，不断摩擦或啃咬局部，致使该部脱毛、皮肤出血，经1~2天后麻痹死亡；如将上述病料喂猫，2~4天后猫头部奇痒，喉头麻痹、流涎、不吃、委顿，24~36小时死亡。

(二) 综合防治

1. 预防措施

扑杀病猪，对疫区进行封锁，禁止猪只和饲料的进出。猪是重要的带毒者，防止购入种猪时带入病原。注意对购入种猪的隔离观察，并消灭饲养场的鼠类有重要意义。必要时，给猪注射弱毒疫苗，乳猪注射0.5毫升，断奶时再注射1毫升，3月龄以上架子猪1毫升，成年猪和妊娠母猪（产前1个月）注射2毫升。据知，弱毒苗有某些缺点，注苗要视疫情而定。有的单位制成灭活菌供预防用。

处方：伪狂犬病活疫苗。

【作用】用于预防猪伪狂犬病。

【用法】按瓶签注明的头份，加PBS稀释，肌肉注射，妊娠母猪及成年猪注2头份。3月龄以上仔猪及架子猪注1头份。乳猪第1次注射0.5头份，断奶后再注1头份。

2. 治疗措施

(1) 西药治疗：用2%~3%氢氧化钠消毒猪舍及环境，粪便发酵处理。发病仔猪在未出现神经症状之前，注射猪伪狂犬病高敏血清或病愈猪全血。

(2) 中草药治疗：

处方一：延胡索15克，细辛10克，白芷10克，川芎10克，天冬10克，麦冬10克，花粉10克，黄柏10克，黄芩10克，玄参10克，芍药10克，金银花15克，知母15克，贝母10克，前

胡 10 克,甘草 10 克。

【作用】治疗猪伪狂犬病。

【用法】按处方配药,水煎取汁,候温灌服,供大猪 1 次服用,每天 1 次,连用 3~5 剂。

处方二:生韭菜 200 克。

【作用】治疗猪伪狂犬病。

【用法】按处方配药,搓烂取汁对白酒 200 克,冲白开水,供大猪每天分 2 次服完,连用 3~5 天。

处方三:白芷 15 克,细辛 10 克,石菖蒲 15 克,南星 15 克,竹黄 10 克,僵蚕 15 克,大黄 10 克,杏仁 15 克,桔梗 15 克,广木香 15 克,法夏 15 克,全虫 15 克,防风 15 克,秦艽 15 克。

【作用】治疗伪狂犬病初期病猪。

【用法】按处方配药,水煎取汁,候温灌服,供大猪每天分 2 次服完,连服 3~5 天。

处方四:菊花 15 克,天麻 25 克,法夏 15 克,钩藤 30 克,杭菊 15 克,南星 25 克,竹黄 10 克,僵蚕 15 克,黄连 35 克,广陈皮 10 克,防风 15 克,焦栀子 15 克,枳壳 15 克,木香 15 克,茯苓 15 克,胆草 15 克。

【作用】治疗猪伪狂犬病。

【用法】按处方配药,水煎取汁,候温灌服,供大猪每天分 3 次服完,连用 3~5 天。

二十二、猪李氏杆菌病

(一) 本病简介

李氏杆菌病(listeriosis)是人兽共患传染病。病原是单核细胞增多症李氏杆菌。猪、鱼类及其他多种动物是本菌储存宿主,病猪和带菌动物(鼠类)是主要传染源。一般经消化道、呼吸道、眼结膜和损伤的皮肤而感染本病。猪吃了带菌的鼠类尸体,

也是感染发病的原因之一。猪易感,多呈散发,冬季和早春多发生。

发病症状:主要表现为脑膜脑炎、败血症和单核细胞增多症,多呈散发。败血症和脑膜脑炎混合型多发生于哺乳仔猪,突然发病,体温升到41~42℃,不吮乳,粪干尿少,后期体温下降;多数病猪表现为脑炎症状,兴奋,共济失调,肌肉震颤,无目的地跑动或转圈,或后退,或以头抵地呆立;有的头颈后仰,呈观星姿势;严重的倒卧,抽搐,口吐白沫,四肢乱划动,给以刺激则惊叫,病程3~7天。

单纯脑膜脑炎型,多发生于断奶后的猪或哺乳仔猪。病势稍缓和,体温、食欲等一般无明显异常,脑炎症状与混合型相似,病程较长,多数死亡;血液检查时,白细胞总数升高,单核细胞达8%~12%。剖检脑和脑膜充血或水肿,脑脊髓液增多、混浊,脑干变软,有小化脓灶;镜检脑组织切片血管周围有单核细胞浸润的血管套,肝有小坏死灶以及败血症的变化。

诊断:

①肝、脾、脑组织等涂片、革兰氏染色、镜检,可见革兰氏阳性、呈V字形排列的小杆菌。

②病料乳剂接种血液葡萄糖琼脂,可长出露滴状菌落,溶血。

③病料接种家兔或豚鼠眼内,一天后发生结膜炎,不久发生败血症死亡;妊娠2周的动物接种后可发生流产。

鉴别诊断:注意与猪伪狂犬病、猪传染性脑脊髓炎区别。

(二) 综合防治

1. 预防措施

平时做好饲养管理工作,不从病场购入种猪,驱除场内鼠类;一旦发病,及时隔离治疗,严格消毒;链霉素、青霉素、庆大霉素及磺胺嘧啶钠注射液等,病初用大剂量,坚持疗程,均有

较好疗效。

2．治疗措施

（1）西药治疗：抗菌消炎、补液强心。

处方一：20%葡萄糖注射液20毫升，20%磺胺嘧啶钠注射液5~10毫升，安钠咖注射液2毫升，水合氯醛50毫克。

【作用】治疗猪李氏杆菌病。

【用法】葡萄糖注射液、磺胺嘧啶钠注射液和安钠咖注射液三药混合，1次静脉注射，每天2次，连用3~5天；水合氯醛，每千克体重1毫克，1次灌服。

处方二：青霉素200万单位，链霉素100万单位。

【作用】治疗猪李氏杆菌病。

【用法】青霉素，每千克体重4万单位；链霉素，每千克体重1万~2万单位，混合后肌肉注射，每天2次，连用3天以上。

处方三：氨苄青霉素10~500毫克，庆大霉素5~20毫克。

【作用】治疗猪李氏杆菌病。

【用法】氨苄青霉素，每千克体重2~7毫克；庆大霉素，每千克体重1~2毫克，混合后肌肉注射，每天2次，连用3~5天。

（2）中草药治疗：

处方一：栀子12克，黄芩12克，琥珀1.5克，生地16克，菊花12克，木通9克，大黄12克，芒硝30克，茯苓12克，远志12克。

【作用】治疗猪李氏杆菌病。

【用法】按处方配药，水煎取汁，候温灌服。供体重30千克以上猪只服用，小猪酌减，每天1剂，连用2~3剂。

处方二：丹皮、生地黄、黄芩、栀子各30克，蝉蜕、茯神、远志、赤小豆各15克，天竺黄、钩藤各10克，甘草5克。

【作用】清热凉血，熄风安神，化痰利湿。主治猪李氏杆菌病。

【用法】按处方配药,水煎2次,合并药液,体重50千克以上猪分3次灌服,可按病猪大小、体质和精神状态适当增减。加减法:对头嘴着地、眼睛红肿者加菊花、草决明各15克;粪便燥结者加大黄30克,芒硝15克,木通20克;怀孕者加杜仲20克,艾叶10克。

(3)针灸治疗:

方案一:

【主穴】天门、血印、涌泉、滴水。

【配穴】百会、六眼、大椎、牙关。

方案二:

【穴位】天门、太阳、脑俞、大椎。

【针法】白针。

二十三、猪日本乙型脑炎

(一)本病简介

日本乙型脑炎(japanese B encephalitis)又名流行性乙型脑炎,是由日本乙型脑炎病毒引起的一种急性人兽共患传染病。病原是披膜病毒科甲病毒属乙型脑炎病毒,主要存在中枢神经系统、脑脊髓液和血液中以及病死猪的脑组织中。乙型脑炎是自然疫源性疫病,许多动物感染后可成为本病的传染源,猪的感染最为普遍。本病主要通过蚊的叮咬进行传播,病毒能在蚊体内繁殖,并可越冬,经卵传递,成为次年感染动物的来源。由于经蚊虫传播,因而流行与蚊虫的孳生及活动有密切联系,有明显的季节性,80%病例发生在7~9月;猪的发病年龄与性成熟有关,大多在6月龄左右发病,其特点是感染率高,发病率低(20%~30%),死亡率低;新疫区发病率高,病情严重,以后逐年减轻,最后多呈无症状的带毒猪。

发病症状:猪只感染乙脑时,临诊上几乎没有脑炎症状的病

例；猪常突然发生，体温升至 40～41℃，稽留热，病猪精神委顿，食欲减少或废绝，粪干呈球状，表面附着灰白色粘液；有的猪后肢呈轻度麻痹，步态不稳，关节肿大，跛行；有的病猪视力障碍，最后麻痹死亡。主要特征为高热、流产、死胎和公猪睾丸炎。

妊娠母猪突然发生流产，产出死胎、木乃伊和弱胎，母猪无明显异常表现，同胎也见正产胎儿。

公猪除有一般症状外，常发生一侧性睾丸肿大，也有两侧性肿大的，患猪睾丸阴囊皱襞消失、发亮，有热痛感，经 3～5 天后肿胀消退，有的睾丸变小变硬，失去配种繁殖能力。如仅一侧发炎，仍有配种能力。

诊断：由于本病隐性感染机会多，血清学反应大多都会出现阳性，需采取双份血清，检查抗体上升情况，结合临诊症状，才有诊断价值。

鉴别诊断：需与布氏杆菌病、伪狂犬病等鉴别。

(二) 综合防治

1．预防措施

无可靠的治疗方法，一旦确诊最好淘汰。做好死胎儿、胎盘及分泌物等的处理；驱灭蚊虫，注意消灭越冬蚊；在流行地区猪场，在蚊虫开始活动前 1～2 个月，对 4 月龄以上至 2 岁的公母猪，应用乙型脑炎弱毒疫苗进行预防注射，第 2 年加强免疫 1 次，免疫期可达 3 年，有较好的预防效果。

2．治疗措施

选用的治疗方法只作为防止继发感染，提高自愈率。

（1）西药治疗：

处方一：康复猪血清 40 毫升，25% 葡萄糖注射液 40～60 毫升，10% 磺胺嘧啶钠注射液 20～30 毫升，10% 水合氯醛 50 毫升。

【作用】治疗猪日本乙型脑炎。

【用法】康复猪血清，1次肌肉注射；葡萄糖注射液和磺胺嘧啶钠混合，1次静脉注射；水合氯醛，1次静脉注射。

处方二：5%葡萄糖注射液200~500毫升，20%磺胺嘧啶钠注射液10~20毫升，10%维生素C 5毫升。

【作用】治疗猪日本乙型脑炎。

【用法】按处方配药，混合后静脉注射，每天1次，连用3~5天。

处方三：青霉素80万~200万单位，链霉素100万单位，地塞米松磷酸钠注射液5~10毫升，板蓝根注射液20毫升。

【作用】治疗猪日本乙型脑炎。

【用法】青霉素，每千克体重4万单位；链霉素，每千克体重1万~2万单位，各药混合后静脉注射，每天1次，连用2~3天。

(2) 中草药治疗：

处方一：生石膏120克，板蓝根120克，大青叶60克，生地30克，连翘30克，紫草30克，黄芩20克。

【作用】治疗猪日本乙型脑炎。

【用法】按处方配药，水煎取汁，1次灌服，每天1剂，连用3剂以上。

处方二：生石膏80克，大黄10克，元明粉20克，板蓝根20克，生地20克，连翘20克。

【作用】治疗猪日本乙型脑炎。

【用法】按处方配药，共粉碎为末，开水冲服，每天2次，连用1~2天。

处方三：白附子、天南星、僵蚕各12克，全蝎9克，天麻15克，蜈蚣6条。

【作用】治疗猪日本乙型脑炎。

【用法】按处方配药，共粉碎为末，热酒调后灌服，每天1

剂，分3次服完，连用2~4剂。同时肌肉注射盐酸山莨菪碱（654-2）40毫克，每天2次；肌肉注射天麻注射液8毫升，每天2次，均连用2~3天。

处方四：大青叶30克，生石膏120克，芒硝6克，黄芩12克，栀子、丹皮、紫草各10克，鲜生地60克，黄连15克。

【作用】治疗猪流行性乙型脑炎。

【用法】按处方配药，除芒硝外其他药水煎去渣，冲入芒硝，候温灌服，供大猪1次服完，每天1次，连用3~5天。

处方五：生石膏、板蓝根各120克，大青叶60克，生地、连翘、紫草各30克，黄芩18克。

【作用】治疗猪流行性乙型脑炎。

【用法】按处方配药，水煎1次灌服，小猪可分为2次灌服，连用2~3剂。

(3) 针灸治疗：

方案一：

【主穴】天门、脑俞、血印、大椎、太阳。

【配穴】鼻梁、山根、涌泉、滴水。

方案二：

【穴位】天门、脑俞、大椎、太阳等，配以耳门、涌泉、滴水等穴。

【针法】白针或血针。

二十四、猪钩端螺旋体病

(一) 本病简介

钩端螺旋体病（leptospirosis）是人畜共患传染病。病原体是多种致病性钩端螺旋体。病猪和带菌动物，尤其是带菌鼠和感染猪是本病的传染源。可经过损伤的皮肤、粘膜及消化道而感染。此外，交配和胎盘感染也有可能感染本病。临床特征是短期发

热、贫血、黄疸、血红蛋白尿、粘膜及皮肤坏死和流产。

(二) 综合防治

1．预防措施

首先是消灭猪圈及周围的鼠类，以防止疾病的传播。加强饲养管理，定期消毒，在本病常发地区，应进行疫苗免疫注射。可用单价或多价灭活菌苗3毫升肌肉注射，间隔1周再注射5毫升。每隔半年再免疫1次。

2．治疗措施

（1）西药治疗：治则为杀灭病原、保肝利胆。除用抗菌素治疗外，还要结合对症治疗法，用葡萄糖、维生素C进行静脉注射，并用强心利尿剂治疗，可提高治愈率。

处方一：青霉素200万单位，链霉素1.25克，安乃近注射液5～10毫升，10%葡萄糖注射液100毫升，维生素C注射液4毫升，肌苷注射液4毫升，安钠咖注射液2毫升。

【作用】治疗猪钩端螺旋体病。

【用法】每千克体重青霉素4万单位、链霉素10～25毫克，混合后1次肌肉注射，每天2次，连用3天。10%葡萄糖注射液、维生素C、肌苷注射液和安钠咖注射液混合后1次静脉注射，每天1次，连用1～2天。

处方二：青霉素。

【作用】治疗猪钩端螺旋体病。

【用法】青霉素一次量，每千克体重4万单位，肌肉注射，每天2～3次，连用3天。

处方三：庆大霉素。

【作用】治疗猪钩端螺旋体病。

【用法】庆大霉素一次量，每千克体重5～7.5毫克，肌肉注射，每天2次，连用3天。

处方四：强力霉素。

【作用】治疗猪钩端螺旋体病。

【用法】每千克体重1~3毫克,肌肉注射,每天1次,连用3~5天。混饲,每1 000千克饲料150~250克。混饮,每升水100~150毫克。

处方五:链霉素。

【作用】治疗猪钩端螺旋体病。

【用法】链霉素每千克体重25毫克,肌肉注射,每天2~3次,连用3天。

处方六:土霉素或金霉素。

【作用】治疗猪钩端螺旋体病。

【用法】土霉素或金霉素一次量,每千克体重10~25毫克,内服,每天2次。混饮,每升水100~200毫克。混饲,每1 000千克饲料300~500克(治疗用)。静脉或肌肉注射,一次量每千克体重5~10毫克,每天1~2次。

(2)中草药治疗:

处方一:金银花、连翘、黄芩、薏苡仁、厚朴各5~10克,肉豆蔻4~8克。

【作用】治疗猪钩端螺旋体病。

【用法】按处方配药,煎水灌服,每天1剂。若黄疸严重,加茵陈10~20克,栀子、黄柏各4~8克。

处方二:金银花12克,连翘12克,黄芩12克,生薏苡仁12克,赤芍16克,玄参9克,蒲公英16克,茵陈19克,黄柏9克。

【作用】治疗猪钩端螺旋体病。

【用法】按处方配药,粉碎为末1次喂服,每天1剂,连用2~3剂。

处方三:茵陈19克,黄连6克,大黄6克,黄芩6克,黄柏9克,栀子9克。

【作用】治疗猪钩端螺旋体病。

【用法】按处方配药，粉碎为末1次喂服，每天1剂，连用3剂以上。

处方四：鲜茵陈36克，生大黄25克（酒炒），生栀子28克。

【作用】治疗猪钩端螺旋体病。

【用法】按处方配药，水煎取汁，候温喂服，每天3次，连服2~3天。

二十五、猪链球菌病

(一) 本病简介

猪链球菌病（swine streptococcosis）是由几种主要链球菌引起的败血性和局灶性淋巴结化脓的疾病。病猪和带菌猪是传染源，本病在我国时有发生。通过呼吸道和皮肤损伤感染，小猪由脐带感染；大小猪都可感染，哺乳仔猪发病和病死率都高，架子猪次之，成年猪更少；一年四季均可发生，以5~11月发生较多。

发病症状：

(1) 急性败血型：突然发病，体温升到40~42℃，全身症状明显，结膜潮红、流泪、流鼻液、便秘。部分病猪见关节炎，跛行或不能站立。有的病猪出现共济失调、磨牙、空嚼或昏睡等神经症状。后期呼吸困难，1~4天死亡。

(2) 脑膜脑炎型：多见于哺乳猪和断奶仔猪。除全身症状外，很快表现出神经症状，四肢共济失调、转圈、磨牙、仰卧、后肢麻痹、爬行；部分病猪出现关节炎，病程1~5天。

(3) 关节炎型：由前两型转来，或发病即表现为关节炎症状，一肢或几肢关节肿胀、疼痛、跛行，重者不能站立；精神和食欲时好时坏，衰弱死亡，或逐渐恢复，病程2~3周。

(4) 淋巴结脓肿型：淋巴结化脓主要发生于架子猪，传播缓慢，发病率低，但可在猪群中陆续发生。多见于颌下淋巴结，有

时见于咽部和颈部淋巴结。淋巴结肿胀，有热、痛，影响采食、咀嚼、吞咽和呼吸，有的咳嗽、流鼻液。淋巴结脓肿成熟，中央变软，皮肤变薄，然后自行破溃流出脓汁，以后全身症状好转，局部自愈，病程2～3周。

细菌学诊断：

①病料涂片、染色、镜检，可见革兰氏阳性、单个、成对和链状排列的球菌。

②病料接种于血液琼脂平皿，24～48小时可见溶血的细小菌落，进行生化试验和生长特性鉴定。

（二）综合防治

1．预防措施

消除外伤引起感染的因素；做好猪舍、环境、用具的消毒卫生工作。必要时，可用猪链球菌氢氧化铝菌苗（C群猪链球菌制成）免疫接种，大小猪一律皮下注射1毫升，或口服4毫升；免疫期半年。

处方：猪链球菌活疫苗。

【作用】用于预防猪败血性链球菌病。

【用法】按瓶签注明的头份，加入20%氢氧化铝胶生理盐水或生理盐水稀释溶解，每头猪皮下注射1毫升，或口服4毫升。

2．治疗措施

对急性、关节炎型病猪，及时用大剂量青霉素、土霉素、四环素和磺胺类药物治疗，有一定效果；淋巴结化脓病例，待脓肿成熟后，切开脓肿，排除脓汁，局部按外科方法处理。

（1）西药治疗：

处方一：青霉素200万单位，链霉素1.25克，地塞米松注射液4毫克。

【作用】治疗急性败血型猪链球菌病。

【用法】每千克体重，青霉素4万单位、链霉素25毫克，与

地塞米松混合后1次肌肉注射，每天2次，连用3天。

处方二：青霉素200万单位，0.2%高锰酸钾液适量，5%碘酊适量。

【作用】治疗淋巴结脓肿型猪链球菌病。

【用法】局部脓肿切开，以高锰酸钾溶液冲洗干净，涂擦碘酊，青霉素每千克体重4万单位，1次肌肉注射，每天2次，连用3天。

处方三：磺胺嘧啶钠注射液20～40毫升。

【作用】治疗脑膜脑炎型猪链球菌病。

【用法】1次肌肉注射，每天2次，连用3～5天。

处方四：林肯霉素。

【作用】治疗脑膜脑炎型猪链球菌病。

【用法】每千克体重50毫克，肌肉注射，每天1次，连用3～5天。

处方五：红霉素。

【作用】治疗脑膜脑炎型猪链球菌病。

【用法】每千克体重6毫克，缓慢静注或分点肌肉注射，每天2次，连用3～5天。

(2) 中草药治疗：

处方一：蒲公英30克，紫花地丁30克。

【作用】治疗猪链球菌病。

【用法】按处方配药，水煎拌料喂服，每天2次，连服3天。

处方二：野菊花60克，忍冬藤60克，紫花地丁30克，白毛夏枯草60克，七叶一枝花15克。

【作用】治疗猪链球菌病。

【用法】按处方配药，水煎取汁，拌料喂服。

处方三：钩藤。

【作用】预防、治疗败血型猪链球菌病。

【用法】以去皮干钩藤计算，大猪20～30克，中猪10～20

克,小猪5~10克,加水煎1~2小时,候温灌服,每天2次,连服3天。此药对人畜均有毒性,宜慎用。

处方四:金银花、麦冬各15克,连翘、蒲公英、紫花地丁、大黄、山豆根、射干、甘草各10克。

【作用】治疗猪链球菌病。

【用法】按处方配药,煎汤取汁,候温灌服。供体重30千克的猪只服用,每天1~2次,连服3~5剂。

(3)针灸治疗:

方案:

【主穴】山根、百会、涌泉、滴水、三里。

【配穴】蹄叉、前后肘子。

二十六、猪 狂 犬 病

(一)本病简介

猪狂犬病(rabies)俗称疯狗病,又称恐水症,是由狂犬病病毒引起的一种人畜共患的急性传染病。病原体为弹状病毒科的狂犬病病毒。最主要的传染源是患狂犬病的犬,其次是外观正常的犬和猫,病毒主要存在于患病动物的唾液中。传播途径主要是通过咬伤或经过粘膜接触病毒而感染。几乎所有温血动物都能感染发病。

发病症状:猪狂犬病的临床特征是先兴奋,有咬人咬物的行为,而后麻痹死亡。

剖检尸体无特异的变化。根据临床症状如兴奋、攻击人畜和麻痹死亡可作出诊断。确诊以检查内基氏小体的有无方可确认。

(二)综合防治

首先要搞好犬的狂犬病防治工作,每年定期给家犬、军犬等注射狂犬病疫苗,扑杀野犬和及时扑杀疯狗,以防咬伤人畜。

凡被狂犬病或怀疑狂犬病的病犬咬伤、抓伤的猪，如不及时屠宰，则应隔离饲养观察，以防传染。对确诊的病例均应扑杀。不提倡进行药物治疗，更不能盲目滥用抗生素进行治疗。如果人被咬伤，要及时找医生就诊，并向有关部门报告疫情。

处方一：狂犬病高免血清 10~25 毫升。

【作用】预防乳猪和仔猪的狂犬病。

【用法】按处方配药，1 次皮下或肌肉注射，疫情严重时隔 4~6 天重复注射。

处方二：狂犬病弱毒冻干疫苗。

【作用】预防猪狂犬病。

【用法】乳猪第 1 次注苗 1 毫升，断乳后再次注苗 2 毫升；3 月龄以上仔猪和架子猪 1 毫升；成年猪和妊娠母猪（产前 1 个月）2 毫升。

二十七、猪传染性胸膜肺炎

（一）本病简介

猪传染性胸膜肺炎（porcine contagious leuropneumonia）是以胸膜肺炎症状和病变为特征的猪的一种呼吸道传染病。病原体为胸膜肺炎放线杆菌。病猪和带菌猪是主要的传染源，尤其是慢性带菌猪为重要传染源。病菌主要存在于病猪的呼吸道中，通过空气飞沫或直接接触经呼吸道感染，大群集约化猪场最易接触感染。如果栏舍通风不良，饲养过密，温度和湿度控制不当，猪群受到应激，均可促使本病的发生。各种年龄的猪均易感，但以 3 月龄猪最易感；急性型发病率很高，80%~100%，病死率 40%~100%；饲养管理、卫生条件和恶劣气候明显影响发病和死亡的高低；以冬季和春季发病率较高。临诊上，急性病例死亡率较高，慢性病例常可耐过。本病是我国近几年才确诊的一种新病，在某些地区发生，造成一定的损失。

发病症状:

(1) 最急性型:猪只突然发病,体温升至41.5℃以上,精神沉郁,食欲废绝,腹泻;后期呼吸高度困难,常呈犬坐姿势,张口伸舌,从口、鼻流出血色带泡沫的分泌物,心跳加快,口、鼻、耳和四肢皮肤呈暗紫色,在48小时内死亡,个别猪见不到明显症状即死亡;病死率达80%~100%。

(2) 急性型:较多的猪发病,体温40.5~41℃,不食,咳嗽,呼吸困难,心跳加快,受饲养管理条件和气候影响,病程长短不一,可转为亚急性或慢性。

(3) 亚急性或慢性型:体温不高,全身症状不明显,只见间歇性咳嗽,生长迟缓,有的呈隐性感染猪群。

(二) 综合防治

1. 预防措施

防止由外购入慢性、隐性病猪和带菌猪,一旦传入健康猪群,特别是种猪群,则难以从猪群中清除。感染猪群,可用血清学方法检查,清除隐性和带菌猪,重建健康猪群,并进行药物防治,淘汰病猪。国内已试制成功的有灭活菌苗,用于断奶仔猪注射。

2. 治疗措施

早期及时治疗,青霉素、氨苄青霉素、增效磺胺药物、卡那霉素、四环素、新霉素、泰妙菌素等用于注射,若结合饲料和饮水中添加,效果更好。用法用量可按其他章节的相关介绍。注意耐药菌株的出现,要及时更换药物或联合用药;慢性型治疗效果不佳。

处方:氟甲砜霉素。

【作用】治疗猪传染性胸膜肺炎。

【用法】每千克体重20毫克,肌肉注射,每天1次,连用3~5天。

二十八、猪流行性感冒

（一）本病简介

猪流行性感冒（swine influenza）是由猪流行性感冒病毒引起猪的一种急性高度接触性呼吸器官传染病。病原体属于粘病毒属，与人的甲型流感病毒几乎完全一样。传染源是病猪和带毒猪。主要的传播途径是呼吸道，各种不同年龄、性别和品种的猪均易感。该病一旦发生，传播迅速，往往 2～3 天内整个猪群发病，但病死率很低。

发病症状：主要表现为猪群同时突然发病，体温升高达 40.5～41.5℃，精神沉郁，饮食减少或停止，呼吸急促，呈腹式呼吸，阵发性咳嗽，肌肉或关节疼痛以及不同程度的呼吸道炎症，无并发症时多取良性经过。

（二）综合防治

1. 预防措施

加强饲养管理，在阴雨潮湿和气候骤变的季节，要保持猪舍清洁、干燥、防寒保暖，发现病猪应立即隔离治疗，栏舍彻底消毒，以防病情蔓延。

2. 治疗措施

（1）西药治疗：本病无特效药，一般采用对症疗法及用抗生素防止继发感染。

处方一：硫酸卡那霉素注射液 60 万～120 万单位，1% 氨基比林注射液 5～10 毫升，板蓝根注射液 3～6 毫升。

【作用】治疗猪流行性感冒。

【用法】硫酸卡那霉素和 1% 氨基比林混合后 1 次肌肉注射，每天 2 次，连用 2～3 天；板蓝根注射液 1 次肌肉注射，每天 2 次，连用 3 天以上。

处方二：青霉素100万～200万单位，1%氨基比林注射液5～10毫升。

【作用】治疗猪流行性感冒。

【用法】按处方配药，每千克体重青霉素4万单位，和氨基比林混合后1次肌肉注射，每天2次，连用3天。

处方三：青霉素100万～200万单位，30%安乃近3～5毫升。

【作用】治疗猪流行性感冒。

【用法】按处方配药，每千克体重青霉素4万单位，和安乃近混合后1次肌肉注射，每天2次，连用3天。

处方四：青霉素100万～200万单位，柴胡注射液5～10毫升。

【作用】治疗猪流行性感冒。

【用法】按处方配药，每千克体重青霉素4万单位，与柴胡注射液混合后1次肌肉注射，每天2次，连用3天。

(2) 中草药治疗：

处方一：柴胡20克，土茯苓15克，陈皮20克，薄荷20克，菊花15克，紫苏15克，防风20克。

【作用】治疗猪流行性感冒。

【用法】按处方配药，水煎取汁，1次喂服，每天1剂，连用2～3剂。

处方二：石膏30克，杏仁15克，板蓝根10克，桔梗10克，麻黄10克，薄荷15克，甘草15克。

【作用】治疗猪流行性感冒。

【用法】按处方配药，水煎取汁，1次喂服，每天1剂，连用2～3剂。

处方三：野菊花30克，金银花24克，一枝黄花24克。

【作用】治疗猪流行性感冒。

【用法】按处方配药，水煎取汁500毫升，1次喂服。

处方四：贯众 60 克。

【作用】治疗猪流行性感冒。

【用法】按处方配药，水煎取汁，分 2 次喂服，每天 1 剂，连用 2～3 剂。

处方五：柴胡 30 克，土茯苓 20 克，陈皮 30 克，薄荷 30 克，菊花 25 克，紫苏 20 克。

【作用】治疗猪流行性感冒。

【用法】按处方配药，生姜为引，煎水取汁，候温灌服。每天 1～2 剂，连服 3～5 天。

处方六：柴胡 30 克，紫苏 15 克，葛根 30 克，知母 15 克，麦冬 15 克，芦根 30 克。

【作用】治疗猪流行性感冒。

【用法】按处方配药，水煎取汁，1 次喂服，每天 1 剂，连用 2～3 剂。

处方七：金银花、连翘、黄芩、柴胡、牛蒡子、陈皮、甘草各 15～20 克。

【作用】治疗猪流行性感冒。

【用法】按处方配药，水煎取汁，1 次喂服，每天 1 剂，连用 2～3 剂。

处方八：葱白 62 克，生姜 31 克，食盐 16 克。

【作用】治疗猪流行性感冒。

【用法】按处方配药，水煎取汁，1 次喂服，每天 1 剂，连用 2～3 剂。

处方九：大青叶、板蓝根各 15 克，金银花、荆芥、防风、桂枝各 10 克。

【作用】治疗猪流行性感冒。

【用法】按处方配药，肌肉疼痛者加牛膝、木瓜各 15 克；咳嗽者加马兜铃、麻黄各 10 克，杏仁 15 克；高热者加黄芩、黄柏、黄连各 10 克；食欲减退者加神曲、麦芽各 15 克，槟榔末 5

克；拉稀粪且发热者加白头翁、黄柏各15克，秦皮10克。煎汤供体重50千克的猪只服用，每天1剂，1~2剂见效，可再加1~2剂巩固疗效。

处方十：青蒿25克，银柴胡25克，桔梗25克，黄芩25克，连翘25克，金银花25克，板蓝根25克。

【作用】治疗猪流行性感冒。

【用法】按处方配药，高热不退伴阵咳，且粪干硬者加生石膏、知母、紫草；全身骨节疼痛者加桑叶、葛根、荆芥解肌退热；体虚者加党参、黄芩、何首乌、甘草，煎汤灌服。

处方十一：风油精1~6克。

【作用】治疗猪流行性感冒。

【用法】按处方配药，耳后1次肌肉注射，如注射时推进有困难，可用2毫升安痛定稀释后再注射，每天2次，直至痊愈。

处方十二：食醋。

【作用】治疗猪流行性感冒。

【用法】将猪舍的门窗关闭或堵塞封严，运动场上搭遮阳棚，用油布盖好，以减少空气流通，造成适度封闭的环境，每米^{3}用食醋10~15毫升，放在容器内加水稀释1倍，文火加热，使食醋蒸发致干。每天1次，连用3天。

处方十三：苏叶10克，前胡10克，半夏10克，桔梗15克，陈皮15克，杏仁15克，薄荷15克，枳壳15克，麻黄10克，桑白皮10克，生姜3片。

【作用】治疗猪风寒感冒。

【用法】按处方配药，共粉碎成粉末，混入饲料里喂服，体重5千克重的小猪，每次10克，每天2次，大猪酌情增加，连服2~3天。

处方十四：天冬10克，麦冬15克，款冬花15克，栀子15克，牛蒡子15克，桔梗10克，前胡10克，桑白皮10克，石膏50克，瓜蒌仁15克。

【作用】治疗猪风热感冒。

【用法】按处方配药,加水 1.5 千克,煎至 0.5 千克,每 5 千克体重每次 100~150 克,每天 50~100 克。

处方十五:柴胡 15 克,前胡 20 克,防风 10 克,龙胆草 25 克,没药 7.5 克,茯苓 15 克,荆芥子 5 克,白及 10 克,甘草 5 克。

【作用】治疗猪流行性感冒。

【用法】按处方配药,煎汤服。

处方十六:柴胡 30 克,防风 30 克,藁本 20 克,茯苓皮 20 克,枳壳 20 克,陈皮 30 克,薄荷 30 克,菊花 25 克。

【作用】治疗猪流行性感冒。

【用法】按处方配药,紫苏、生姜为引,煎汤服。

(3) 针灸治疗:

方案一:

【主穴】太阳、鼻梁、尾尖、百会、耳尖。

【配穴】脑俞、山根、玉堂、理中。

方案二:

【主穴】山根、耳尖、百会、尾尖、滴水、涌泉。

【配穴】天门、苏气、六脉、后三里。

二十九、猪流行性流产与呼吸道综合征

(一) 本病简介

猪流行性流产与呼吸道综合征(porcine epidemic abortion and respiratory syndrome, PEARS)也称猪繁殖与呼吸综合征,是 1987 年首次发现的一种急性、高度传染性的病毒性传染病,使受感染的猪群发生以繁殖障碍和呼吸系统症状为特征的疫病,以前曾称为神秘病、蓝耳病等。病原体为猪生殖与呼吸综合征病毒,是一种较小的有囊膜的 RNA 病毒,属于动脉炎病毒属成员。猪是惟

一的易感动物,各种年龄和品种的猪均可感染,但以妊娠母猪和1月龄以内的仔猪最易感。呼吸道是本病的主要传播途径,经空气通过呼吸道感染,有人认为还可通过胎盘感染;猪只买卖交易、饲养密度过大、饲养管理及卫生条件不良、气候变化都可促进发病和流行。接触性传染,传染性极强,传播迅速,危害性甚大。

发病症状:病猪体温升高,食欲减退,精神不振,少数病猪耳部发绀,呈蓝紫色;妊娠母猪还可见早产、产死胎和产弱仔;仔猪出生后发生呼吸困难,体温升高,全身症状明显,致死率可达80%~100%;成年公猪和青年猪发病后也可出现全身症状,但较轻。本病是危害养猪业最严重的病毒性疫病之一,我国1995年正式确认有本病发生,已给养猪生产造成相当大的经济损失。

鉴别诊断:注意与猪细小病毒病、伪狂犬病、日本乙型脑炎等相鉴别。

(二) 综合防治

做好进境猪只的口岸检疫工作,防止从国外引进种猪时带入此病。国内交换和购买种猪时,必须从无此病的种猪场引进,引种前要进行血清学检查,阴性者方可引入;封锁发病猪场,禁止向外出售种猪,及时清洗和消毒猪舍及环境,特别要处理好流产胎儿及胎衣等。对病猪进行对症治疗,改善饲养管理,加强护理,减少死亡。中牧成都、南京厂已生产冻干弱毒苗,临床可选择应用。

三十、猪传染性脑脊髓炎

(一) 本病简介

猪传染性脑脊髓炎(swine infectious encephalomyelitis)是由肠道病毒属的猪传染性脑脊髓炎病毒引起的一种传染病。病原属细小核糖核酸病毒科肠道病毒属的猪肠道病毒Ⅰ型。病猪、带毒猪、

免疫猪等均为本病的传染源。病毒随粪便排出,污染饲料、饮水、用具等,经消化道而感染;呼吸道也是重要传播途径之一,家鼠也可能传播本病。在新疫区,发病率和病死率较高。主要侵害仔猪,其临床特征是呈脑脊髓炎型和脊髓麻痹型一系列神经症状。

发病症状:

(1) 脑脊髓炎型:呈现脑炎症状,如眼球震颤,角弓反张,肌肉抽搐,阵发性强直痉挛,喉头和舌麻痹以及感觉过敏和异常,或倒地四肢滑动,发出尖叫声。多经 2~4 天死亡,康复猪常见有肌肉萎缩等后遗症。

(2) 脊髓麻痹型:多由弱毒株引起,病初也呈一过性体温升高,运动失调和瘫痪,多为后肢明显,严重病例四肢麻痹。本型多无脑炎症状,预后良好,多数数日后康复,多无后遗症。

剖检肉眼病变不明显,显微病变局限于中枢神经系统,呈现一种典型的非化脓性脑脊髓灰质炎变化。

(二) 综合防治

1. 预防措施

预防的关键在于加强口岸检疫,禁止从有本病的国家引进种猪,以防引进带毒猪。发现疫情应严格隔离消毒,立即封锁,就地扑灭。可用弱毒疫苗和灭活苗免疫接种,6 周龄以上小猪免疫期为 6~8 个月,保护率 80% 以上。

2. 治疗措施

本病目前尚无特效疗法,可试用下述方剂。

(1) 西药治疗:在加强护理和营养疗法的基础上进行对症综合治疗,也可试用康复血清疗法。

处方一:溴化钾 3 克,溴化钠 3 克,碘化钾 3 克,水 50 毫升,40% 乌洛托品注射液 10~20 毫升,25% 葡萄糖注射液 60~150 毫升,10% 磺胺嘧啶钠注射液 10~20 毫升,安痛定注射液 5~25 毫升。

【作用】治疗猪传染性脑脊髓炎。

【用法】溴化钾、溴化钠和碘化钾加水溶化，1次灌服，每天2次，连用2天；乌洛托品和葡萄糖注射液混合，1次静脉注射，每天1~2次，连用2天；磺胺嘧啶钠和安痛定注射液混合，1次肌肉注射，每天2~3次。

处方二：10%磺胺嘧啶钠注射液10~20毫升，盐酸氯丙嗪1~2毫升，40%乌洛托品10~20毫升。

【作用】治疗猪传染性脑脊髓炎。

【用法】磺胺嘧啶钠和氯丙嗪及乌洛托品注射液混合，1次肌肉注射，每天2~3次。

处方三：青霉素100万~200万单位，25%硫酸镁20毫升，5%葡萄糖液250~400毫升。

【作用】治疗猪传染性脑脊髓炎。

【用法】每千克体重青霉素4万单位，和硫酸镁及葡萄糖液混合后1次肌肉注射，每天2次，连用3天。

(2) 中草药治疗：

处方一：菊花15克，远志12克，天竺黄12克，朱砂1.5克，生地12克，防风12克，黄连9克。

【作用】治疗猪传染性脑脊髓炎。

【用法】按处方配药，水煎取汁，1次灌服，每天1剂，连用2~3剂。

处方二：蜈蚣3.1~8.3克，全蝎6.3~9.4克，僵蚕6.3~9.4克，朱砂1~3.1克，蝉蜕6.3~9.4克，冰片1.5~3.1克，天麻6.3~9.4克，南星3.1~6.3克，附子1.5~4.7克，川乌1.5~4.7克，桂枝1.5~4.7克，细辛1.5~4.7克，麝香0.15克。

【作用】治疗猪传染性脑脊髓炎。

【用法】按处方配药，水煎，1天分3次灌服。

(3) 针灸治疗：

方案：

【穴位】天门、脑俞。
【针法】火针、火烙或针刺。

三十一、猪血凝性脑脊髓炎

（一）本病简介

猪血凝性脑脊髓炎（hemagglutinatinating encephalomyelitis in pig）是猪的一种急性传染病。病原体为冠状病毒科的猪血凝性脑脊髓炎病毒，通常存在于猪的上呼吸道及脑组织中，故多数经呼吸道传染。病猪和带毒猪是重要的传染源。多数是在引进新的种猪后发病，侵害一窝或几窝哺乳仔猪，以后由于猪群产生了免疫而停止发病。

发病症状：病猪以呕吐、衰弱及中枢神经系统障碍为特征，病死率很高。剖检病变不典型。

（二）综合防治

目前尚无特效药物和可靠的疫苗。主要依靠综合性预防措施，如加强检疫，防止引入病猪。一旦发现疑似病例，要及早诊断，进行严格的隔离消毒，以防疫情蔓延扩大。

三十二、猪轮状病毒病

（一）本病简介

猪轮状病毒病（rotavirus disease）是猪的一种急性肠道传染病。病原体为轮状病毒，主要存在于病猪及带毒猪的消化道，随粪便排出外界，污染饲料、饮水、垫草及周围环境，经消化道感染而发病。

发病症状：仔猪感染后的主要症状为厌食、呕吐、下痢。中猪和大猪则为隐性感染，一般没有临症表现。本病多发生在寒冷

季节，8周以内的仔猪多发，日龄越小的猪发病率越高，发病率一般为50%~70%，病死率10%以内。

剖检可见的主要病变在胃肠道。胃弛缓，胃内充满凝乳块和乳汁。肠管变薄，呈半透明，胀满，内容物呈液状，小肠绒毛萎缩。

（二）综合防治

1．预防措施

采用疫苗免疫有一定的预防效果，目前一般采用妊娠母猪产前注射灭活苗或弱毒苗的方法，使初乳中特异性抗体水平明显升高，哺乳仔猪可获得被动免疫的保护。

2．治疗措施

发现病猪立即停止哺乳，给以葡萄糖盐水或复方葡萄糖溶液，让病猪自由饮服。

处方：硫酸庆大霉素16万~32万单位，地塞米松注射液2~4毫克，葡萄糖43.2克，氯化钠9.2克，甘氨酸6.6克，柠檬酸0.52克，枸橼酸钾0.13克，无水磷酸钾4.35克。

【作用】防治猪轮状病毒病。

【用法】硫酸庆大霉素和地塞米松注射液混合，1次肌肉注射或后海穴注射，每天1次，连用2~3天。葡萄糖和氯化钠等溶于2升水后，让病猪自由服用。

三十三、猪衣原体病

（一）本病简介

衣原体病（chlamydiosis）俗称鹦鹉热，是哺乳动物和禽类的一种接触性传染病。病原体为鹦鹉热衣原体。患病及带菌动物是主要传染源。可通过呼吸道和消化道传染，交叉感染及垂直传播也有可能。各种年龄的猪都可感染发病，但以仔猪和怀孕母猪更

易感。当猪场卫生条件差、饲养密度过大、潮湿、营养不全等不良因素导致抵抗力下降时,潜伏感染的猪场更易爆发。

发病症状:呈地方性流产、肺炎、肠炎、脑脊髓炎、多发关节炎等。

(二)综合防治

1. 预防措施

为预防本病的传入,引进种猪应按规定严格检疫。尽量避免猪群接触其他动物,尤其是已发生流产、肺炎、多发性关节炎以及衣原体阳性的动物群。驱除猪场内的鼠类及野鸟。对流产胎儿、胎衣、排泄物、污染的垫草应深埋或焚毁,污染场地要彻底消毒。对同群猪可用药物进行预防。或用衣原体疫苗进行预防注射。接触病猪的人员应注意自身防护,以防感染鹦鹉热。

2. 治疗措施

处方一:四环素。

【作用】治疗猪衣原体病。

【用法】按每1 000千克饲料拌入400克,连用3周。或用四环素粉针,每千克体重10毫克,静脉注射,每天1次,连用5天。

处方二:长效土霉素注射液。

【作用】治疗怀孕母猪衣原体病。

【用法】每千克体重20毫克,每2周用药1次,可减少流产和死胎的发生。

处方三:强力霉素。

【作用】治疗猪衣原体病。

【用法】肌肉注射,每千克体重1~3毫克,每天1次,连用3~5天。混饲,每1 000千克饲料150~250克。混饮,每升水100~150毫克。

三十四、猪坏死杆菌病

(一) 本病简介

坏死杆菌病 (necrobacillosis) 又称开疮、眼子病或旋疮,是坏死杆菌引起的各种牲畜的一种慢性传染病。病原体为坏死梭杆菌,革兰氏阴性、多形型杆菌,不能形成芽孢,无鞭毛,不能运动。当皮肤或粘膜发生损伤时即可感染。

发病症状:主要特征是组织坏死,常见于受伤的皮肤、皮下组织和消化道粘膜。有的可在内脏形成转移性坏死灶。为地方性散发性流行。

(二) 综合防治

1. 预防措施

预防本病的发生,关键在于避免猪只互相咬伤和其他外伤,发生外伤应立即处理伤口,涂擦碘酒以防感染,同时应加强饲养管理。发现病猪应及时隔离治疗,以防蔓延。

2. 治疗措施

局部治疗结合全身用药。首先应彻底清除创内坏死组织直至露出红色创面为止,然后用1%高锰酸钾或3%过氧化氢(双氧水)冲洗,处理完后选用下列药物处理。

处方一:硫酸庆大霉素注射液16万~32万单位,维生素C注射液2~4毫升,维生素B_1注射液2毫升,磺胺嘧啶钠2克,0.1%~0.2%高锰酸钾溶液适量,5%~10%龙胆紫适量。

【作用】治疗猪坏死杆菌病。

【用法】硫酸庆大霉素、维生素C注射液和维生素B_1注射液混合,1次肌肉注射,每天2次,连用3~5天。磺胺嘧啶钠1次喂服,每天2次,连用3~5天。局部用高锰酸钾溶液清洗干净后涂龙胆紫。

处方二：福尔马林1份，木焦油4份。

【作用】治疗猪坏死杆菌病。

【用法】按处方配药，1:4比例配成福尔马林-木焦油合剂，涂擦。

处方三：豆油或其他植物油。

【作用】治疗猪坏死杆菌病。

【用法】用豆油或其他植物油烧开后趁热灌入疮内。

处方四：高锰酸钾1份，木炭末1份。

【作用】治疗猪坏死杆菌病。

【用法】按处方配药，混匀，将创面经清洗处理后，撒布比例为1:1的高锰酸钾-木炭末粉。

处方五：大黄1份，陈石灰2份。

【作用】治疗猪坏死杆菌病。

【用法】按处方配药，制成大黄石灰粉，方法：先将大黄1份煮沸10分钟，再换入2份陈石灰，除去大黄，搅匀，炒干，粉碎为细末即成。创面经清洗处理后，填充大黄石灰粉。

处方六：生石灰粉。

【作用】治疗猪坏死杆菌病。

【用法】将生石灰粉充分填塞在坏死灶的囊腔里，使全部坏死灶创面都被生石灰粉覆盖，次日清除坏死灶内已潮湿变性的石灰粉。如此，直到坏死灶囊腔创面干燥，填充的生石灰粉不被浸湿变性，即可停止换药。病变部位逐渐形成瘢痕而愈合。

处方七：雄黄30克，陈石灰100克。

【作用】治疗猪坏死杆菌病。

【用法】按处方配药，加桐油调成糊状，填满疮口。

三十五、猪葡萄球菌病

(一) 本病简介

猪葡萄球菌病（staphylococcsis）又称渗出性皮炎。多发生于哺乳仔猪，10～20日龄仔猪尤为常见。很少造成死亡，但严重影响猪只的生长发育，甚至成为僵猪，影响猪皮质量，造成一定的经济损失。

发病症状：病猪初期表现为食欲不振，结膜发炎，有眼眵。一般体温不高，皮肤有红斑并变厚，继而在腹下、内股等处形成水疱和脓疱，破裂后流出渗出液，皮肤上粘着渗出垢物。几天之内，猪只全身被一层坚硬且有裂纹的黑色痂皮所包裹。有的病猪有痒感，但多数病猪无瘙痒症状。有的病猪淋巴结肿胀，而其他内脏无明显的肉眼可见的病变。绝大多数病猪可自愈，病程30～40天，长者可达50多天。

(二) 综合防治

1. 预防措施

关键在于搞好饲养管理，猪舍应通风，温度、湿度适宜。彻底消灭螨、虱，切断传播途径。母猪产房应清洁卫生，产房和栏舍应彻底消毒。保证猪只足够的营养，增强其抵抗能力等。

2. 治疗措施

(1) 西药治疗：

处方一：青霉素80万～120万单位。

【作用】治疗初期猪葡萄球菌病。

【用法】青霉素按处方量1次肌肉注射，每天2次，连用2～3天。也可用卡那霉素、磺胺嘧啶钠替换青霉素进行治疗。

处方二：水杨酸软膏或磺胺软膏，花生油或香油等植物油。

【作用】治疗猪葡萄球菌病。

【用法】用温热肥皂水清洗患部，擦干后涂水杨酸软膏或磺胺软膏，也可用花生油、香油等植物油涂擦。

处方三：土霉素碱。

【作用】治疗猪葡萄球菌病。

【用法】每 1 000 千克饲料中加入土霉素碱 300 克，连续饲喂 14 天，有一定的效果。

(2) 中草药治疗：

处方一：板蓝根 200 克，金银花 200 克。

【作用】治疗猪葡萄球菌病。

【用法】按处方配药，共粉碎为末，每次 25 克，每天 2 次，连用数天即可。

处方二：鱼腥草 15 克，五倍子 10 克，地榆 7 克。

【作用】治疗猪葡萄球菌病。

【用法】按处方配药，水煎至 100 毫升，冲洗患部后，创面涂金霉素软膏，每天 1 次，一般连用 3~5 天即可见效。

三十六、猪附红细胞体病

(一) 本病简介

猪附红细胞体病（eperythrozoonosis）是猪及牛、羊、犬、猫共患的一种热性溶血性传染病。病原体为附红细胞体，寄生于红细胞内或游离于血液中。本病的传播可能与吸血昆虫，特别是猪虱有关，另外，注射针头、手术器械、交配等也可能传播本病。不同年龄的猪只都有易感性，其中哺乳仔猪的发病率和病死率明显高于架子猪。

发病症状：本病的主要特征是急性黄疸性贫血、发热及皮肤发红，多呈散发。特征症状是：一般拒食 3 天后体温才上升，而许多其他疾病一般体温先升高而后才废食。首先是耳部整个变为紫红色，至病后期全身均为紫红色或红色而成为"红皮猪"，这

是猪附红细胞体病的特有症状。从流行病学的角度来看,同圈中个体大的猪先发病,而个体小的后发病,且多能耐过。

(二) 综合防治

1. 预防措施

加强饲养管理,搞好环境卫生,定期进行消毒。减少闷热、拥挤等应激因素的刺激,定期驱除体内外寄生虫,一般可减少本病的发生。康复猪的血清具有很好的保护力。还可用土霉素或金霉素混饲作预防性给药。

2. 治疗措施

(1) 西药治疗:

处方一:新胂凡纳明。

【作用】治疗猪附红细胞体病。

【用法】每千克体重 10~15 毫克,静脉注射,在 12~24 小时可消除病原体,3 天内消除症状。本品副作用较大,慎用。

处方二:对氨基苯砷酸钠。

【作用】治疗猪附红细胞体病。

【用法】按每 1 000 千克饲料 180 克,连用 1 周,以后改为半量,连用 1 个月,预防量减半。

处方三:土霉素或四环素。

【作用】治疗猪附红细胞体病。

【用法】1 次量每千克体重 15 毫克,每天肌肉注射 2 次,连用 3~5 天。

处方四:50% 葡萄糖 20 毫升,维生素 B_1 300 毫克,四环素 1 克。

【作用】治疗猪附红细胞体病。

【用法】按处方配药,混合后静脉注射,每天 1 次,连用 2~3 次。

处方五:血虫净 5~200 毫克,四环素 1 克,生理盐水适量。

【作用】治疗猪附红细胞体病。

【用法】每千克体重用血虫净5毫克,用生理盐水稀释成5%溶液肌肉注射,每天1次,连用2天。同时灌服四环素片,1次量每千克体重2万~3万单位,每天1次,连用7天;对病情严重的猪只采用强心、输液和补右旋糖酐铁、维生素C及维生素B_1,并精心护理。

处方六:贝尼尔10~200毫克,生理盐水10毫升,10%葡萄糖溶液500毫升。

【作用】治疗猪附红细胞体病。

【用法】每千克体重用贝尼尔4毫克,用生理盐水10毫升稀释后混入10%葡萄糖溶液500毫升,摇匀,1次耳静脉注射。一般用药1次即可见效,体温下降,发红部位缩小,可视粘膜黄疸消失,食欲好转。间隔1~2天,改用黄色素,每千克体重3毫克,耳静脉注射,可愈。

(2)中草药治疗:

处方:白头翁50克,党参20克,炒白术15克,茯苓10克,甘草10克。

【作用】治疗猪附红细胞体病。

【用法】按处方配药,共煎取汁2 000毫升,每头猪空腹喂200毫升。每天1剂,连用2~3剂。

三十七、猪 结 核 病

(一)本病简介

猪结核病(tuberculosis)是由结核分枝杆菌引起的人畜共患的慢性传染病。结核分枝杆菌分为牛型、人型和猪型,均可引起猪结核病。结核病患畜(猪)是本病的传染源,特别是向外排菌的病猪是最危险的传染源。主要经过呼吸道和消化道感染,交配也可引起感染。

发病症状:病情严重时可表现消瘦、咳嗽、气喘、下痢等。以多种组织器官形成肉芽肿(结核结节),结节中心有干酪样坏死或钙化为病理特征。

诊断:可用猪型和哺乳动物两种结核菌素分别在猪二耳下皮内注射 0.1 毫升,经 48~72 小时,注射部位若发红肿胀则为阳性。

(二)综合防治

预防主要采取检疫、隔离、淘汰、消毒、培育健康猪群等措施。养猪场不饲养奶牛和家禽,有结核病的畜禽不能接触健康猪。猪群一旦发现结核病猪,不予以治疗,应作淘汰处理。被污染的猪食、用具用 20%石灰乳、5%来苏儿或 5%漂白粉进行 2~3 次彻底消毒。

三十八、仔猪先天性震颤

(一)本病简介

仔猪先天性震颤(congenital tremor of piglets)又称传染性先天震颤,俗称仔猪跳跳病或仔猪抖抖病,是仔猪刚出生不久,出现全身或局部肌肉阵发性挛缩的一种疾病。近年研究表明,本病的病原体为一种病毒。一般由母猪垂直传播给仔猪。本病的发生与母猪妊娠期营养不良有一定的关系,如钙、磷比例失调,维生素和微量元素的缺乏可促使本病的发生。

剖检可见中枢神经切片中髓鞘明显的形成不全,脑血管周围充血、出血,小脑发育不全。

(二)综合防治

1. 预防措施

首先应杜绝病原的传入,不从发生过本病的猪场引进种猪,

避免由公猪配种将本病传给母猪,对有该病史的公母猪予以淘汰不作种用。另外,必须加强公母猪的饲养管理,注意饲料搭配,特别是妊娠后期母猪,给予全价饲料对预防本病尤为重要。

2. 治疗措施

对仔猪先天性震颤治疗,主要是加强对病仔猪的护理,使其能吃上母乳或进行人工哺乳,避免饿死,保持猪舍干燥和适宜温度,再结合药物治疗,可使大多数病猪康复。

处方一:盐酸氯丙嗪 10~15 毫克,青霉素 5 万~15 万单位,注射用水 2 毫升。

【作用】治疗仔猪先天性震颤。

【用法】按处方配药,1 次肌肉注射,每天 1 次,连用 3~5 天。

处方二:苍术粉 100 克,磷酸氢钙 100 克。

【作用】治疗仔猪先天性震颤。

【用法】按处方配药,每天拌料饲喂母猪,连用数天。

处方三:苍术粉 5 克,食母生 5 克,磷酸氢钙 5 克。

【作用】治疗仔猪先天性震颤。

【用法】按处方配药,用蜂蜜调成糊剂,涂抹患病仔猪的舌根处,每天 1 次,连用 3~5 天。

处方四:鲜布荆叶 500 克,朱砂 3 克,白芍末 15 克,面粉、洗米水各适量。

【作用】治疗仔猪先天性震颤。

【用法】按处方配药,先将鲜布荆叶捣碎,加适量洗米水拌匀,用四层纱布过滤取汁,所取药液拌入朱砂、白芍末,拌匀,再加适量面粉制成舔剂,让 10 头患猪舔服。同时用复方磺胺嘧啶钠、5%硫酸镁注射液混合肌肉注射;维生素 B_{12}、维生素 B_6 混合肌肉注射。舔剂每 6 小时用药 1 次,一般连用 3~4 次即可。

处方五:硫酸阿托品 30 毫克,10%樟脑黄酸钠 0.7 毫升,钙粉 60 克,何首乌粉 60 克。

【作用】治疗仔猪先天性震颤。

【用法】按处方配药，钙粉（可用蛋壳炒黄粉碎为末代之）和何首乌粉混合拌入精料内喂母猪，每天1剂，连服3天，并增加动物性和青绿多汁饲草。硫酸阿托品和樟脑黄酸钠分别皮下或肌肉注射，每天2~3次，连用2~3天。

处方六：25%硫酸镁5毫升，0.1%亚硒酸钠2毫升，复合维生素B 2毫升，50%葡萄糖20毫升。

【作用】治疗仔猪先天性震颤。

【用法】按处方配药，肌肉注射25%硫酸镁，同时肌肉注射0.1%亚硒酸钠和复合维生素B，口服50%葡萄糖。每天1次，连用3天。

处方七：维生素B_1 1毫升，维生素B_{12} 1毫升。

【作用】治疗仔猪先天性震颤。

【用法】维生素B_1皮下注射，维生素B_{12}肌肉注射，可加速病猪的康复。

处方八：昆布250克。

【作用】治疗仔猪先天性震颤。

【用法】清水洗净切碎加米泔水煮烂，拌料喂母猪，每天1次，连用4~5天。同时在母猪饲料中加喂骨粉和钙粉各50克，连用10~15天。

第五章 猪寄生虫病

第一节 概 述

一、猪寄生虫病的概况

寄生虫病是目前危害人类和动物最严重的疾病之一，其中很多寄生虫病属于人畜共患病。猪的体内外寄生虫也是危害养猪业、降低养殖效益的一个因素，必须引起重视并纳入养殖模式化操作规程中，定期进行驱灭。体外寄生虫主要是疥癣和虱蚤，发现有感染时，应采用1%～2%敌百虫水溶液喷洒或洗刷猪只患部，隔6～7天后再用药1次。猪胃肠道内寄生虫常见的有蛔虫、鞭虫、姜片吸虫等。资料表明，这些肠道寄生虫感染率分布的高峰大都集中在30～59日龄、60～119日龄、120～179日龄。因此，驱虫用药的最佳日龄在30日龄、60日龄和120日龄。驱除肠道寄生虫目前常用的药物有伊维菌素、阿维菌素、盐酸左旋咪唑和丙硫咪唑等。

二、治疗猪寄生虫病应注意的问题

①正确认识和处理好药物、寄生虫和宿主三者之间的关系，合理使用抗寄生虫药。三者之间的关系是互相影响、互相制约的，因而在选用抗寄生虫药时不仅要了解药物对寄生虫的作用以

及宿主体内的代谢过程和对宿主的毒性，而且要了解寄生虫的寄生方式、生活史、流行病学和动态感染强度及范围；为更好发挥药物的作用，还应熟悉药物的理化特性、剂型、剂量、疗程和给药方法。

②为了控制好药物的剂量和疗程，在使用抗寄生虫药进行大规模驱虫前，务必选择少数猪只做驱虫试验，以免发生大批中毒事故。

③在防治寄生虫病时，应定期更换不同类型的抗寄生虫药，以避免或减少因长期或反复使用某些抗寄生虫药而导致虫体产生耐药性。

④为避免动物性食品中药物残留危害人类的健康，应熟悉掌握抗寄生虫药在食品动物体内分布状况，遵守有关药物在动物组织中的最高残留限量和休药期的规定。

第二节 猪寄生虫病的综合防治

一、姜片吸虫病

（一）本病简介

姜片吸虫病（fasciolopsiosis）是猪吞食了含有姜片吸虫囊蚴的水浮莲、菱角等水生植物而感染发病。本病为人畜共患病，虫体进入机体后主要寄生在人和猪的小肠，导致人或猪下痢、贫血、消瘦、营养不良、腹痛，虫体多时可阻塞肠管，严重者可导致死亡。用水洗沉淀法可在感染猪粪便中检查到虫卵。

（二）综合防治

1．预防措施

加强饲养管理，在本病流行地区，水生植物饲料改生喂为熟

喂，猪粪进行堆积发酵以消灭虫卵，每年5~6月对低洼地区和水塘用0.1%生石灰或硫酸铵、或二十万分之一的硫酸铜消毒，以消灭中间宿主扁卷螺。每年定期对猪驱虫2次，驱虫后的粪便应立即集中堆积处理。平时加强检查发现病猪及时治疗。

2. 治疗措施

处方一：吡喹酮。

【作用】治疗猪姜片吸虫病。

【用法】每千克体重30~50毫克，拌料，1次喂服。

处方二：槟榔。

【作用】治疗猪姜片吸虫病。

【用法】将槟榔粉碎成粉，每头猪每次用量5~25克，早晨空腹时拌少量饲料喂服，每天1次，连服3天。

处方三：松针500克。

【作用】治疗猪姜片吸虫病。

【用法】50千克体重猪只用500克新鲜松针，将松针洗干净后放入锅内文火煎煮，至松针变黄、煎汁成青绿色时停火，待凉至35℃左右将松针捞出，取汁拌精料喂服，可达驱虫目的。

二、囊虫病

（一）本病简介

猪囊虫病（cysticercosis cellulosae）是由人的有钩绦虫——猪囊尾蚴寄生于猪体内的一种寄生虫病。患病猪没有特征症状，主要是生长发育受阻，消瘦。引起猪只感染是因为猪吃食人类粪便或通过其他途径而摄入孕卵片或虫卵。虫卵里的幼虫（六钩蚴）在猪小肠内逸出并钻入肠壁，经血流或淋巴流到身体各部，经10周左右发育为囊虫。有囊虫寄生的猪肉有白色水疱，大小如米粒状，内有一个结节，这就是寄生于肌肉内的囊虫。剖检可见舌肌、咬肌、心肌、肩部及腿内部肌肉中有囊虫。

(二)综合防治

1. 预防措施

加强饲养和卫生管理,人厕和猪圈分开;人不吃未煮熟的猪肉;人医、兽医和卫生部门通力合作,排查绦虫病病人并进行驱虫治疗;加强肉品卫生检疫,对有囊虫寄生的猪肉,严格按国家规定处理。

2. 治疗措施

处方一:丙硫咪唑。

【作用】防治猪囊虫病。

【用法】75千克以内的猪只用10%丙硫咪唑油混悬剂,每千克体重80毫克,1次深层肌肉多点注射;75千克以上的猪只用丙硫咪唑原粉,每千克体重100毫克,隔2天给药1次,分3~4次拌入饲料中喂服。

处方二:吡喹酮。

【作用】防治猪囊虫病。

【用法】每千克体重30~50毫克,用70%酒精将其稀释为20%混悬液,或混以5倍液体石蜡,1次肌肉注射,治疗猪囊虫病有较好效果。用药后注射部位可能会出现红肿,体重大者可能有酒精中毒反应等副作用,经10~14天可消失。用吡喹酮治疗猪囊虫病时,在用药后3~4天,由于含有毒素的囊液被吸收,病猪可能会出现呕吐,重者卧地不起、肌肉颤抖、呼吸困难、流白沫、尿量多而频、眼结膜和肛门粘膜肿胀外翻等其他不良反应,可静脉注射高渗葡萄糖、碳酸氢钠等注射液以减轻不良反应。

三、细颈囊尾蚴病

(一) 本病简介

细颈囊尾蚴病（cysticercosis tenuicollis）是由泡状带绦虫的幼虫——细颈囊尾蚴寄生在猪的体内引起。成虫寄生于犬的小肠，长1.5~2米，幼虫寄生于猪、牛、羊等的肠系膜、网膜和肝脏等处，严重感染时可寄生于肺脏，为一似鸡蛋大小的囊泡。头节所在处呈乳白色。泡状带绦虫的成虫寄生在狗、狼和狐等动物的小肠内。含有妊娠虫卵的节片随粪便排到体外。虫卵被猪、羊等动物吞食后，在消化道内逸出六钩蚴，六钩蚴钻入肠壁血管并随血流移行至腹腔，在肝脏、肠系膜上寄生，最后发展为细颈囊尾蚴。细颈囊尾蚴呈囊泡状，内含透明液体，黄豆大到鸡蛋大不等。细颈囊尾蚴主要侵害幼猪。

发病症状：感染猪只表现为腹部增大并有压痛感，黄疸，营养不良等症状。

剖检特征为肝脏肿大、出血、腹膜炎，腹腔内有红色透明液体，可在肝脏、肠系膜、网膜等处有黄豆大到鸡蛋大小的囊泡，内充满透明的囊液，并有一乳白色头节。

(二) 综合防治

1．预防措施

加强饲养管理，避免狗进入猪场或栏舍内，防止狗粪污染饲料和饮水；不给狗吃病猪内脏。感染有泡状带绦虫的病狗应及时用药驱虫，驱虫后的虫体、粪便和垫草宜集中焚烧处理。病狗驱虫可用氢溴酸槟榔碱，每千克体重1~2毫克；或用吡喹酮，每千克体重5毫克，1次内服。

2．治疗措施

(1) 西药治疗：

处方：吡喹酮。

【作用】防治猪细颈囊尾蚴病。

【用法】成年猪每千克体重 30～50 毫克；幼猪每千克体重 20 毫克，拌入适量稀饭中，1 次空腹投服。如出现不良反应，按相关叙述处理。

(2) 中草药治疗：

处方：槟榔。

【作用】治疗猪细颈囊尾蚴病。

【用法】槟榔按每头猪 6～12 克，粉碎为末或煎水取汁，1 次灌服；或用小贯众 50 克，粉碎为末加水冲服，每天 1 次，连用 3～4 天。

四、蛔 虫 病

(一) 本病简介

猪蛔虫病（ascariosis）是猪蛔虫寄生于猪小肠所引起的疾病。病原体为猪蛔虫，成年猪常为带虫者。对 3～6 月龄的仔猪危害比较严重。感染猪的症状为营养不良、消瘦、贫血、被毛粗糙，或有全身黄疸、磨牙、异嗜，有些变为"僵猪"，蛔虫数量多时可引起肠阻塞及肠穿孔。虫卵黄褐色，表面有一层蜂窝状蛋白质膜，内含一个圆形的卵细胞，卵细胞与卵壳之间的两端形成新月形空隙。成虫寄生在猪小肠内，雌雄交配后雌虫产卵，虫卵随粪便排出后，在适宜的温度和湿度下发育成成熟虫卵而具有感染性。虫卵随粪便排出，在适宜的外界环境下，经 11～12 天发育为含有感染性幼虫的卵。这种虫卵被猪吞食后，在小肠中孵出幼虫，并进入肠壁的血管，随血流被带到肝脏，再继续沿腔静脉、右心室和肺动脉而移行到肺脏。幼虫由毛细血管进入肺泡，在此渡过一定时期的发育阶段，此后再沿支气管上行，后随粘液进入会厌，经食管而至小肠，在小

肠中发育为成虫。病猪的粪便用浮卵法检查可查出虫卵。幼虫移行时常引起肝组织出血、变性和坏死,有的见肠中有数量不等的蛔虫。

(二)综合防治

1. 预防措施

加强饲养管理,保持栏舍卫生,猪粪集中堆积处理。保持饲料和饮水清洁,仔猪断奶后驱虫1次,每年春秋两季分别对猪群作预防性驱虫1次。

2. 治疗措施

(1) 西药治疗:

处方一:盐酸左旋咪唑。

【作用】治疗猪蛔虫病。

【用法】盐酸左旋咪唑注射液,每千克体重10毫克,肌肉或皮下注射,也可用该药片剂拌料内服(空腹服效果较好)。左旋咪唑搽剂,每10千克体重1次量1~1.2毫升,耳根部皮肤涂擦。

处方二:丙硫咪唑。

【作用】治疗猪蛔虫病。

【用法】每千克体重10~20毫克丙硫咪唑,拌料内服,不仅可驱蛔虫,对鞭虫、结节虫也有效。

处方三:枸橼酸哌嗪片0.3克,磷酸哌嗪片0.25克。

【作用】治疗猪蛔虫病。

【用法】按处方配药,均内服。肝肾患者慎用。

处方四:伊维菌素(害获灭)注射液。

【作用】治疗猪蛔虫病。

【用法】1次量,每千克体重0.3毫升,皮下注射。

(2) 中草药治疗:

处方一:苦楝树二层皮10克,百部10克。

【作用】治疗猪蛔虫病。

【用法】按处方配药,煎汤,供50千克左右的猪只服用,候温灌服。

处方二:槟榔、苦楝树二层皮、大黄、芒硝各10克。

【作用】治疗猪蛔虫病。

【用法】按处方配药,煎汤,供50千克猪只服用,候温灌服。

处方三:石榴皮、使君子各15克,乌梅3个,槟榔13克。

【作用】治疗猪蛔虫病。

【用法】按处方配药,煎汤,供体重25千克猪只用,空腹1次灌服。

处方四:贯众250克,槟榔90克,甘松500克,大黄250克。

【作用】杀虫消积,行气通便。主治猪蛔虫病。

【用法】按处方配药,粉碎为细末,小猪5~6克,加水灌服,每天1次,连服3次。

五、类圆线虫病

(一)本病简介

类圆线虫病(strongyloidosis of swine)是由类圆线虫寄生于猪的小肠粘膜下而引起的一种寄生线虫病,多发于温暖多雨季节。临床上以消化障碍、下痢、便中带血和粘液等症状为特征。该寄生虫侵害1~3月龄的小猪,寄生于小肠可引起消化不良、腹痛、下痢、便中带血和粘液,经皮肤感染时可出现皮炎和出血点,移到肺脏时可发生肺炎和胸膜炎。剖检可见小肠粘膜炎症,粘膜内可见虫体。用饱和盐水漂浮法可见虫卵呈椭圆形,内有一蜷缩的幼虫。查出虫卵即可确诊。

(二）综合防治

1．预防措施

加强饲养管理，保持栏舍、运动场的清洁、干燥是预防本病流行的重要措施，并经常应用石炭酸、2%苛性钠或石灰乳消毒地面。对临床腹泻严重的猪只，除采取驱虫药物治疗外，同时应进行补液、强心等辅助治疗。

2．治疗措施

处方一：甲苯咪唑。

【作用】治疗猪类圆线虫病。

【用法】每千克体重30毫克，拌料喂服。

处方二：噻苯咪唑。

【作用】治疗猪类圆线虫病。

【用法】每千克体重30~50毫克，拌料喂服。

处方三：丙硫咪唑。

【作用】治疗猪类圆线虫病。

【用法】每千克体重10~20毫克，内服。

处方四：伊维菌素。

【作用】治疗猪类圆线虫病。

【用法】每千克体重0.2~0.3毫克，皮下注射。

处方五：左旋咪唑。

【作用】治疗猪类圆线虫病。

【用法】每千克体重10毫克，溶于水灌服，或拌料喂服。

处方六：敌百虫。

【作用】治疗猪类圆线虫病。

【用法】每千克体重100毫克，口服。

六、猪肺丝虫病

(一) 本病简介

猪肺丝虫病（metastrongylosis of swine）又称猪后圆线虫病，是由后圆线虫（猪肺丝虫）寄生在猪的支气管内所引起的一种线虫病。主要危害仔猪，轻度感染者，其症状不明显，严重感染者，可引起支气管炎和肺炎。在早晚和运动时或遇冷空气袭击时可出现阵发性咳嗽，有时鼻孔流出脓性粘稠鼻液，呼吸困难，病猪虽有食欲，但表现进行性消瘦、便秘或下痢、贫血、发育迟缓，严重者可引起死亡。成虫寄生于支气管中，所产虫卵随气管的分泌物进入咽部，随吞咽再进入消化道，后随粪便排出外界。虫卵被蚯蚓吞食，幼虫逸出卵壳，穿过肠壁，进入体腔，变为第1期幼虫。再经2次蜕皮，变为第3期幼虫（感染性幼虫）。猪肺丝虫病的发生是由于猪吞食了感染性幼虫或带虫的蚯蚓，幼虫即可穿透猪的肠壁，进入肠系膜淋巴结或小血管中发育，并沿着血管环移行到肺脏，并穿过肺泡壁再进入支气管，经25~35天发育为成虫而引起感染。

剖检时病变多位于肺隔叶下垂部，在其切面可见大量虫体。用漂浮法检查病猪粪便，可见虫卵呈椭圆形，灰白色，外有一层稍为不平的蛋白质膜，内含有幼虫。

(二) 综合防治

1. 预防措施

猪舍应建在地势干燥和较高的地方，以减少蚯蚓的孳生，消灭栏舍及运动场等放牧场所的蚯蚓，对放牧的猪应尽量避免去蚯蚓密集的潮湿地区放牧；有本病流行的猪场，应有计划地进行驱虫。猪粪应集中进行堆积发酵后利用。加强饲养管理，搞好猪舍内外的环境卫生，并保持干燥，对病猪抓紧治疗等措施是预防和

控制本病的关键。

2．治疗措施

（1）西药治疗：

处方一：左旋咪唑。

【作用】用于治疗猪肺丝虫病。

【用法】每千克体重10毫克，溶于水灌服，或配成5%溶液皮下注射。

处方二：丙硫咪唑。

【作用】用于治疗猪肺丝虫病。

【用法】每千克体重10~20毫克，内服。

处方三：海群生。

【作用】用于治疗猪肺丝虫病。

【用法】每千克体重0.1~0.2克，配成30%溶液，皮下注射。或每千克体重0.1~0.3克，内服，间隔3~5天，连用2~3次。

处方四：阿维菌素。

【作用】用于治疗猪肺丝虫病。

【用法】每千克体重0.3毫升，颈部皮下注射。

处方五：伊维菌素。

【作用】用于治疗猪肺丝虫病。

【用法】每千克体重0.2~0.3毫克，皮下注射。

处方六：碘片1克，碘化钾2克，蒸馏水1 500毫升。

【作用】用于治疗猪肺丝虫病。

【用法】按处方配药，混匀灭菌后气管内注射，每千克体重0.5毫升，间隔2~3天重复用药1次，连用3次。

（2）中草药治疗：

处方：使君子50克，鹤虱50克，贯众50克，百部50克，党参50克，熟地50克。

【作用】用于治疗猪肺丝虫病。

【用法】按处方配药，共粉碎为细末，分为6包，每天早晚

各1包,混入饲料中喂服,连用3~5天。

七、旋毛虫病

(一)本病简介

旋毛虫病(trichinellosis)是由旋毛虫引起的一种严重的人畜共患病。旋毛虫的幼虫阶段寄生于猪的肌肉纤维内,成虫阶段寄生于猪的小肠中。带有旋毛虫的猪肉是人旋毛虫病的主要感染来源。猪感染本病是由于吃入带有旋毛虫幼虫的猪肉残渣,以及带有旋毛虫包囊的鼠粪或鼠尸。幼虫进入猪小肠后经2天发育为性成熟的成虫。成虫交配后,雌虫向肠壁的淋巴间隙中产生大量的幼虫,随血液进入周身横纹肌肉,并在肌纤维膜下逐渐蜷曲,形成包囊。这种幼虫就是感染的来源。主要危害是在幼虫进入肌肉时,在临床上可出现体温升高、肌肉疼痛或僵硬、水肿、嗜酸性白细胞增多等症状。但缺乏特异性症状。

(二)综合防治

1. 预防措施

预防本病应加强肉品检疫工作,对患有旋毛虫的猪应按卫生检验条例严格处理。严禁使用生的或未煮熟的肉制品。不用生的废肉屑喂猪,猪舍应做好灭鼠工作。

2. 治疗措施

处方一:丙硫咪唑。

【作用】用于治疗猪旋毛虫病。

【用法】每千克体重20毫克,内服。

处方二:甲苯咪唑。

【作用】治疗猪旋毛虫病。

【用法】每千克体重30毫克,拌料喂服。

处方三:噻苯咪唑。

【作用】治疗猪旋毛虫病。
【用法】每千克体重 30～50 毫克，拌料喂服。

八、猪鞭虫病

（一）本病简介

猪鞭虫病（trichuriosis suis）又称毛首线虫病，是由旋毛虫目毛首科的猪毛首线虫寄生在猪的盲肠内所引起的一种线虫病，因虫体形如鞭子，故称猪鞭虫病。成虫外观极似马鞭，在盲肠中产卵，虫卵呈腰鼓状或麦粒状，棕黄色，两端有栓塞。卵随粪便排到外界，约经 3 周时间发育为感染性虫卵。虫卵随饲料及饮水被宿主吞食，幼虫在肠内脱壳而出，直接固着在大肠粘膜上，约经 1 个月发育为成虫。一年四季均可感染发病，但以夏季感染率高。4 月龄猪只感染率最高，14 月龄以上的猪只极少发病。

发病症状：消瘦、腹泻、贫血、死前排出水样血便，并有粘液。最后因呼吸困难、脱水、极度衰竭而死。对仔猪的危害很大，严重时可引起大批仔猪死亡。

剖检见盲肠及结肠发炎，并有大量虫体，虫体形似鞭子。用饱和盐水漂浮法检查粪便，可见虫卵呈腰鼓状或麦粒状，壳厚，外壳光滑，棕黄色，两端有卵塞结构。查出虫卵即可确诊。

（二）综合防治

1. 预防措施

加强饲养管理，仔猪断乳时应驱虫 1 次，经 1.5～2 个月再驱虫 1 次。搞好栏舍卫生，定期消毒，或铲去一层表土，粪便应沤制发酵，以便消灭虫卵。

2. 治疗措施

处方一：左旋咪唑。

【作用】治疗猪鞭虫病。

【用法】每千克体重 10~20 毫克，溶于水灌服，或拌料喂服。

处方二：丙硫咪唑。

【作用】治疗猪鞭虫病。

【用法】每千克体重 10~20 毫克，内服。

处方三：驱虫净（噻咪唑）。

【作用】治疗猪鞭虫病。

【用法】每千克体重 25 毫克，口服；或配成 3%~5% 溶液，每千克体重 15~20 毫克，肌肉注射。

处方四：羟嘧啶。

【作用】治疗猪鞭虫病。

【用法】每千克体重 2~4 毫克，溶于水后灌服（严禁注射给药）。

九、猪结节虫病

（一）本病简介

猪结节虫病（oesophagostomosis of swine）亦称为猪食道口线虫病，是由食道口线虫寄生在猪的结肠而引起。症状主要是腹泻或下痢，消瘦，发育不良，粪中有脱落的粘膜。

剖检见大肠粘膜有大量结节。用饱和盐水漂浮法检查粪便，如见椭圆形、壳薄、内有胚胎的结节虫虫卵即可确诊。

（二）综合防治

1. 预防措施

加强饲养管理，保持猪舍、运动场的清洁、干燥，定期消毒。猪粪堆积发酵，以杀灭虫卵，并做好定期驱虫工作，是预防

和控制本病的关键。

2．治疗措施

（1）西药治疗：

处方一：丙硫咪唑。

【作用】治疗猪结节虫病。

【用法】每千克体重 10~20 毫克，内服。

处方二：盐酸左旋咪唑。

【作用】治疗猪结节虫病。

【用法】每千克体重 10~20 毫克，溶于水灌服，或拌料喂服，隔 1~2 天再服 1 次。

处方三：虫螨净。

【作用】治疗猪结节虫病。

【用法】每千克体重 15 毫克，口服。

处方四：驱蛔灵。

【作用】治疗猪结节虫病。

【用法】每千克体重 200 毫克，拌料服。

（2）中草药治疗：

处方：雷丸、榧子、槟榔、使君子、大黄各等份。

【作用】治疗猪结节虫病。

【用法】按处方配药，共粉碎为细末，体重 25 千克猪只服 15 克，体重 50 千克猪只服 20 克，开水冲调服。

十、猪肾虫病

（一）本病简介

猪肾虫病（stephanurosis，kidney worm disease）又称冠尾线虫病，是由圆形目冠尾科冠尾属的有齿冠尾线虫寄生于猪的肾盂、肾周围脂肪和输尿管所引起的一种线虫病。猪只卧于墙角潮湿处（曾排尿处）易从皮肤感染。吃了被尿污染的饲料或饮水，幼虫

即从口（消化道）感染。尤其是气温在 19~30℃ 的潮湿季节更易感染发病。

发病症状：患病之初，出现皮肤炎症，以后食欲不振，消瘦，贫血，后肢无力，跛行，有时后肢麻痹或僵硬，不能站立，拖地爬行，此时食欲废绝，尿中常有絮状物或脓液。最后因衰竭而死。我国南方分布较广，流行严重，近年来北方也发现此病。

剖检见肾周围有火柴棍大小的虫体。用烧杯接尿，放置一段时间后，见底部有白色圆点状虫卵。

（二）综合防治

1. 预防措施

加强饲养管理，搞好栏舍及运动场卫生。本病流行时，应将猪所排的粪尿及时冲洗排出，用漂白粉消毒场地和用具，每隔 3~4 天消毒 1 次。淘汰患病母猪，对病猪进行隔离治疗。可利用寒冷的冬季，培育"无肾虫猪"，逐步建立健康猪群。

2. 治疗措施

（1）西药治疗：

处方一：驱虫净。

【作用】治疗猪肾虫病。

【用法】每千克体重 20~30 毫克，拌在饲料内喂服，可抑制排卵，并对成虫具有杀灭作用。

处方二：噻苯唑。

【作用】治疗猪肾虫病。

【用法】每千克体重 10~40 毫克，1 次拌料喂服，休药期 30 天。

处方三：丙硫咪唑。

【作用】治疗猪肾虫病。

【用法】每千克体重 20 毫克，溶于水灌服；或以每千克体重

5毫克，腹腔注射。也可配成5%玉米油混悬液（5克丙硫咪唑，2毫升吐温-80，加精制玉米油至100毫升，250型超声仪处理20分钟，流通蒸气灭菌1小时），按每千克体重5~20毫克腹腔注射。

处方四：海群生（乙胺嗪）。

【作用】治疗猪肾虫病。

【用法】每千克体重30毫克，内服，每3天1次，连用2~3次。

(2) 中草药治疗：

处方：槟榔、鹤虱、贯众、蛇床子、苦楝子各9克，甘草6克。

【作用】用于治疗猪肾虫病。

【用法】按处方配药，供体重15千克猪只1次服，加1 000毫升水煎至500毫升调入饲料内，早晨空腹喂服。

十一、猪棘头虫病

（一）本病简介

猪棘头虫病（macracanthorhynchosis of swine）是由巨吻棘头虫寄生于猪的小肠引起的。有时人、狗也可感染。当虫卵随粪便排出后，被中间宿主——金龟子的幼虫（蛴螬）吞食，在其体内发育为感染性幼虫。猪在拱土时吞食含有感染性幼虫的蛴螬或金龟子时而遭感染。自幼虫侵入猪体到发育为成虫需2~4个月。虫体可在体内寄生10~23个月。

发病症状：猪只严重感染时可见消化障碍、腹痛、食欲减退、下痢和粪中带血等症状。猪只生长发育停滞、消瘦和贫血。当患猪由于肠穿孔而继发腹膜炎时，体温上升，不食，可卧地抽搐而死。

剖检可在小肠壁上找到蚯蚓状的虫体。虫体前端有一个吻

突，深深地钻进肠粘膜内。生前可用反复沉淀法或硫代硫酸钠饱和溶液漂浮法进行粪检，找到虫卵。虫卵椭圆形，深褐色，卵壳上有布满斑点状的小穴，颇似核桃。

(二) 综合防治

1．预防措施

预防着重消灭金龟子，在猪场以外的适宜地点设置诱虫灯可扑杀金龟子。在本病流行的地区严格控制放牧，尽量减少吃入蛴螬和金龟子的机会。每年春、秋季各定期驱虫1次。

2．治疗措施

(1) 西药治疗：

处方一：盐酸左旋咪唑。

【作用】防治猪棘头虫病。

【用法】每千克体重10~20毫克，溶于水灌服，或拌料喂服，隔1~2天后再服1次。

处方二：吡喹酮。

【作用】防治猪棘头虫病。

【用法】成年猪每千克体重40毫克；幼猪每千克体重20~30毫克，拌入适量稀饭中，1次空腹投服。如出现不良反应，按相关叙述处理。

(2) 中草药治疗：

处方：雷丸、槟榔、鹤虱各10克。

【作用】防治猪棘头虫病。

【用法】按处方配药，共粉碎成细末，一般体重30~40千克的仔猪，每天15克，1次口服。

十二、弓形体病

(一) 本病简介

弓形体病（toxoplasmosis）又称弓形虫病、弓浆虫病和毒浆原虫病，是由龚地弓形虫引起的人畜共患寄生虫病。其终末宿主是猫，中间宿主包括45种哺乳动物和70种鸟类和5种冷血动物。当人弓形虫被终末宿主猫吃后，便在肠壁细胞内开始裂殖生殖，其中有一部分虫体经肠系膜淋巴结到达全身，并发育为滋养体和包囊体。另一部分虫体在小肠内进行大量繁殖，最后变为大配子体和小配子体，大配子体产生雌配子，小配子体产生雄配子，雌配子和雄配子结合为合子，合子再发育为卵囊。随猫的粪便排出的卵囊数量很大。当猪或其他动物吃进这些卵囊后，就可引起弓形虫病。人也可感染弓形虫病，是一种严重的人畜共患病。

发病症状：猪弓形体病的主要特征是以3月龄左右的猪多见，突然爆发、高热稽留（体温40~42℃）、呼吸困难、咳嗽、腹式呼吸；病猪精神沉郁，结膜发绀，皮肤出现紫红色淤斑，体表淋巴结特别是腹股沟淋巴结明显肿大，身体下部及耳部出现淤血斑或有较大面积发绀；有时出现肠炎及神经症状；怀孕母猪可发生早产或产出发育不全的仔猪或死胎。

剖检可见全身淋巴结和脾脏肿大，肠系膜淋巴结成束状肿胀，肺水肿，肝和淋巴结有坏死点。

诊断时采集病猪肺、淋巴结或腹水等制成薄片，瑞氏或姬姆萨染色镜检，可检出弓形体（滋养体）；同时采集病猪肺、淋巴结或腹水等，按1∶10稀释，腹腔接种小白鼠，经10~20天发病，取小白鼠腹水抹片镜检，可发现大量滋养体；在猪只发病初期的高温期，有时在血液中也可发现滋养体。本病根据临床症状、剖检变化和流行特点，结合实验室检验方可确诊。在剖检时

取肝、脾、肺和淋巴结等做成抹片,用姬氏或瑞氏液染色,于油镜下可见月牙形或梭形的虫体,核为红色,细胞质为蓝色,即为弓形虫。

(二)综合防治

1. 预防措施

加强饲养管理,猪场严禁养猫,加强饲料和饮水管理。严禁用未经煮熟的屠宰废弃物喂猪,消灭老鼠等啮齿类动物。禁止猫接近猪舍,饲养人员也应避免与猫接触。在疫区应对猪群加强检验,发现病猪应及早隔离治疗。

2. 治疗措施

(1) 西药治疗:

处方一:绿豆、大米各 500 克,鱼腥草 500 克,鲜韭菜 1 000 克,食盐、葡萄糖各 200 克,磺胺-6-甲氧嘧啶钠注射剂 0.2~2 克,卡那霉素 20 万~100 万单位。

【作用】治疗猪弓形体病。

【用法】按处方配药,磺胺-6-甲氧嘧啶钠,每千克体重 60~80 毫克,每天 1 次肌肉注射,连用 3 天;呼吸困难者每次肌肉注射 50 万单位卡那霉素,每天 2 次,连用 3 天。另外用绿豆、大米各 500 克,水浸泡,鱼腥草 500 克、鲜韭菜 1 000 克切碎与绿豆、大米共捣烂,再加食盐、葡萄糖各 200 克,供 10 头仔猪 1 次服用,加开水约 3 000 毫升冲服,每天 2 次,连用 3 天。

处方二:乙胺嘧啶片,维生素 C。

【作用】治疗猪弓形体病。

【用法】乙胺嘧啶片,每千克体重 4 片(6.25 毫克/片),内服维生素 C 2 片,1 周后再服 1 次;呼吸困难者每次肌肉注射 50 万单位卡那霉素,每天 2 次,连用 3 天。另外用绿豆、大米各 500 克,水浸泡,鱼腥草 500 克、鲜韭菜 1 000 克切碎与绿豆、大米共捣烂,再加食盐、葡萄糖各 200 克,供 10 头仔猪 1 次服

用,加开水约3 000毫升冲服,每天2次,连用3天。

处方三:增效磺胺-5-甲氧嘧啶注射液。

【作用】治疗猪弓形体病。

【用法】每千克体重0.2毫升,首次量加倍,肌肉注射,每天2次,连用3~5天。

处方四:复方磺胺嘧啶钠注射液。

【作用】治疗猪弓形体病。

【用法】每千克体重70毫克,首次量加倍,肌肉注射,每天2次,连用3~5次。

处方五:磺胺甲基异噁唑(SMZ)0.5~5克。

【作用】治疗猪弓形体病。

【用法】每千克体重100毫克,首次量加倍,肌肉注射,每天1次,连用2~3次。

处方六:磺胺嘧啶3.5克,二甲氧苄氨嘧啶0.7克。

【作用】治疗猪弓形体病。

【用法】磺胺嘧啶,每千克体重70毫克;二甲氧苄氨嘧啶,每千克体重14毫克,肌肉注射,每天2次,连用3~5次。

(2)中草药治疗:

处方一:活蟾蜍2~3只(大者2只,小者3只,鲜品、干品均可),苦参、大青叶、连翘各20克,蒲公英、金银花各40克,甘草15克。

【作用】治疗猪弓形体病。

【用法】按处方配药,供体重50千克猪只1次服用,水煎喂服。

处方二:黄常山20克,槟榔12克,柴胡、桔梗、麻黄、甘草各8克。

【作用】治疗猪弓形体病。

【用法】按处方配药,供体重35~45千克猪只1次服用。先用文火煎煮黄常山、槟榔20分钟,然后将柴胡、桔梗、甘草加

入同煎 15 分钟，最后加入麻黄煎 5 分钟，过滤去渣，灌服。每天 2 剂，连用 3 天。

（3）针灸疗法：在猪耳背侧中上部，用三棱针或小宽针刺破皮肤并扩成囊状创口，取麦粒大小的蟾酥锭片卡入创口中，体重 50 千克猪只卡入 2 粒。

十三、肉孢子虫病

（一）本病简介

猪肉孢子虫病（sarcocystiosis）是猪的一种寄生原虫病，临床常无明显症状，当虫体寄生严重时，可引起患猪食欲减退、体温升高、腹泻，甚至后肢一时性瘫痪，还可引起肌肉变色、形成包囊——米氏囊，从而降低肉品的利用价值。

剖检见肌肉（膈肌和心肌等）退色，色淡，呈水样，上有小白点，陈旧的已钙化，在肌纤维中可发现米氏囊。

（二）综合防治

加强饲养管理，不用生肉喂犬、猫，禁止犬、猫接触猪及饲料。加强肉品卫生检疫，发现虫体较多且肌肉有病变时，整个肉尸作工业用或销毁，而无病变的猪肉应煮熟后方可利用。可试用氨丙啉等抗球虫药进行防治。

处方：氨丙啉。

【作用】防治猪肉孢子虫病。

【用法】每千克体重 25~65 毫克，每天 1 次，拌料或混入饮水中喂服，连用 3~5 天。

十四、猪球虫病

（一）本病简介

猪球虫病（coccidiosis of swine）是仔猪的一种肠道寄生原虫病，主要危害7~21日龄仔猪，其特征是仔猪腹泻，呈急性或慢性肠炎症状。本病在高密度饲养的条件下比较容易发生，病死率不高，但康复猪多生长不良而成僵猪。成年猪一般不呈现临床症状而成为带虫者。本病一年四季均可发生，以8~10月多发，卫生条件差、拥挤、突然改变饲料等因素易诱发此病发生。

剖检病猪可见肠道水肿、充血、卡他性或出血性肠炎，有的表现为坏死性肠炎，尤以空肠和回肠病变明显，肠壁增厚，小肠绒毛萎缩。取病猪粪便或肠内容物进行镜检，发现大量球虫卵囊即可确诊。

（二）综合防治

1．预防措施

加强环境卫生管理，保持猪舍清洁干燥，并经常用5%氨水进行喷洒，粪便及时清扫并堆积发酵处理。

2．治疗措施

（1）西药治疗：

处方一：氨丙啉。

【作用】防治猪球虫病。

【用法】每千克体重25~65毫克，每天1次，拌料或混入饮水中喂服，连用3~5天。

处方二：磺胺脒。

【作用】防治猪球虫病。

【用法】每千克体重20毫克，1次口服，每天1次，连用5~7天。

处方三：氯苯胍。

【作用】防治猪球虫病。

【用法】每千克体重20毫克，拌入饲料中喂服。由于本药生产成本高，耐药性产生快，会使产品带异臭味，国内近年已较少用。

(2) 中草药治疗：

处方：旱莲草、地锦草、鸭跖草、败酱草、翻白草各等份。

【作用】治疗猪球虫病。

【用法】按处方配药，每头猪每次50~100克，水煎灌服，每天1剂，连服3~5剂。

十五、锥虫病

(一) 本病简介

猪锥虫病（trypanosomosis）是猪的一种血液原虫病。吸血昆虫活跃的夏季是本病感染和传播的主要季节。病猪及带虫的其他家畜是本病的传染源。锥虫寄生在动物的血液中，通过吸血昆虫的叮咬而感染健康猪。

发病症状：患病猪精神萎靡，食欲减退，间歇性发热，贫血，后肢可能出现水肿，耳、尾尖有不同程度坏死，体表淋巴结肿大，渐进性消瘦而衰竭死亡。主要特征是间歇性发热、贫血、渐进性消瘦和衰弱。

剖检见尸表消瘦，血液稀薄不易凝固，肝、脾、淋巴结肿大。临床出现间歇性发热、贫血、消瘦的病猪，可在病初发热时采耳尖血抹片，染色后镜检，发现锥虫即可确诊。

（二）综合防治

1. 预防措施

加强饲养管理，搞好猪舍卫生，经常用杀虫剂驱杀虻蝇，减少传播的机会，发现病猪及带虫猪要及时隔离治疗。

2. 治疗措施

处方一：贝尼尔（血虫净）10～250毫克，10%～25%葡萄糖注射液20毫升，10%安钠咖10毫升。

【作用】防治猪锥虫病。

【用法】肌肉注射10%安钠咖，隔10～20分钟，每千克体重贝尼尔（血虫净）4～6毫克，用10%～25%葡萄糖注射液溶解，深部肌肉注射，隔天重复用药1次。间隔1天再注射1次，连用2～3天。

处方二：拜耳205。

【作用】防治猪锥虫病。

【用法】每千克体重10毫克，用生理盐水稀释成10%溶液，1次静脉缓慢滴注，间隔2～3天重复用药1次。

处方三：安锥赛。

【作用】防治猪锥虫病。

【用法】每千克体重15毫克，1次皮下注射，隔2～3天重复用药1次。

处方四：咪唑苯脲。

【作用】防治猪锥虫病。

【用法】每千克体重4毫克，用生理盐水稀释成10%溶液，1次皮下注射，每天1次，连用2天。

十六、小袋纤毛虫病

(一) 本病简介

小袋纤毛虫病（balantidiosis）是猪的一种大肠寄生原虫病。病猪和带虫猪是本病的主要传染源。病原为纤毛纲小袋虫科的结肠小袋虫，是猪、牛、羊等家畜肠道中常见的寄生虫。虫体在发育过程中有滋养体和包囊两个阶段。包囊抵抗力较强，常温下能存活20天，一般的消毒药均不能破坏其活力，但阳光和高温对其有杀灭作用。包囊随粪便排出，猪吞食了被包囊污染的饲料和饮水后，囊壁在猪肠内被消化，包囊内虫体脱囊而出转变为滋养体而进入大肠。仅在宿主消化机能紊乱或肠粘膜有损伤的情况下，虫体才乘机侵入肠组织而引起溃疡。各种年龄猪只均可感染，但以60~70日龄的仔猪多发，饲养条件差可诱发此病。本病的潜伏期为5~16天。

发病症状：患病仔猪表现为精神沉郁，食欲减退或废绝，体温一般正常，有的升高，拉稀，粪便呈泥状，有恶臭，混有粘液、血液和粘膜碎片。感染严重时可引起死亡。成年猪除粪便附有粘液和血液外，一般不表现其他临床症状。成年猪多呈带虫现象，人也可感染此虫。

粪便检查可见滋养体或包囊。剖检可在大肠粘膜上发现有溃疡，尤以结肠为甚，其次为直肠和盲肠。镜检肠内容物可查出虫体。

(二) 综合防治

1. 预防措施

加强饲养管理，搞好猪场的环境卫生，加强饮水和饲料的管理，避免猪、人粪便的污染。场舍和环境定期用5%福尔马林进行彻底消毒，可减少或避免本病的流行。发病猪应及时隔离治

疗。

2．治疗措施

(1) 西药治疗：驱杀虫体。

处方一：甲硝唑片剂。

【作用】治疗猪小袋纤毛虫病。

【用法】每千克体重 10 毫克，内服，每天 1 次，连用 2～4 天。

处方二：土霉素。

【作用】治疗猪小袋纤毛虫病。

【用法】每千克体重 10～25 毫克，分 2～3 次喂服。

处方三：金霉素。

【作用】治疗猪小袋纤毛虫病。

【用法】内服，1 次量每千克体重 10～25 毫克，每天 2 次。

处方四：卡巴胂 0.25～0.5 克。

【作用】治疗猪小袋纤毛虫病。

【用法】1 次喂服，每天 2 次，连用 10 天。

处方五：牛乳 1 000 毫升，碘片 5 克，碘化钾 10 克，蒸馏水 100 毫升。

【作用】治疗猪小袋纤毛虫病。

【用法】按处方配药，混匀让猪只自由饮用。

(2) 中草药治疗：

处方：常山、诃子、大黄、木香各 10 克，干姜、附子各 5 克。

【作用】治疗猪小袋纤毛虫病。

【用法】按处方配药，共粉碎为末，蜂蜜 100 克为引，开水冲调，供体重 20 千克的猪只服用，空腹灌服，每天 1 次，连服 3～5 天。

十七、猪 疥 癣 病

(一) 本病简介

猪疥癣病（scarcoptosis）俗称猪癞，是由疥螨寄生在猪皮肤内引起以瘙痒、脱毛、皮肤粗糙增厚为主要症状的一种慢性皮肤病。健康猪与病猪直接接触、共用饲具，以及猪舍阴湿、栏圈不洁、猪体脏污都可使疥螨得以繁殖寄生，均可引起发病。本病多发生于阴湿寒冷的冬季，尤其是在饲养密度大、拥挤和卫生条件不良的猪场发病特别严重。各种年龄、性别、品种的猪只均可发生。疥螨多寄生在猪的耳、眼睑、背和体侧的皮肤内，摄取上皮细胞和淋巴液为营养，破坏上皮细胞并排出排泄物。猪疥癣通常起始于头部、颊及耳部，以后蔓延到背部、躯干两侧及后肢内侧。

发病症状：患畜局部发痒，常以肢搔痒或在墙角、柱栏等处磨擦。数日后，患部皮肤上出现针头大小的结节，随后形成水疱或脓疱。当水疱及脓疱破溃后，结成痂皮。病情严重时体毛脱落。皮肤的角质化程度增强，干枯，出现皱纹或龟裂，食欲减退，生长停滞，逐渐消瘦，甚至死亡，对养猪生产的危害十分严重。幼猪因皮肤较嫩，适合疥螨寄生，发病多而重，有的变成僵猪。

诊断：在病变区的边缘刮取皮屑，要刮得深，直到见血为止。将刮下的皮屑，滴加少量的甘油、水（或液体石蜡）等量混合，放在载玻片上，用低倍镜检查，可发现活动的螨。也可将刮取的皮屑放入试管中，加入5%～10%氢氧化钠（或氢氧化钾）溶液，浸泡2小时，或煮沸数分钟，然后离心沉淀，取沉渣镜检虫体。也可将这些沉渣加饱和盐水进行漂浮法检查。最简单的方法是刮取耳道里的虫体镜检，此法检出率高。

（二）综合防治

1. 预防措施

预防着重于加强卫生措施，建立检疫制度，发现病猪及时隔离并加以治疗。圈舍可用2%～3%热火碱液进行消毒。用新鲜辣蓼草或新鲜樟树叶垫栏，可预防或减少本病发生。购买猪只要仔细检查，先作预防处理，再混入健康群。最有效的方法是定期对全群猪用阿维菌素等药物进行驱虫。发现病猪应及时治疗，并用杀螨药消毒猪舍和用具。

2. 治疗措施

用药局部涂抹或喷洒治疗时，为使药物充分接触虫体，宜先用肥皂水或清洁水洗刷患部、清除痂壳和污物。

（1）西药治疗：

处方一：阿维菌素。

【作用】治疗猪疥癣病。

【用法】每千克体重0.3毫克，颈部皮下注射。

处方二：伊维菌素。

【作用】治疗猪疥癣病。

【用法】每千克体重0.3毫升，颈部皮下注射。

（2）中草药治疗：

处方一：硫黄、石灰和水按1:2:25的比例混合。

【作用】治疗猪疥癣病。

【用法】按处方配药，置锅中煮沸至黄色，去渣取液，冷却后用喷雾器喷洒患病猪体表，间隔3天再用1次。

处方二：植物油100毫升，硫黄15克，花椒面5克。

【作用】用于治疗猪疥癣病。

【用法】植物油放入锅中烧开，沫消后加入硫黄和花椒面，用木棒搅拌成粥状。冷却后用毛刷将药刷在患部。

处方三：硫黄50克，苦参粉500克，乌桕油1 000克。

【作用】治疗猪疥癣病。

【用法】按处方配药,混合调匀,涂擦患部。

处方四:硫黄 100 克,明矾 50 克。

【作用】治疗猪疥癣病。

【用法】按处方配药,混合粉碎为末过筛,加棉子油(也可用其他植物油代替)500 毫升,搅匀涂擦患部。

处方五:花椒、荆芥、防风、苍术各等份。

【作用】治疗猪疥癣病。

【用法】按处方配药,粉碎为细末,用凡士林调成膏,均匀涂于患部,轻者 1 次可愈,重者 2~3 次痊愈。

处方六:硫黄 30 克,雄黄 15 克,枯矾 45 克,花椒 25 克,蛇床子 25 克。

【作用】杀虫灭疥,主治猪疥癣病。

【用法】按处方配药,粉碎为细末,油调涂搽患处。使用时注意防止猪互相舔食,以免中毒。

处方七:川椒 15 克,硫黄 15 克,麻油 125 毫升。

【作用】治疗猪疥癣病。

【用法】按处方配药,调匀,均匀涂于患部,直至痊愈。

处方八:烟草末。

【作用】治疗猪疥癣病。

【用法】烟草末加水浸 1 昼夜后,煮沸 30 分钟,过滤后均匀涂于患部。

处方九:硫黄 30 克,大枫子 9 克,蛇床子 12 克,木鳖子 9 克,花椒子 25 克,五倍子 15 克,麻油 200 毫升。

【作用】治疗猪疥癣病。

【用法】按处方配药,粉碎为细末,用麻油调匀涂于患部,直至痊愈。

十八、蠕形螨虫病

（一）本病简介

猪蠕形螨虫病（demodicosis）是蠕形螨科的猪蠕形螨虫寄生于猪的毛囊和皮脂腺中而引起的一种慢性皮肤病。由于该虫寄生于毛囊中，故又称毛囊虫病。本病是通过接触传染的。

（二）综合防治

1. 预防措施

着重于猪舍的清洁卫生措施，如发现病猪，立即隔离。病猪接触过的用具和褥草等，应进行消毒以消灭虫体。

2. 治疗措施

处方一：阿维菌素。

【作用】治疗猪蠕形螨虫病。

【用法】每千克体重0.3毫克，颈部皮下注射。

处方二：伊维菌素。

【作用】治疗猪蠕形螨虫病。

【用法】每千克体重0.2～0.3毫升，颈部皮下注射。

十九、猪　虱　病

（一）本病简介

猪虱病（haematopinosis suis）是由猪血虱寄生引起的一种体外寄生虫病。健康猪和带虱病猪接触可直接感染，也可通过褥草和用具等间接感染。猪虱繁殖快，又善爬行，一旦有猪感染，可迅速波及全群。猪虱除吸食血液影响生长发育外，还可作为媒介传播其他一些传染病和侵袭性疾病。猪虱常寄生于猪的腹部、四肢内侧、颈部和耳廓后方。虱在吸食血液的同时分泌唾液，分泌物中含有的毒素能刺激神经末梢引起痒感。

发病症状：病猪到处擦痒，导致皮肤粗糙、被毛脱落或皮肤皲裂。严重感染猪消瘦、贫血、食欲减退，仔猪发育不良、生长缓慢。

（二）综合防治

1．预防措施

加强饲养管理，经常检查猪群，发现病原后及时治疗；引进猪只应先隔离灭虱后再合群。

2．治疗措施

（1）西药治疗：

处方一：伊维菌素。

【作用】治疗猪虱病。

【用法】每千克体重0.3毫升，颈部皮下注射。

处方二：敌百虫。

【作用】治疗猪虱病。

【用法】用0.5%～1%敌百虫水溶液喷洒猪体表1～2次。

处方三：双甲脒。

【作用】治疗猪虱病。

【用法】将双甲脒配成0.01%～0.05%溶液，喷洒或涂擦猪只全身。

（2）中草药治疗：

处方一：烟叶50克，水1 000毫升，煤油50毫升。

【作用】治疗猪虱病。

【用法】按处方配药，烟叶熬成500毫升汁，加入煤油，涂擦猪体，每天1次，连用2～3天。

处方二：百部30克。

【作用】治疗猪虱病。

【用法】百部用水500毫升煎煮30分钟，取汁涂擦患部。

处方三：鲜桃叶。

【作用】治疗猪虱病。

【用法】鲜桃叶适量，捣碎后涂擦猪体数遍。

处方四：百部 250 克，苍术 125 克，雄黄 60 克，清油 250 克。

【作用】杀虫止痒。主治猪虱病。

【用法】按处方配药，百部加水2 000毫升，煮沸 1 小时，过滤，加入粉碎的苍术、雄黄，再加清油调匀，每次用适量涂搽患部。

第六章 猪中毒病

第一节 概　述

一、猪中毒病的诊断

某些物质通过消化道、呼吸道、皮肤等途径进入猪体内被机体吸收，引起猪的生理机能紊乱甚至死亡，称为中毒，引起中毒的物质称为毒物。中毒引起的生理机能紊乱可导致猪生长发育受阻甚至死亡，造成很大的经济损失。了解猪中毒病的诊断和防治原则，有利于减少猪中毒病的发生及由此引起的损失。

1. 病史调查

了解饲料种类、保管和加工情况，分析饲料是否存在霉烂变质的可能。调查猪只是否接触或误食过有毒植物、鼠药、农药、化肥、工厂废水等有毒物品。近期是否因防病、治病或驱虫而在饲料、饮水中添加过药物。了解猪的发病数量、经过时间、死亡数量及既往病史。

2. 临床检查

中毒的猪群常同时发病或相继发病，症状相似。急性发病多表现为发病突然，体格健壮和食欲旺盛的猪只症状更重。根据中毒病因的不同，病猪常出现呕吐、腹泻、流涎、厌食、腹痛、呼吸困难等消化、呼吸道症状和肌肉颤抖、运动失调、痉挛、昏迷

等神经症状。有些中毒病例还见有贫血、失明、黄疸、血尿、跛行、感光过敏等症状。

3．解剖检查

猪多因经消化道摄入毒物而中毒，所以检查消化道病变、内容物色泽、气味和性质对诊断有重要意义。病猪常表现为消化道粘膜充血、出血和坏死。有时可在胃肠内发现引起中毒的有毒物质或其他毒物；有些毒物中毒可使胃肠内容物有特殊的气味，如氰化物中毒的有苦杏仁味、有机磷中毒的有大蒜味等；磷化锌中毒的呕吐物和胃内容物在黑暗处可见有荧光。另外，血液颜色的变化对诊断某些毒物中毒有意义，如氰化物中毒可见血液呈鲜红色，亚硝酸中毒血液呈褐色等。肝、肾等常有损害性病变，但病理变化很难作为鉴别诊断的依据。

4．毒物送检

对一些初步诊断是中毒但无法确定是什么毒物中毒的病例，应取适量饲料或新鲜胃肠内容物送有关单位进行化验分析。

二、猪中毒的救治

1．清除毒源

及时收集并销毁可疑毒饵、呕吐物、垃圾或饲料，防止猪继续接触或采食。如尚未确定毒物，应考虑更换场所、饮水、饲料和用具。

2．清除体表毒物

如因体表接触毒物引起中毒，可根据毒物的性质而选用清水、肥皂水、石灰水或食醋等反复冲洗体表，以清除体表毒物。

3．清除消化道毒物

经消化道摄入毒物中毒的，可采用催吐剂、洗胃剂、泻下剂、吸附剂等，促进毒物的排出，阻止毒物被继续吸收。

（1）催吐剂：可兴奋呕吐中枢，促使毒物经呕吐排出体外。常用的催吐剂有1%硫酸铜溶液、阿朴吗啡、吐根末或吐根糖

浆。

(2) 洗胃剂：对于从消化道进入体内的毒物，洗胃是排除毒物的一种方法。常用的洗胃剂有温水、1%~2%食盐水等，根据毒物性质不同还可选用1%鞣酸溶液、0.02%~0.1%高锰酸钾溶液、2%碳酸氢钠等。洗胃剂在毒物进入消化道4~6小时内使用效果较好。

(3) 泻下剂：包括盐类和油类两种，通过加强胃肠分泌、兴奋肠蠕动而促进毒物排出。

①盐类泻剂因其渗透压作用，能阻止毒物吸收，排毒效果较好，常用药剂为硫酸钠、硫酸镁。

②油类泻剂可溶解某些毒物而促进毒物的吸收，因此一般不作排毒泻剂使用，尤其不能用于有机磷、有机氯、磷化锌等毒物中毒。

4．放血

对于毒物进入体内时间较长、毒物被吸收进血液的病例，可采用静脉放血、剪耳或断尾等放血疗法来排除部分毒物，然后静脉注射适量葡萄糖或葡萄糖盐水。

5．对症支持疗法

某些动物中毒后无特效解毒药或买不到特效解毒药，常采用对症支持疗法以维持机体生命活动、缓解中毒症状。常用的对症支持疗法有强心（用安钠咖等）、补液（用生理盐水、葡萄糖等）、镇静（用氯丙嗪、溴化物等）、兴奋呼吸（尼可刹米）、利尿（双氢克尿塞、速尿）和保肝（肝泰乐、护肝片）等。

6．应用特效解毒药

在确定中毒毒物性质的情况下，对某些有特效解毒药的中毒，应迅速使用特效解毒药进行解毒治疗。有机磷中毒可用碘解磷定或阿托品解毒；亚硝酸盐中毒可用亚甲蓝或甲苯胺蓝解毒；氰化物中毒可用硫代硫酸钠或亚硝酸钠解毒；有机氟中毒可用解氟灵（乙酰胺）解毒；重金属（汞、铅、铜等）和类金属（砷、

锑、磷)等中毒可用二巯基丙醇或二巯基丙磺酸钠解毒。

7. 其他

为避免动物性食品中药物残留危害人类的健康和造成危害,应熟悉掌握中毒病的特点和治疗药物的特性,遵守有关药物在动物组织中的最高残留限量和休药期的规定(见本书附录六)。

第二节 猪中毒病的综合防治

一、食盐中毒

(一)本病简介

食盐中毒(sodium chloride poisoning)的实质是钠离子中毒。食盐中毒与钠离子和体液紊乱有关。食盐是机体维持正常生理活动不可缺少的成分。如果喂量过大,反而引起中毒,有时食入食盐并不过量,但因饮水不足也可引起中毒。猪的食盐摄入量超过每千克体重2.2克,就有引起中毒的危险。发生中毒的原因多是喂酱渣、盐腌物汁、咸鱼等含盐多的饲料,也可能在长期缺乏食盐的情况下突然吃进大量食盐而中毒。日粮中含盐量过多而饮水又不足,均可引起中毒。

病猪极度口渴,争相饮水,随之呕吐,食欲废绝,精神沉郁,视力减退,自口腔流出大量泡沫,腹泻,有时血便,运动失调,步态不稳,旋转,两腿软弱无力,全身颤抖,作游泳状,呼吸急促或困难。严重者呈昏睡状态,最后死亡。

剖检见胃部粘膜充血、出血,胃底部更严重;肠系膜淋巴结充血、出血;肝肿大,质脆;脑充血、水肿。

根据所喂饲料含盐量高及临床症状可作出初步诊断。

(二) 综合防治

1. 预防措施

不要长期或大量喂给含盐量多的饲料，食盐喂量要适当，一般每天每头大猪15克，育肥猪或青年猪8~10克，小猪5~6克。日粮中含盐量一般不要超过0.5%，并保证充足的饮水，帮助食盐排出。用含食盐较多的酱渣、咸菜作饲料时，含量不可过多，并应混合其他饲料，还必须喂几天停几天。

2. 治疗措施

猪出现食盐中毒症状后立即停止饲喂原饲料，多次给予限量新鲜饮水（不要无限制地一次大量饮水，也不要强迫喂水），根据症状轻重缓急选择下述西药或中药治疗。

(1) 西药治疗：

处方一：10%樟脑磺酸钠5~10毫升，维生素C 5毫升，维生素B_1 2~4毫升。

【作用】治疗猪食盐中毒。

【用法】10%樟脑磺酸钠、维生素C和维生素B_1混合后，1次肌肉注射。

处方二：10%葡萄糖液250毫升，速尿40毫克，2.5%盐酸氯丙嗪2毫升，0.5%普鲁卡因10毫升。

【作用】治疗猪食盐中毒。

【用法】10%葡萄糖液与速尿混合后静脉注射，每天2次，连用3~5次，见大量尿液排出时停止使用。2.5%盐酸氯丙嗪作天门穴注射，每天1次，连用1~2次。如病猪出现牙关紧闭而不能进食时，用0.5%普鲁卡因作两侧牙关、锁口穴封闭注射，一般1次即可。

处方三：20%甘露醇溶液100~250毫升，25%硫酸镁溶液10~25毫升。

【作用】治疗猪食盐中毒。

【用法】每千克体重甘露醇溶液5毫升、硫酸镁溶液0.5毫升，混合后1次静脉注射。也可用溴化钙1~2克，溶于10~20毫升蒸馏水中，过滤、煮沸灭菌后，耳静脉注射。

处方四：5%葡萄糖液100~300毫升，甘草50~100克，绿豆250~300克，黄豆750~1 000克。

【作用】治疗猪食盐中毒。

【用法】5%葡萄糖液静脉或腹腔注射；甘草加绿豆煎汤服，或用食醋200毫升加水适量灌服；黄豆浸泡后磨浆给猪灌服，供体重100千克左右的猪用，仔猪用量酌减。

处方五：1%硫酸铜50~100毫升，白糖150~200克，25%山梨醇溶液50~100毫升，2.5%盐酸氯丙嗪2~5毫升，20%安钠咖注射液2.5~10毫升。

【作用】治疗猪食盐中毒。

【用法】先内服1%硫酸铜催吐，再内服白糖或面粉糊等粘浆剂50~100克保护肠胃粘膜；静脉注射或腹腔注射25%山梨醇溶液或50%高渗葡萄糖液50~100毫升以缓解脑水肿。出现神经症状者，静脉或肌肉注射2.5%盐酸氯丙嗪；心脏衰弱者，皮下或肌肉注射20%安钠咖注射液。

处方六：25%硫酸镁注射液10毫升，5%葡萄糖生理盐水500~1 000毫升，10%安钠咖3~5毫升，5%氯化钾1~10克。

【作用】治疗猪食盐中毒。

【用法】用大量的温水反复洗胃，内服油类泻剂或使其大量饮水，同时进行剪耳、断尾放血。为了解除痉挛，可用25%硫酸镁注射液肌肉注射。为了维护心脏功能，用5%葡萄糖和安钠咖液静脉注射，或皮下注射尼可刹米缓解呼吸困难等。为了恢复盐类平衡，可用氯化钾每千克体重0.2克，配成5%溶液分数点皮下注射，以防止皮下坏死。

处方七：白糖，维生素C。

【作用】滋阴解毒、生津止渴，治疗猪食盐中毒。

【用法】立即给予大量的清洁饮水,病重者可灌服白糖水,并加入适量的维生素C。

(2)中草药治疗:

处方一:植物油适量。

【作用】治疗猪食盐中毒。

【用法】内服植物油,同时给予大量饮水或糖水。

处方二:生葛根30克,天花粉30克,鲜芦根50克,绿豆50克。

【作用】治疗猪食盐中毒。

【用法】按处方配药,煎汤取汁,候温灌服,供体重15千克的猪只服用。

处方三:甘草30~60克,绿豆120~200克。

【作用】治疗猪食盐中毒。

【用法】按处方配药,水煎取汁,候温灌服。

处方四:生石膏25克,天花粉25克,鲜芦根35克,绿豆40克。

【作用】治疗猪食盐中毒。

【用法】按处方配药,煎汤取汁,候温灌服,供体重15千克左右的猪只服用。

处方五:新鲜葛根100~300克,茶叶30~50克,5%~10%葡萄糖液500~1 000毫升。

【作用】治疗猪食盐中毒。

【用法】按处方配药,加水1 000~2 000毫升,煮沸30分钟,候温灌服;葡萄糖液静脉注射。重者重复用药2~3次。

(3)针灸疗法:

方案:

【穴位】耳尖、尾尖、百会、天门、脑俞。

【针法】血针或白针。

二、亚硝酸盐中毒

(一) 本病简介

亚硝酸盐中毒（nitrite poisoning）是由于猪吃食了含有亚硝酸盐的饲料，亚硝酸盐进入猪体内被胃肠粘膜吸收到血液中，使血液中的氧基血红蛋白变成不能携带氧的高铁血红蛋白，可使血液失去携氧能力，使猪只因全身缺氧，导致呼吸中枢麻痹，最终窒息死亡，俗称猪饱潲瘟、猪烂菜叶中毒。

许多饲料作物、蔬菜叶及一些野生植物中含有大量硝酸盐，硝酸盐在广泛存在于自然界中的硝化菌的作用下转化为对动物有毒的亚硝酸盐。各种幼嫩青饲料和菜叶放置过久，特别是经过雨水浇淋或烈日曝晒，极易发酵腐热，或文火加盖焖煮青绿饲料，或冬季让煮熟的饲料长久焖置锅中，这些原因为硝化菌的生长提供了适宜温度和时间，使饲料中的硝酸盐转化为亚硝酸盐。青菜、白菜、甜菜、包菜、南瓜藤等含有硝酸盐的饲料因堆积发生腐烂，或煮时加盖没有煮透，或煮后放置过久，使其中的硝酸盐转化为亚硝酸盐。这些含亚硝酸盐的饲料喂猪后可引起猪中毒。

本病多为急性发作，常在饲喂后突然不安，似有腹痛的症状，有的呕吐、流涎、呼吸困难，走路摇晃，全身震颤，心跳加速，鼻盘发绀，耳根及四肢末梢冰凉，结膜苍白，口唇粘膜粉红色消失，严重的很快倒地痉挛而死，有的拖延1~2小时死亡。猪群发病的情况常与喂食的顺序及食入量有关，先喂的先发病，吃量多的先发病，体温多在常温下或无变化。一般症状表现为呼吸加快、流涎，时起时卧，腹痛不安或转圈呕吐，口吐白沫；口和眼结膜初呈紫黑色，后转为灰白色；四肢软弱无力，走路摇摆或抽搐，挣扎鸣叫，伸舌；心跳微弱，体温下降到常温以下，最后倒地死亡。割断尾巴出血很少，血液凝固不良，呈黑色或黄褐色，似酱油。

剖检见全身血管扩张，肝淤血、肿大，胃肠粘膜多有充血。

根据发病经过和症状可对本病作出初步诊断，确诊需做硝酸盐和亚硝酸盐毒物化验。

（二）综合防治

1．预防措施

青饲料应鲜喂，这样可保持其原有大量维生素不受损失。不要饲喂长期堆积发热腐烂的青贮料。如要煮料，应揭开锅盖迅速煮透，使有毒物质蒸发出去。煮后的饲料不要放在锅内过夜，待饲料冷却后放在缸或桶内，当天喂完。堆积发热腐烂的蔬菜、瓜藤不能作猪饲料。

2．治疗措施

发生中毒后，健壮肥猪因食量大、发病重，往往来不及治疗就死亡。发病轻的猪先进行剪耳、断尾放血，以争取抢救时间，然后再选用下列措施之一救治。

（1）西药治疗：

处方一：0.02％高锰酸钾溶液适量，鸡蛋清2～3个。

【作用】治疗猪亚硝酸盐中毒。

【用法】用0.02％高锰酸钾溶液洗胃，灌服鸡蛋清。

处方二：硫酸阿托品0.1～5毫克，维生素C 200～250毫克。

【作用】治疗猪亚硝酸盐中毒。

【用法】硫酸阿托品，每千克体重0.14～0.16毫克，静脉注射；维生素C皮下注射。配合输液、强心等对症疗法。

处方三：1％美蓝溶液1～50毫升，维生素C 2～3克，10％～25％葡萄糖300～500毫升，10％安钠咖3～5毫升。

【作用】治疗猪亚硝酸盐中毒。

【用法】1％美蓝溶液，每千克体重1毫升；或甲苯胺蓝每千克体重5毫克配成5％溶液，静脉或肌肉注射。口服大剂量维生素C，静脉注射25％～50％高渗葡萄糖。心脏衰弱者每头肌肉注

射10%安钠咖3~5毫升。

处方四：强力解毒敏注射液12毫升（每支2毫升，含甘草酸铵4毫克、氨基乙酸40毫克、L-半胱氨基酸盐3毫克）。

【作用】治疗猪亚硝酸盐中毒。

【用法】每头猪肌肉注射强力解毒敏注射液，同时两耳及尾尖放血。

（2）中草药治疗：

处方一：糯米稻草灰500克。

【作用】治疗猪亚硝酸盐中毒。

【用法】按处方配药，用开水浸泡，过滤去渣，1次灌服。

处方二：绿豆粉250克，甘草末100克，菜油200毫升。

【作用】治疗猪亚硝酸盐中毒。

【用法】按处方配药，将绿豆粉、甘草末用水冲调加菜油，1次灌服。

处方三：甘草。

【作用】治疗猪亚硝酸盐中毒。

【用法】甘草与水按1∶10的比例煎汤，候温灌服，大猪每次3碗，小猪每次1碗（约500毫升）。

处方四：奶类、蛋清适量，5%葡萄糖500~1000毫升，10%安钠咖3~5毫升。

【作用】治疗猪亚硝酸盐中毒。

【用法】按处方配药，内服奶类、蛋清，静脉注射5%葡萄糖或葡萄糖生理盐水，同时注射安钠咖强心剂。

处方五：绿豆200克，小苏打100克，食盐60克，木炭末100克。

【作用】治疗猪亚硝酸盐中毒。

【用法】按处方配药，共粉碎为末，加少量水，调匀后1次灌服，每天1剂，连用2天。

处方六：绿豆粉250克，甘草末100克。

【作用】治疗猪亚硝酸盐中毒。

【用法】按处方配药,开水冲调后加菜油200毫升,1次灌服。

(3) 针灸治疗:

方案:

【穴位】耳尖、尾尖、蹄头。

【针法】放血。

三、酒糟中毒

(一) 本病简介

酒糟中毒(brewery grain poisoning)是由于猪吃食了贮存不当或放置过久,发生酸败而产生大量醋酸、乳酸等有机酸的酒糟,猪吃入后易引起酸中毒;另外,酒糟中还含有一定量的酒精,给猪吃食了酸败变质的酒糟,或日粮中酒糟含量过大,有毒物质、酒精、霉菌等刺激胃肠并被吸收而发生中毒。

酒糟中毒轻者呈消化不良、黄疸、皮炎,有时出现血尿,妊娠母猪往往流产。重者呈现一系列肠炎症状,食欲减退或废绝,大量饮水,流涎,初便秘,后下痢,严重的体温升高达40℃以上,脉搏微弱,呼吸急促,同时神经症状明显,四肢麻痹,卧地不起。

剖检见肺充血、水肿,胃粘膜充血或出血;小肠水肿,肠壁变薄,肠系膜淋巴结肿大、充血;肝、肾肿胀,心外膜有出血斑。

根据饲喂酒糟史和肠胃病变可初步诊断。

(二) 综合防治

1. 预防措施

酒糟最好不要长期堆放,防止发酵霉败,已发酸的酒糟不要

喂猪；不宜单喂酒糟饲料，酒糟在日粮中的含量不要超过30%；对轻度酸败的酒糟，可加入1%~3%石灰水或小苏打浸泡20~30分钟以中和酸类、减低毒性，并搭配其他饲料使用；喂前要加热，还必须掌握喂量，猪每天不要超过1.5千克。发生中毒时立即停喂。

2. 治疗措施

发生中毒后，立即停喂酒糟，选用青饲料和配合饲料喂猪，并根据症状进行对症治疗。

处方一：硫酸镁50~100克，大黄末20~30克。

【作用】治疗猪酒糟中毒。

【用法】按处方配药，加水溶解，1次灌服。

处方二：葛花500克（或葛根100克），苏打粉5克，白糖100克，10%葡萄糖液500毫升，10%氯化钙液30~50毫升，10%安钠咖10毫升，5%碳酸氢钠液250~500毫升。

【作用】治疗猪急性酒糟中毒。

【用法】按处方配药，葛花煎水，加苏打粉、白糖灌服；同时用10%葡萄糖液、10%氯化钙液、10%安钠咖和5%碳酸氢钠液分别静脉注射。

处方三：大黄40克，芒硝50克，枳实30克，菜油50毫升，蜂蜜100毫升；10%碳酸氢钠注射液10毫升，氨胆注射液10毫升，10%安钠咖注射液5毫升，10%碳酸氢钠适量。

【作用】治疗猪酒糟中毒。

【用法】按处方配药，中药混合溶化，分2次灌服（用于以便秘为主要症状的病猪）；10%碳酸氢钠注射液、氨胆注射液和10%安钠咖注射液混合后，肌肉注射，连用2天。同时以10%碳酸氢钠溶液灌肠。

处方四：1%碳酸氢钠溶液1 000~2 000毫升，5%葡萄糖生理盐水500毫升，20%安钠咖5毫升，5%碳酸钠溶液100~500毫升，豆浆适量。

【作用】治疗猪酒糟中毒。

【用法】用1%碳酸氢钠溶液给猪内服或灌肠,同时静脉注射5%葡萄糖生理盐水、20%安钠咖和5%碳酸钠溶液;口服豆浆以保护肠胃粘膜。

四、棉子饼中毒

(一) 本病简介

棉子饼中毒(cotton seed cake poisoning)是由于长期使用未经脱毒处理的棉子饼喂猪,导致棉酚在猪体内蓄积而引起中毒。棉酚对猪体细胞、神经、血管均有毒害作用,能破坏组织细胞,引起各脏器的炎症及红细胞崩解,毒害作用很大,如果日粮中缺少钙、铁、蛋白质及维生素A时,则增加猪中毒的敏感性。

棉子饼中毒有一个阶段的潜伏期,之后才发现症状,一般表现为体力衰弱,被毛粗乱,食欲减退或废绝,精神沉郁,结膜苍白,呕吐,下痢;病情重者表现为呼吸困难,食欲废绝,结膜黄染,肌肉痉挛,便秘或下痢,尿中带血,耳、尾尖部皮肤呈蓝紫色,最后体质衰弱、衰竭而死。怀孕母猪常流产,仔猪多脱水而死。

(二) 综合防治

1. 预防措施

用棉子饼喂猪前进行脱毒处理。脱毒的方法有:

①加热煮沸1~2小时。

②将棉子饼用2%石灰水或3%碳酸氢钠水浸泡24小时,再用清水冲洗1~2次。

③每千克棉子饼中加入硫酸亚铁6.65克。

棉子饼在日粮中的含量不要超过10%,母猪日粮中不要超过5%;用棉子饼喂猪几周后应停止一段时间再喂;饲喂时用量

应由少到多逐渐增加到安全量;喂棉子饼期间,应补充足够的钙和维生素;母猪怀孕后期和哺乳期间一般不喂棉子饼;腐败棉子饼不要喂猪。

2. 治疗措施

本病无特效解毒药。发现病猪,立即停喂棉子饼,采取一般解毒措施和对症疗法进行治疗。

(1) 西药治疗:

处方一:0.03%高锰酸钾溶液适量,硫酸钠50~100克,健胃散5~10克,50%次亚硫酸钠10~20毫升。

【作用】治疗猪棉子饼中毒。

【用法】高锰酸钾溶液,或5%碳酸氢钠溶液,或0.3%~0.5%过氧化氢溶液,反复洗胃,之后灌服多量5%碳酸氢钠溶液。出现肺气肿时,应静脉注射甘露醇或山梨醇。硫酸钠和健胃散加适量温水投服。次亚硫酸钠,1次静脉注射。

处方二:5%氯化钙注射液20毫升,40%乌洛托品注射液10毫升。

【作用】治疗猪棉子饼中毒。

【用法】按处方配药,混合后1次静脉注射。

处方三:1∶1 000~1∶3 000的高锰酸钾溶液适量,硫酸钠50~100克,25%葡萄糖500毫升,10%安钠咖10~20毫升,10%氯化钙50~80毫升。

【作用】治疗猪急性棉子饼中毒。

【用法】用1∶1 000~1∶3 000的高锰酸钾溶液或3%~5%碳酸氢钠溶液洗胃,内服硫酸钠以清理肠胃毒物;为了保护肝脏、增强解毒功能,用25%葡萄糖、10%安钠咖和10%氯化钙混合后,静脉注射。

(2) 中草药治疗:以排毒通便、扶正泻下为治则。

处方一:大黄、芒硝、厚朴、枳实。

【作用】治疗猪棉子饼中毒。

【用法】按处方配药，先煎枳实，后下大黄，汤成去渣再加入芒硝，待芒硝溶后灌服。

处方二：绿豆粉（去皮）500克，苏打粉45克。

【作用】治疗猪棉子饼中毒。

【用法】按处方配药，开水冲调，候温灌服。

处方三：鸭蛋清10个，滑石粉200克，木炭末200克。

【作用】治疗猪棉子饼中毒。

【用法】按处方配药，加渐水调匀灌服。

处方四：大黄、芒硝、食母生。

【作用】治疗猪棉子饼中毒。

【用法】按处方配药，先煎大黄，再入芒硝、食母生，灌服或拌料喂服。

处方五：柴胡、黄芪各15克，知母、黄柏、羌活、龙胆、车前子、木通各6克，防风47克。

【作用】治疗猪棉子饼中毒。

【用法】按处方配药，共粉碎为细末，开水冲服，每天1次，连用2~3天。

处方六：大蒜75克，香油100克，溏鸡屎（鸡粪）少许。

【作用】治疗猪棉子饼中毒。

【用法】按处方配药，调匀后灌服。

处方七：大蒜1个，食盐47克，香油500毫升。

【作用】治疗猪棉子饼中毒。

【用法】按处方配药，混合内服，每天1次，连用2~3天。

处方八：大黄、滑石、陈皮、山楂、麦芽、神曲、金银花各30克，二丑、枳实、黄柏、木通各20克，芒硝50克，黄芩25克，槟榔15克，木香、甘草各10克。

【作用】治疗猪棉子饼中毒。

【用法】按处方配药，水煎分3次灌服；另外取鸡蛋清7枚，香油100毫升，小苏打50克，蜂蜜30克加水适量1次内服。

五、菜子饼中毒

(一) 本病简介

菜子饼中毒（rape seed cake poisoning）是畜禽采食过多含有芥子苷等成分的菜子饼引起的中毒。一般情况下，在猪饲料中掺入5%以下的菜子饼，即使不进行脱毒处理，也不会引起猪中毒；如果用量超过10%而又未经脱毒处理，就有可能引起中毒。菜子饼中含有配糖类黑芥子苷，在芥子酶的作用下，水解形成异硫氰酸丙烯酯或丙烯苯芥子油。芥子油具有强烈的刺激作用，采食后除对消化道粘膜具有刺激作用外，吸收后还可引起微血管扩张，血容量下降。同时伴有肝、肾损害，出现中毒症状。

发病症状：急性病猪可突然发病，虚脱而死，死前见不到任何症状。一般病猪表现为呼吸困难、咳嗽；排尿次数增加，有时见血尿；腹痛、肚胀、腹泻、粪中带血；继之体温下降、全身衰弱；最终多因衰竭而死。

剖检见肠粘膜充血和点状出血，肺气肿、水肿，肝肿大，肾出血，心内、外膜点状出血，血液如胶漆且凝固不良。

根据饲喂未经处理的菜子饼病史及临床症状、剖检病变，可对本病作出诊断。

(二) 综合防治

1. 预防措施

用菜子饼喂猪前应进行脱毒处理，并限量饲喂。脱毒的方法有：

①将菜子饼打碎,用清水浸泡24小时后捞起蒸煮1~2小时；

②选一较高爽地方，挖一个1米^{3}左右的深坑，四周用草席与土隔开，将粉碎的菜子饼按1:1加清水拌匀后装入坑中，顶部盖草秆后再盖上30厘米厚的土，约经2个月自然发酵后即可脱毒。

2．治疗措施

处方一：0.1%～1%单宁酸适量，蛋清、牛奶或豆浆适量。

【作用】治疗猪菜子饼中毒。

【用法】单宁酸或0.05%高锰酸钾溶液，洗胃；蛋清、牛奶或豆浆，内服。

处方二：甘草60克，绿豆300克，维生素C 2～4毫升，维生素K 2～4毫升。

【作用】治疗猪菜子饼中毒。

【用法】维生素C和维生素K肌肉注射，甘草和绿豆水煎取汁灌服，每天1剂，分2次灌服，连用3～4剂。

处方三：0.5%～1.0%鞣酸适量，10%安钠咖5～10毫升，25%葡萄糖液100～200毫升。

【作用】治疗猪菜子饼中毒。

【用法】灌服0.5%～1.0%鞣酸洗胃，再灌服稀面糊、米汤或豆浆等适量；肌肉注射10%安钠咖；静脉注射25%葡萄糖液。

处方四：硫酸钠35～50克，小苏打5～8克，鱼石脂1克。

【作用】治疗猪菜子饼中毒。

【用法】按处方配药，加水100毫升，1次灌服。

处方五：20%樟脑油3～6毫升。

【作用】治疗猪菜子饼中毒。

【用法】按处方配药，1次皮下注射。

处方六：甘草60克，绿豆60克。

【作用】治疗猪菜子饼中毒。

【用法】按处方配药，水煎去渣，1次灌服。

六、马铃薯中毒

(一) 本病简介

猪马铃薯中毒（potato poisoning）往往是猪因吃食较多的发

芽变质马铃薯而引起。马铃薯又叫土豆、山药蛋、洋山芋等,茄科植物,卵圆形块根具有很高的营养价值,可作为能量饲料喂猪。马铃薯中含有一种生物碱叫龙葵素,储存后发芽或薯皮发青的马铃薯中含量更高,龙葵素对肠胃消化道粘膜有较强的刺激作用,进入血液后可引起红细胞溶解。龙葵素引起的中毒有神经型、肠胃型和皮疹型3种类型,但以神经型兼肠胃型多见。

发病症状:病猪中毒轻者见食欲减退,体温升高,时有下痢,口腔粘膜发炎,低头呆立,反应迟钝,眼睑水肿。中毒重者初期兴奋不安,呕吐及腹泻,继而精神沉郁,后肢软弱,走路摇摆,后肢麻痹,呼吸困难,可视粘膜发绀,痉挛。部分病猪剧烈腹泻,粪便腥臭,混有血液和粘膜。怀孕母猪马铃薯中毒可发生流产。

剖检可见肠胃粘膜潮红、出血,上皮脱落、坏死;肝脏肿大、质脆、出血,脾、肾轻度肿大,心腔内有凝固不全的暗黑色血液,眼睑及颈部皮下有胶样浸润。

根据喂料史、临床症状及剖检病变可对本病作出诊断。

(二) 综合防治

1. 预防措施

龙葵素遇醋酸易分解。发芽或变质马铃薯使用前应切除幼芽和变质部分,再加热处理(也可加醋)即可,最好将煮马铃薯的水弃掉。怀孕母猪不要喂马铃薯。

2. 治疗措施

发病后应立即停喂有毒饲料,并尽早选用下列疗法。

(1) 西药治疗:

处方一:1%硫酸铜溶液20~25毫升,0.5%鞣酸溶液适量,溴化钠5~15克。

【作用】治疗猪马铃薯中毒。

【用法】病初内服1%硫酸铜溶液或皮下注射阿朴吗啡

第六章 猪中毒病

0.01~0.02克进行催吐；时间较长的可灌服适量0.5%鞣酸溶液和淀粉糊。另可内服硫酸镁等盐类泻药导泻。狂躁不安病例可内服溴化钠，或静脉注射10%溴化钠溶液50~100毫升，每天2次。

处方二：2%冰醋酸300毫升，10%安钠咖10~20毫升。

【作用】治疗猪马铃薯中毒。

【用法】每头猪内服2%冰醋酸（用蒸馏水稀释）250毫升，静脉注射2%冰醋酸50~70毫升，肌肉注射10%安钠咖。

处方三：寒水石、石膏、冰片、赤石脂、炉甘石各50克，5%葡萄糖250毫升，复方氯化钠250毫升，庆大霉素20毫升，止血敏10毫升，三磷酸腺苷20毫升，10%维生素C 20毫升，20%安钠咖2毫升，1%仙鹤草素注射液15毫升，1%鞣酸液400毫升。

【作用】治疗猪马铃薯中毒。

【用法】5%葡萄糖、复方氯化钠、庆大霉素、止血敏、三磷酸腺苷、10%维生素C、20%安钠咖，静脉注射；1%仙鹤草素注射液15毫升，肌肉注射；1%鞣酸液，内服。出现湿疹者，用中药粉碎为细末，用水调涂患处。

（2）中草药治疗：

处方一：大黄、金银花、败酱草、苦参各10克，甘草5克，5%~10%碳酸氢钠溶液适量，硫酸镁30克，藜芦根6克，10%安钠咖5~10毫升。

【作用】治疗猪马铃薯中毒。

【用法】按处方配药，5%~10%碳酸氢钠溶液灌肠，硫酸镁内服导泻；病情严重者肌肉注射10%安钠咖强心。藜芦根粉碎为末，煎汤灌服催吐。其他中药煎汤灌服。

处方二：金银花20克，明矾、甘草各30克。

【作用】治疗猪马铃薯中毒。

【用法】按处方配药，煎汤，候温加蜂蜜30克灌服。

处方三：硫酸镁 30~60 克，菜油 6~15 毫升。
【作用】治疗猪马铃薯中毒。
【用法】按处方配药，加水 300 毫升调匀，1 次灌服。

七、荞麦素中毒

（一）本病简介

猪荞麦素中毒（fagopyrin poisoning）俗称荞疯、荞斑，是因猪食入含荞麦素植物而引起中毒，可至猪只死亡。种荞区的发病率为 15%~20%，主要发生在荞麦的收获季节。一般仅见于白猪发病，偶见于黑猪种。荞麦种子和茎叶中含有荞麦素，经肠胃吸收进入血液，接受日光照射后，猪就会发生感光过敏。除荞麦外，苜蓿、红三叶草、苕子草、金丝桃等植物内均含有类似物质。

发病症状：病初猪只全身瘙痒，颈背部、面部、耳廓、下颌间隙等部位出现红斑性疹块，高度潮红、肿胀；继之出现消化紊乱、体温升高（40℃以上）、尿道发炎、泌尿障碍、食欲减退。部分病猪出现兴奋、痉挛、麻痹等神经症状；或呼吸困难、心跳加快、体温下降，最后死亡。黑猪主要表现游走不安、鸣叫、不食，呼吸、皮肤、粪尿无明显变化。

剖检见肠胃严重炎症,肺、脑充血,膀胱粘膜发炎充血;全身皮下水肿,尤其头颈及前肢严重,体表淋巴结水肿,有轻度出血。

根据喂荞麦苗史、白猪出现皮肤疹块而黑猪症状轻等可对本病作出诊断。

（二）综合防治

1. 预防措施

尽量不用荞麦植物喂猪，如用则避免猪晒太阳。本病无特效疗法。先停止喂荞麦等饲料，将病猪移至无日晒场所，然后选下列方法之一进行治疗。

2. 治疗措施

(1) 西药治疗：

处方一：5%葡萄糖注射液500毫升，10%维生素C 40毫升，10%安钠咖10毫升，40%乌洛托品50毫升。

【作用】治疗猪荞麦素中毒重症猪。

【用法】按处方配药，混合后1次静脉注射。

处方二：硫酸钠30~50克，植物油50~100毫升，0.2%高锰酸钾溶液适量，5%~10%鱼石脂软膏适量。

【作用】治疗猪荞麦素中毒。

【用法】内服硫酸钠和植物油清理胃肠；如皮肤病变用0.2%高锰酸钾溶液或10%石灰水洗涤后，涂以5%~10%鱼石脂软膏。

(2) 中草药治疗：

处方：土茯苓30克，土牛膝、蒲公英、金银花、野菊花各15克，钻地风、赤芍各9克，地肤子20克，生甘草5克。

【作用】治疗猪荞麦素中毒。

【用法】按处方配药，成年猪1次煎服。便秘者加生大黄15克（后下）；皮疹初现、色鲜红者加鲜生地30克，丹皮15克；瘙痒重者加白鲜皮、苦参各15克；发热重者加黄芩、黄柏各15克，黄连5克；伤阴者加玄参、麦冬各15克，鲜石斛12克。每天1剂，轻者1剂可愈，重者连用2~3剂。

(3) 针灸治疗：

方案：

【穴位】血印、涌泉、滴水、尾尖。

【针法】血针。

八、氢氰酸中毒

(一) 本病简介

氢氰酸中毒（hydrocyanic acid poisoning）是由于给猪喂食了含

氰苷较多的植物性饲料，如木薯、新鲜高粱和玉米幼苗、生亚麻子饼、蔷薇科植物（桃、李、梅、杏、枇杷）的叶和种子等，这些植物中的氰苷经猪采食和咀嚼，在水分和温度适合的条件下，通过脂解酶的作用而产生氢氰酸，导致猪中毒。氢氰酸是一种剧毒物质，在植物中多以苷的形式存在。氢氰酸在人畜体内可抑制机体细胞多种酶的活性，破坏组织内的氧化代谢过程而引起中毒。

发病症状：中毒较轻时，病猪表现不安、流涎、下痢、痉挛和后躯摇摆等症状，部分病猪可耐过。严重病例表现为张口伸颈，口角流涎，瞳孔放大；腹部疼痛，时起时卧，极度不安，排尿次数增多；可视粘膜和皮肤青紫色，后变苍白；四肢痉挛，牙关紧闭，呼吸困难；最后体温下降，心跳缓慢，昏睡。重症病例因发病突然而且发展急骤，往往来不及治疗即死亡。

剖检见血液鲜红、凝固不良，尸体不易腐败，肺水肿或充血，胃肠粘膜出血；胃内充满气体，有未消化的饲料，并有苦杏仁气味。

本病根据临床症状、剖检血色鲜红而凝固不良及胃内容物有苦杏仁味等变化可作诊断。采集可疑植物和胃内容物，用苦味酸试纸做氢氰酸测定，试纸呈橙红色或砖红色即可确诊。

（二）综合防治

1. 预防措施

不要在长有含氰苷植物的地方放牧猪只。用含有氰苷的植物喂猪时，宜用流水浸渍24小时或经发酵处理后再用。

2. 治疗措施

本病发病突然，病程短，治疗效果不佳。发现本病后，应及时诊断并采取紧急治疗措施。

处方一：5%亚硝酸钠溶液2~4毫升，10%硫代硫酸钠20~30毫升，1%美蓝溶液10~50毫升，0.05%高锰酸钾溶液100~500毫升，1%硫酸铜溶液50毫升，10%安钠咖5~10毫升。

【作用】治疗猪氢氰酸中毒。

【用法】立即给病猪缓慢静脉注射5%亚硝酸钠溶液,接着静脉注射10%硫代硫酸钠和1%美蓝溶液,美蓝溶液每千克体重1毫升;对症疗法可用0.05%高锰酸钾溶液洗胃,1%硫酸铜溶液或吐根末1~5克催吐,10%安钠咖肌肉或皮下注射强心。

处方二:绿豆100~250克,金银花20~50克(或银花藤200~500克),5%亚硝酸钠2~5毫升,5%~10%硫代硫酸钠20~50毫升。

【作用】治疗猪氢氰酸中毒。

【用法】按处方配药,5%亚硝酸钠静脉注射,然后再注入5%~10%硫代硫酸钠。中药煎水灌服。

处方三:绿豆50克,蔗糖30克,鲜鸡蛋3枚。

【作用】治疗猪氢氰酸中毒。

【用法】按处方配药,绿豆水煎后加蔗糖、鸡蛋,混合后1次喂服。

九、水芹中毒

(一) 本病简介

水芹中毒(qenuathe jaramcu D. C poisoning)是由于误用水芹作猪饲料或散放猪采食水芹而发生中毒。水芹俗名水芹菜,是有毒植物,生长在低湿地带,特别是水田边多有生长。

发病症状:猪的中毒程度与采食水芹量有关。全喂水芹,猪只精神沉郁,食欲减退,口腔粘膜及舌面首先出现大小不等的红斑,粘膜破后发生溃烂,单个溃烂或多个溃烂面连成片,边缘不规则,重者导致嘴肿大;以水芹为主同时混有其他青饲料,主要表现为精神不振、减食,口腔粘膜及舌面发生少量红斑。上述病猪的共同症状是流涎,体温正常。

本病根据喂水芹病史及口腔症状即可确诊。

（二）综合防治

1. 预防措施

不用水芹喂猪，防止散放猪采食水芹。

2. 治疗措施

处方一：生甘草20克，绿豆50克，维生素 K_3 20～40毫克。

【作用】治疗猪水芹中毒。

【用法】按处方配药，生甘草和绿豆煎汤灌服；配合注射维生素 K_3，每天1次，连用1～2天。

处方二：碘甘油或紫药水。

【作用】治疗猪水芹中毒。

【用法】给病猪口腔涂布碘甘油或紫药水，另用抗菌消炎药防止感染。

十、苦楝中毒

（一）本病简介

苦楝中毒（chinaberry poisoning）是由于猪采食落在地上的苦楝树成熟果，或用苦楝树根、皮给猪驱虫用量过大，苦楝中的有毒成分刺激肠胃或吸收后内传脏腑组织而引起发病。苦楝中毒是一种发病急、死亡快、病期短的急性中毒。苦楝为楝科植物，是一种落叶乔木，温暖地带的村边宅旁多有栽培，其根、皮、叶、果均可作灭癣和驱虫药。苦楝皮中带有苦楝碱和鞣酸，种子中还含有油质。苦楝毒碱对猪的造血、呼吸系统的组织器官均有明显的损害作用，能使猪的肺、胃、肝、脾的生理功能严重失调，最后呈呼吸极度困难而缺氧死亡。

发病症状：轻度中毒表现为食欲减少或停止，步态不稳，精神不振，有轻微的呻吟声。

重度中毒者表现为全身震颤、痉挛以至麻痹，腹痛剧烈，可

视粘膜及皮肤发绀,呼吸困难,心跳加快,口吐白沫或呕吐,卧地不起,强迫行走则四肢发抖,随即卧倒,体温降至常温以下。从开始出现中毒症状到死亡,时间大约30分钟。

剖检见喉头气管充满白色泡沫,肺气肿;胃粘膜充血,出血性肠炎,肝脏坏死;血液凝固不良,呈紫色。

根据季节和吃苦楝树果、根、皮的病史及临床症状等可确诊此病。

(二)综合防治

1. 预防措施

猪圈四周忌栽苦楝树,防止苦楝子掉入猪圈;苦楝中毒多是由于用量过大造成的,因此在利用苦楝子和苦楝树皮驱虫时,剂量必须准确,以免引起中毒。在有苦楝树的地方不要放牧,以免猪只自由采食苦楝子造成中毒。

2. 治疗措施

本病无特效疗法,应对症进行急救。已出现中毒症状的猪不宜行洗胃、催吐疗法。可选下方之一试治。

(1) 西药治疗:

处方一:25%葡萄糖20～100毫升,维生素C 1.25～2.5克,氢化可的松50～100毫克,山莨菪碱20～50毫克。

【作用】治疗猪苦楝中毒。

【用法】按处方配药,加温后混合,中毒轻者1次耳静脉注射;中毒重者1次用药4小时后复查,如体温已恢复正常仍无食欲者,方中去山莨菪碱,加维生素B_1 0.1～1克、10%安钠咖,耳静脉注射;如体温未恢复正常,再按原方用药1～2次。

处方二:高渗葡萄糖适量,尼可刹米250～1 000毫克,维生素C 200～500毫克,10%安钠咖3～10毫升,0.1%盐酸肾上腺素0.5～2毫升,0.1%高锰酸钾液200～600毫升。

【作用】治疗猪苦楝中毒。

【用法】高渗葡萄糖（仔猪50%×40毫升，母猪25%×300毫升）、尼可刹米（仔猪250毫克，母猪1 000毫克）、维生素C（仔猪200毫克，母猪500毫克）混合后静脉注射；10%安钠咖（仔猪3毫升，母猪10毫升）肌肉注射；0.1%盐酸肾上腺素（仔猪0.5毫升，母猪2毫升）皮下注射；0.1%高锰酸钾液（仔猪200毫升，母猪600毫升）胃管灌服。除高锰酸钾液外，4小时后其余药重复用1次。

处方三：1%硫酸阿托品，花生油。

【作用】保护胃肠粘膜，解除胃肠痉挛，解毒润肠泻下；治疗猪苦楝中毒。

【用法】首先，灌花生油，大猪10汤匙，中猪5汤匙，小猪3汤匙，以保护胃肠粘膜，减轻苦楝毒碱对胃肠的刺激作用，又有润肠通便及泻下功能。其次，肌肉注射1%硫酸阿托品注射液，大猪5毫升，中猪3毫升，小猪1毫升，以抑制唾液分泌，解除胃肠痉挛，确保呼吸畅顺。最后取红糖50~70克、甘草25克共煎，待红糖溶化、甘草出味时，即倒出红糖甘草水候凉，按小猪每只灌服3~5汤匙，中猪、大猪酌情增量。对仍采食而未出现临床症状的猪，可使用催吐剂使其呕吐。

(2) 中草药治疗：

处方一：鲜鱼腥草200克，莱菔子100克，鸡蛋清4个，白糖150克。

【作用】治疗猪苦楝中毒。

【用法】按处方配药，鱼腥草捣烂取汁，莱菔子炒焦粉碎为末，四味混合，加适量冷水灌服或饮用。

处方二：鸡蛋白3枚，白糖10克，米粥汤300毫升。

【作用】治疗猪苦楝中毒。

【用法】按处方配药，混合，供体重30千克猪只1次灌服。

处方三：麻仁、莱菔子、元明粉各19克。

【作用】治疗猪苦楝中毒。

【用法】按处方配药,水煎去渣,候温灌服。

处方四:茶叶10克,甘草20克,绿豆30克,10%安钠咖10~20毫升,50%葡萄糖60~100毫升,10%维生素C 10毫升。

【作用】治疗猪苦楝中毒。

【用法】按处方配药,中药煎汤,加白糖40克,给猪饮服或灌服;10%安钠咖肌肉注射;50%葡萄糖和10%维生素C混合后静脉注射。

处方五:甘草200克,绿豆400克(中猪量),5%阿托品30毫升,安定30毫升,碳酸氢钠30克。

【作用】治疗猪苦楝中毒。

【用法】按处方配药,甘草和绿豆加水1 500克,煎1~2小时去渣,1次内服;5%阿托品和安定肌肉注射;灌服碳酸氢钠或肌肉注射盐酸山莨菪碱20~30毫升(15千克重猪)。连用1~3次。

处方六:淡豆豉500克,朴硝100克。

【作用】治疗猪苦楝中毒。

【用法】按处方配药,淡豆豉煎汤,加入朴硝,候温灌服。

处方七:1%硫酸铜溶液50毫升,1%硫酸阿托品注射液2~10毫升,50%葡萄糖注射液50~100毫升,10%安钠咖5~10毫升。

【作用】治疗猪苦楝中毒。

【用法】1%硫酸铜,1次灌服;硫酸阿托品注射液,1次皮下注射;50%葡萄糖注射液和10%安钠咖混合,1次静脉注射。

处方八:火麻仁、莱菔子、元明粉各10克。

【作用】治疗猪苦楝中毒。

【用法】按处方配药,煎汤候温灌服。

十一、闹羊花中毒

(一)本病简介

闹羊花中毒(rhododendron poisoning)多发于牛、羊等草食动

物,猪也可因误食发生中毒。闹羊花即杜鹃花科植物羊踯躅,又名黄杜鹃、闷头草、八厘麻等,主要分布于长江以南各省区,生长于山坡林缘、灌木丛中,多年生落叶灌木。每年4~5月开花,花、叶、根含有梫木毒素、杜鹃花素等成分,对人畜有毒。

发病症状:猪在采食后4~5小时发病,表现为四肢发软、走路摇摆(状如醉酒)、磨牙、口吐白沫、心跳加快、节律不齐、精神萎靡、食欲不振或废绝、腹痛不安、粪便稀薄带有粘液和血液,严重者瞳孔散大、体温下降、昏迷、卧地不起。

根据临床症状、采食闹羊花病史可对本病作出诊断。

(二)综合防治

1. 预防措施

不用闹羊花喂猪,防止散放猪采食闹羊花。

2. 治疗措施

本病无特效疗法,可用下方之一进行试治。

处方一:新鲜松针1千克,大米0.5千克。

【作用】治疗猪闹羊花中毒。

【用法】采新鲜松针1千克捣烂,加水2千克煮沸2分钟,去渣留汁;另取大米0.5千克,加水2千克煮沸20分钟,去米留汤。混合2种煎液,候温,每猪灌服500~2 000毫升,重者10小时后再服1次。

处方二:25%葡萄糖100~200毫升,10%安钠咖5~10毫升,10%维生素C 5~10毫升。

【作用】治疗猪闹羊花中毒。

【用法】按处方配药,混合后肌肉注射。

十二、青冈叶中毒

(一)本病简介

青冈叶中毒(oak leaf poisoning)又称栎树叶中毒,临床以反

刍兽多见，偶见于猪等单胃动物。青冈树是壳斗科栎属植物的总称，全国各地都有分布，是重要的鞣料植物。其茎、叶、子中含有栎单宁，可引起动物中毒。青饲料缺乏给猪喂食了青冈叶，或猪在散放时采食了青冈叶可引起中毒。

发病症状：病猪头低耳耷，口吐白沫，呼吸时急时缓，闭眼；站立不稳，行走蹒跚；阵发性腹痛，似吐非吐，不断磨牙。

根据明显的季节性（3月底至5月初）及曾吃入青冈叶病史，可对本病进行确诊。

（二）综合防治

1．预防措施

禁用新抽出的青冈树嫩叶喂猪或垫圈，防止散放猪采食青冈树叶。

2．治疗措施

本病无特效治疗方法，可用下方试治。

处方：5%草木灰水 800~1 000毫升，安痛定 20毫升，10%葡萄糖 120毫升，安钠咖 10毫升，碳酸氢钠 20毫升。

【作用】治疗猪青冈叶中毒。

【用法】症状较轻的猪，口服 5%草木灰水（澄清液），每天2次。症状重者同时肌肉注射安痛定，静脉注射 10%葡萄糖、安钠咖和碳酸氢钠。

十三、黑斑病甘薯中毒

（一）本病简介

黑斑病甘薯中毒（mouldy sweet potato poisoning）是因猪吃食了霉变的甘薯或甘薯加工产品——薯干、薯粉、薯渣等而发病。甘薯贮藏管理不当，受湿热的熏蒸而发霉变质，在甘薯的表面形成暗褐色斑点，是霉菌寄生引起的甘薯黑斑病，霉菌可产生翁家

酮等毒素,这种毒素可引起牛、猪等动物中毒发病。

发病症状:猪中毒的症状与其个体大小和食入量有关。呼吸困难,气喘是本病的临床特征。幼龄猪发病多,症状严重;大猪多呈慢性经过,症状轻微。往往在食入甘薯后的第2天发病,病猪精神沉郁,食欲废绝,呼吸急迫,每分钟达90~100次,呈腹式呼吸,体温在38.5~39.5℃,病后期体温下降到37℃以下。肠蠕动减弱,腹部膨胀,大便秘结,小便茶黄色。心音不齐,心跳加快,四肢、耳尖厥冷,皮温不均,眼反射减退或完全消失,倒地痉挛死亡。个别中毒较轻者,持续痉挛2~3小时后痉挛消失,全身症状减轻,经1~2天恢复食欲。体重50千克以上大猪多呈慢性经过,经3~4天后常自愈;重症病例体温升高,头嘴顶地或触墙,盲目行走,最终倒地抽搐而死。

剖检见肺膨大,有水肿和块状出血,切开后流出较多的血色液体和泡沫;肝、肾、脾出血,心脏冠状沟出血,胃肠道出血性炎症。

根据喂甘薯病史、幼猪发病重、肝脏病变可对本病作出诊断。

(二) 综合防治

1. 预防措施

该病为单纯中毒性疾病,因此,在保存甘薯过程中要防止发生霉变。凡是已经霉变的甘薯一律不得喂猪,也不要随便抛弃,应集中销毁。同时要广泛宣传霉变甘薯的危害,清理田地里的甘薯废物,以防猪只误食。不将霉变的甘薯加工品喂猪。

2. 治疗措施

治疗原则为解毒、缓解呼吸困难。

发现病猪,立即停喂黑斑病甘薯,症状较轻的病猪可自行恢复,症状较重者可选用以下方案之一进行对症治疗。

处方一:0.1%高锰酸钾溶液适量,硫酸镁50~100克,10%溴化钠10~20毫升,10%安钠咖2~5毫升,10%硫代硫酸

钠 30~50 毫升，25%葡萄糖 100~200 毫升，5%维生素 C 6~10 毫升。

【作用】治疗黑斑病甘薯中毒。

【用法】0.1%高锰酸钾溶液或 1%双氧水洗胃；内服硫酸镁，促进肠胃内容物排出；10%溴化钠、10%安钠咖混合后静脉注射；10%硫代硫酸钠、25%葡萄糖和 5%维生素 C 混合后静脉注射。

处方二：党参、白术、枳实、柏仁、枣仁各 30 克，当归 50 克，大黄 10 克，芒硝、厚朴各 20 克，10%葡萄糖 1 000 毫升，50%葡萄糖 40~60 毫升，强力解毒敏 16~20 毫升，肌苷针剂 16~20 毫升。

【作用】治疗黑斑病甘薯中毒。

【用法】按处方配药，供体重 50 千克左右的猪只用，10%葡萄糖、50%葡萄糖、强力解毒敏和肌苷针剂混合后静脉注射。中药煎汤灌服，每天 1 剂，连用 2~3 剂（如吐沫严重，可做多次灌服）。

处方三：白矾、贝母、白芷、郁金、大黄、黄芩、葶苈子、甘草、石韦、黄连、龙胆各等份。

【作用】治疗黑斑病甘薯中毒。

【用法】按处方配药，水煎取汁，调蜜内服。

处方四：梨树皮 100 克，野烟 25 克，生姜、款冬花、枇杷叶、葛根各 30 克。

【作用】治疗黑斑病甘薯中毒。

【用法】按处方配药，捣细，米泔水冲服，连服 2~3 剂。

处方五：生绿豆粉 250 克，甘草末 30 克，蜂蜜 250 克。

【作用】治疗黑斑病甘薯中毒。

【用法】按处方配药，1 次内服，每天 1 剂，连用 2~3 剂。

处方六：生绿豆粉 250 克，菜油 500 毫升，鸡蛋清 10 个。

【作用】治疗黑斑病甘薯中毒。

【用法】按处方配药,加水1 500毫升混合灌服,每天1剂,连用3剂。

十四、霉稻草中毒

(一) 本病简介

霉稻草中毒 (mouldy straw poisoning) 是由于长期用霉烂稻草垫栏,猪将这些稻草既当垫床,又吃食其草须及未脱尽的谷粒,导致霉菌及其毒素在体内积蓄而发生中毒。是由于三线、半裸等镰刀菌产生毒素丁烯酸内酯引起。由于水稻收割时天气不好,稻草未晒干就堆积起来,导致霉菌大量繁殖而使稻草发霉。因此本病多发生于10月至次年4月的冬春寒冷季节,仔猪发病率高于架子猪和成年猪。

发病症状:猪只突然发病,精神不振,不食或少食,被毛粗乱;可视粘膜苍白,鼻镜干燥;多伏卧,以腹触地,四肢伸直或前肢张开、后肢蜷缩,行走困难;呼吸困难,体温正常。部分病猪先便秘,后下痢,有恶臭味,带白色粘膜。仔猪运动减少,母猪泌乳量下降。

剖检见皮下出血,肠胃粘膜常有出血点和炎症,脾出血,淋巴结肿大、出血,肾与膀胱发炎。部分病猪心包周围出血。

根据长期用稻草作垫料、冬春发生、仔猪多发等情况对本病作出诊断,确诊需复制病例或实验室诊断。

(二) 综合防治

1. 预防措施

稻草晒干后再堆积储藏,不用霉烂稻草垫栏。

2. 治疗措施

本病无特效疗法,可用下列中西药物试治。

处方:贯众30克,防风、甘草各20克,金银花15克,蒜

梗10克、白糖50克、黄豆250克；硫酸镁10~50克，10%葡萄糖100~500毫升，10%维生素C 2~10毫升，10%安钠咖2~10毫升。

【作用】治疗猪霉稻草中毒。

【用法】按处方配药，内服硫酸镁以排出毒物；10%葡萄糖、10%维生素C和10%安钠咖混合后静脉注射；配合用中药，前五味药煎汁，黄豆250克磨浆，药液对白糖，冲熟豆浆后服。每天1剂，连用1~2剂。

十五、肉毒梭菌毒素中毒

(一) 本病简介

肉毒梭菌毒素中毒（botulism）是由肉毒梭菌所产生的毒素引起的一种高度致死性疾病。以运动器官迅速麻痹为特征。由于肉毒梭菌在动物腐败尸体和霉烂饲料（如鱼粉、肉骨粉等）中繁殖，产生大量的毒素，如猪吃了含有腐败肉类的饭馆泔水、腐败的死螺、死鱼虾和腐败的饲料（如变质的鱼粉等），均可引起中毒。常在食后数十分钟内发病。

发病症状：病初表现吞咽困难、流涎、两耳下垂无力、视觉障碍、反应迟钝，继则前肢软弱无力、行动困难、趴在地上，随之后肢也发生麻痹、卧地不起、精神委顿、废食。有的腹泻如水样粪，呈黄绿或灰绿色。呼吸困难，眼结膜发绀，叫声嘶哑，最后因呼吸麻痹窒息而死亡。耐过猪需经数周或数月才能康复。

剖检：胸、腹和四肢骨骼色淡，似煮熟样，且松软易断。本病与白肌病和苦楝中毒有相似之处，临床应予鉴别。

(二) 综合防治

1. 预防措施

猪舍和运动场如发现动物腐尸应及时清除，腐败肉食饲料严

禁喂猪，以免发生中毒。在饲料中添加盐、钙、磷等矿物质，以防止异嗜、舔食尸体残骸、污水等，可避免本病发生。

2．治疗措施

处方一：1%硫酸铜50~80毫升。

【作用】治疗肉毒梭菌毒素中毒。

【用法】用1%硫酸铜或用0.1%高锰酸钾液洗胃。

处方二：50%葡萄糖50~100毫升，含糖盐水250~500毫升，25%维生素C 2~4毫升，樟脑磺酸钠5~10毫升。

【作用】治疗肉毒梭菌毒素中毒引起的吞咽困难。

【用法】按处方配药，混合后1次注射。

处方三：青霉素120万~240万单位，链霉素100万单位。

【作用】治疗肉毒梭菌毒素中毒。

【用法】按处方配药，混合后肌肉注射，每天2次，连用3~5天。

处方四：盐酸山梗菜碱（盐酸洛贝林）50~100毫升，或尼可刹米0.5~2克。

【作用】缓解肉毒梭菌毒素中毒引起的呼吸困难。

【用法】盐酸山梗菜碱（盐酸洛贝林）皮下注射；或用尼可刹米肌肉注射。

十六、铜　中　毒

（一）本病简介

铜中毒（copper poisoning）有原发性和继发性两大类，原发性中毒包括一次意外吃入大量铜盐引起的急性中毒和经常吃入少量铜盐引起的慢性中毒；继发性中毒则是吃了含铜植物而引起肝蓄铜过多而造成的慢性中毒。当猪吃了以硫酸铜、次醋酸铜、碳酸铜、氯化铜、氧化亚铜、硝酸铜等铜盐为原料制作的杀虫剂、浸种剂、驱虫剂、灭螺剂、木材防腐剂，即可发生急性中毒。有

的养猪专业户为避免猪发生铜缺乏而影响其生长发育，主观无计量用手指捏一点硫酸铜放进饲料内，加之拌料不均，日久可因过量而产生中毒。有的因配合饲料中铜的含量过高而引起中毒，当铜的含量超过每千克饲料250毫克，则可引起中毒，超过每千克饲料500毫克时可中毒致死。铜矿或铜冶炼厂附近，由于三废污染，使土壤中的含铜量高达1 000～2 000毫克/千克，如猪饮用这里的水和饲喂此种土壤生长的饲料也易发生中毒。

发病症状：急性中毒者表现为腹痛，剧烈地腹泻和呕吐，呕吐物和腹泻物呈绿色或蓝色。有强烈渴感，体温升高（40～41℃），严重休克时体温下降，心率加快，继而虚脱，通常24～28小时死亡。

慢性中毒则表现精神沉郁、厌食、体温40～41℃、呼吸急促甚至困难、尿呈红茶样而带黑色、黄疸，也有的表现粘膜苍白而不出现黄疸和血红蛋白尿。行走蹒跚易摔倒，有的前肢张开，鼻抵地，昏睡，眼潮红，流黄色眼泪。皮肤发痒，有丘疹，耳边缘发绀。

本病应与猪钩端螺旋体病和菜子饼中毒相区分。可将呕吐物或粪水加入氨水后，如为铜中毒则由绿变蓝；或将铁钉浸入检液中1～2分钟取出，如有红色的铜附着，浸入氨水后暴露于空气时则变蓝色，则为铜中毒。

(二) 综合防治

1．预防措施

对以铜盐作为杀虫剂、浸种剂、灭螺剂、杀真菌剂、木材防腐剂时，如在喷洒时被污染了的饲料和饮水均不能喂猪。再之铜矿和冶铜厂附近受污染的水和饲料也不要喂猪。因治疗需要应用铜剂时，应准确掌握剂量，在应用铜微量元素作猪饲料添加剂时，每千克饲料铜的含量应低于250毫克，并应搅拌均匀，以免发生铜中毒症。如发现中毒，立即停喂原饲料，更换安全饲料，加强护理。

2. 治疗措施

治疗应加速排毒和解毒，其方法如下。

处方一：钼酸铵 50~100 毫克，硫酸钠 0.3~1 克。

【作用】治疗猪铜中毒。

【用法】当本病暴发时，可用钼酸铵和硫酸钠，每天 1 次服用，连用 3 天，可减少死亡。

处方二：0.1%亚铁氰化钾溶液适量。

【作用】治疗猪铜中毒。

【用法】对食入铜盐过多时，用 0.1%亚铁氰化钾（黄血盐）溶液洗胃，使铜盐形成亚铁氰化铜沉淀而不被吸收。也可用牛奶、蛋清、豆浆或活性炭保护肠粘膜而减少铜盐的吸收。

处方三：依地酸钙钠 1 克，5%葡萄糖 20~40 毫升，或二巯基丁二酸钠。

【作用】治疗猪铜中毒。

【用法】为排除已吸收的铜盐，可用依地酸钙钠与生理盐水或 5%葡萄糖，静脉注射，每天 1 次，3 天为 1 个疗程，隔 3~4 天后再注射 1 次。也可用二巯基丁二酸钠，按成年猪 2 克，或每千克体重 7~20 毫克溶于生理盐水 20~40 毫升缓慢静脉注射，每天 1 次，连用 4~5 天。

处方四：三硫钼铵酸。

【作用】治疗猪铜中毒。

【用法】三硫钼铵酸按每千克体重 0.5 毫克的剂量，稀释成 100 毫升溶液，缓慢肌肉注射；3 小时后，根据病情再追加等剂量 1 次。

十七、有机磷农药中毒

（一）本病简介

有机磷农药中毒（poisoning caused by organophosphatic pesti-

cide）是由于猪误食有机磷农药引起的中毒。有机磷制剂在日常生活中多用于动植物虫害的防治，兽医临床上也常用敌百虫等有机磷农药消灭猪体内外寄生虫，对人畜有毒。猪误食或偷食喷洒过有机磷农药不久的青绿植物和用有机磷农药浸拌过的作物种子，饮食了被有机磷农药污染的饮水，人为破坏性投毒，或用有机磷喷洒圈舍或猪体表以杀灭蚊蝇和体外寄生虫时剂量过大等，均可引起猪中毒。

发病症状：猪食入毒物后1～3小时出现症状，有的可在数分钟内死亡。中毒较轻者表现为全身无力，两前肢腕部弯曲跪地、欲起不能或行走不稳，食欲减退，部分病例经3～5天可自愈。中毒重者表现为呕吐、流涎、磨牙、腹痛、拉稀、眼结膜充血、瞳孔缩小、肌肉颤抖；进而呼吸困难、倒地不起；最后因呼吸麻痹而死亡。

剖检见肺水肿，肝、肾肿大，胃粘膜出血，胃内容物有蒜臭味。

根据使用和接触过有机磷制剂、临床病史、肺和胃肠剖检变化等可作出初步诊断；用阿托品、碘解磷定实验性治疗有效，则可作出确诊。

（二）综合防治

1. 预防措施

保管好有机磷制剂，防止污染饲料和饮水；喷洒过有机磷农药的青绿饲料在6周内不要用来喂猪，或用清水反复泡洗后再用；用敌百虫驱虫时应严格掌握用量。

2. 治疗措施

经皮肤中毒者（如用药物涂擦皮肤驱虫），治疗时先用清水洗涤皮肤，经口中毒者可用1%硫酸铜50～100毫升灌服催吐，并用清水或盐水洗胃，然后立即用解毒药治疗。

（1）西药治疗：

处方一：12.5%双复磷0.75～1.5克。

【作用】治疗猪有机磷农药中毒。

【用法】每千克体重40~60毫克，用生理盐水溶解后皮下或肌肉注射。

处方二：4%碘解磷定注射液0.75~1.5克。

【作用】治疗猪有机磷农药中毒。

【用法】中毒后期或症状重者，用碘解磷定按每千克体重20~40毫克，溶解于生理盐水或葡萄糖溶液中缓慢静脉注射；以后每隔2~3小时1次，剂量减半。另外也可用氯磷定，它也是有机磷中毒的有效解毒剂，剂量同碘解磷定，可作静脉注射或肌肉注射（静脉注射宜缓慢进行），但对乐果中毒无效，内吸磷、对硫磷、敌百虫、敌敌畏中毒经过48~72小时后也无效果。

处方三：1%硫酸阿托品100~200毫克。

【作用】治疗猪有机磷农药中毒。

【用法】中毒中期可用特效解毒药解毒。1%硫酸阿托品，1次静脉注射，注意观察瞳孔变化，若无明显好转，20~30分钟后重复注射1次。使用特效解毒药的同时可配合其他对症疗法，但忌用肾上腺素、毛地黄类药物，慎用樟脑类药物。

(2) 中草药治疗：

处方一：绿豆250克，甘草50克，滑石50克。

【作用】治疗猪有机磷农药中毒。

【用法】绿豆去壳，与甘草和滑石共粉碎为细末，开水冲调，候温1次灌服。

处方二：茶叶60克，绿豆120克，芒硝30~50克。

【作用】治疗猪有机磷农药中毒。

【用法】在无解毒药的情况下，可试用中药茶叶和绿豆进行治疗。按处方配药，煎水灌服，每天2次，连服2天。在使用上述中药前，可先给猪灌服芒硝30~50克导泻（禁用油类泻剂），帮助毒物排出。

十八、有机氯农药中毒

(一) 本病简介

有机氯农药中毒 (chlorinated hydrocarbon poisoning) 是因有机氯制剂污染猪饲料和饮水、猪采食刚喷洒过有机氯农药的青绿作物、猪体表涂擦治疗外寄生虫药用量过大等,均可引起猪中毒。有机氯制剂也是常用的杀虫剂,常见品种如滴滴涕、七氯、氯丹等,对人畜有毒。

发病症状:慢性中毒者表现为食欲减退、呕吐、全身无力,有的出现后肢麻痹、不能站立,经过治疗可康复。

急性中毒者表现为兴奋不安、口流白沫、磨牙、呕吐、食欲废绝、下痢。

重者肛门失禁、全身震颤、后肢麻痹。

严重者昏迷倒地,最终多因心脏麻痹死亡。

剖检见胃肠有不同程度的充血和出血,胃幽门部有较严重的炎症;肠粘膜蓝紫色、肠系膜淋巴结肿大而呈青黑色;肾水肿,呈黑紫色;肺脏充血。

根据接触有机氯制剂病史、临床症状和胃肠病变可初步诊断本病,确诊需做毒物化验。

(二) 综合防治

1. 预防措施

由于有机氯制剂毒性较大,猪又很敏感,要严防有机氯制剂污染饲料和饮水;喷洒过有机氯农药的菜类、谷物作物4周内不宜用来喂猪;加强药品保管,防止猪只误食;用有机氯药物给猪驱虫时,应掌握用法、用量和注意事项。

2. 治疗措施

本病无特效疗法,可试用下列疗法。

处方一：白糖 100~150 克，鸡蛋清 8~10 个。

【作用】试用于猪有机氯制剂中毒的治疗。

【用法】在无其他药物的情况下，可试用白糖加鸡蛋清，一同灌服。

处方二：硫酸钠 50~80 克，活性炭 20~30 克，0.5%盐酸氯丙嗪 4~6 毫升，10%~25%葡萄糖 200~500 毫升，10%维生素 C 4~10 毫升，10%安钠咖 5~10 毫升。

【作用】试用于猪有机氯制剂中毒的治疗。

【用法】经皮肤中毒者，立即以清水或碱水（滴滴涕中毒者）彻底清洗体表以清除体表残余毒物，防止毒物被继续吸收而加深中毒程度。经消化道中毒者，先用生理盐水洗胃，然后灌服硫酸钠和活性炭缓泻，但禁用油类泻剂。对症疗法：肌肉注射 0.5%盐酸氯丙嗪或静脉注射镁溴合剂用于镇静；静脉注射 10%~25%葡萄糖、10%维生素 C，以保肝解毒；强心可肌肉注射 10%安钠咖或 10%樟脑磺酸钠 10 毫升。本病忌用肾上腺制剂强心，以免加剧病情。

十九、磷化锌中毒

（一）本病简介

磷化锌中毒（zinc pnospnide poisoning）是由于磷化锌毒饵放置不当被猪误食或吃食被磷化锌污染的饲料而发生。磷化锌化学名为二磷化三锌（Zn_3P_2），灰褐色粉末，对人和家畜毒性很强，是一种杀鼠剂。猪的致死量为每千克体重 20~40 毫克。磷化锌一旦进入猪胃，在胃酸的作用下，放出剧毒的磷化氢气体，使猪只迅速中毒死亡。

发病症状：中毒猪只精神沉郁，不食，全身肌肉痉挛，呼吸困难；可视粘膜发绀，白猪两耳及鼻盘紫绀；体温正常或偏低（35~37.6℃）；腹泻，呕吐，腹泻物和呕吐物有难闻的大蒜味，

晚上或黑暗处可见有荧光。病重猪卧地不起，呼吸极度困难，张口吐舌，口流粘稠唾液。病猪胸腹部敏感，触之尖叫。中毒猪从发病到死亡约6小时。死亡猪只的尸体僵直，腹部膨胀。

剖检见口腔、气管内有大量白色胶样分泌物或泡沫状液体，肺充血、水肿；胃粘膜充血、出血并大面积脱落，胃壁水肿增厚，胃内散发出大蒜味；肝脏肿大呈黄褐色，有出血点；心脏内外膜有散在出血点；肾肿大，包膜易剥脱。

仅从症状和剖检变化较难与其他毒物中毒区分，应以毒物化验结果作为确诊依据。

(二) 综合防治

1．预防措施

毒饵放置在一定地方，专人保管，防止被猪误食或污染饲料、饮水。

2．治疗措施

本病无特效解毒药，可采取以下方法之一治疗。

处方一：1%～2%碳酸氢钠适量，硫酸钠40～60毫克，活性炭30克，5%硫代硫酸钠30～40毫升，10%维生素C 3～5毫升，10%安钠咖5毫升，尼可刹米0.5克。

【作用】治疗猪磷化锌中毒。

【用法】用1%～2%碳酸氢钠溶液反复洗胃以中和胃酸，延缓磷化锌的分解速度；硫酸钠加活性炭和水适量，灌服导泻（不可用油类导泻）；静脉注射5%硫代硫酸钠、10%维生素C和10%安钠咖。呼吸极度困难者，肌肉注射尼可刹米。病猪症状缓解后，每天静脉注射葡萄糖、硫代硫酸钠和葡萄糖酸钙各1次，连续用药3～4天。

处方二：仙人掌50～100克。

【作用】治疗猪磷化锌中毒。

【用法】按中毒猪只大小，取仙人掌捣碎后加水适量灌服，

连用2~3次。

二十、氟 中 毒

(一) 本病简介

氟中毒 (fluorine poisoning) 是因猪误食含氟化学制品, 如灭鼠毒饵、被毒饵污染的饲料或被鼠药毒死鼠而发生中毒, 刚喷过氟乙酰胺的农作物及青饲料被猪吃入也可引起中毒。炼铝用的冰晶石、萤石和氟化磷石灰等都是含氟高的原料, 已知含氟矿物达110种以上, 许多含氟高的矿石广泛应用于工业和农业生产, 有关工厂、冶炼厂排放出含氟高的"三废"物质, 污染水源、牧草、饲料作物。猪场在冶炼厂附近, 牧草和农作物受"三废"物质影响, 长期摄入小剂量但是已达慢性中毒剂量的氟是引起氟中毒的主要原因。

发病症状: 病猪视食入氟乙酰胺量的多少, 其发病的潜伏期不同, 症状的轻重也有差异, 食入多量氟乙酰胺的急性中毒潜伏期为4~12小时, 猪只突然发病; 多次食入少量氟乙酰胺的累积中毒潜伏期可达3~5天, 初期表现为食少、活动减少、结膜充血, 多因外界刺激而突然发病, 病猪口吐白沫、鸣叫, 口鼻发干、苍白, 腹部严重膨胀, 全身肌肉震颤; 行动失调, 时而不顾障碍物向前直冲, 撞物倒地, 或在平地做圆圈运动, 倒地后四肢做游泳状划动, 瞳孔放大; 肛温36.5~37.5℃, 肢端、耳尖发凉; 呕吐、腹泻, 呕吐物有恶臭味, 有的粪便中混有少许鲜血或粘液块。病猪多因呼吸困难、衰竭而死亡, 死亡猪多为体大健壮者。

剖检见血液呈酱黑色; 胃肠臌气, 胃内充满难闻的液体和气体, 胃底部潮红; 肝、脾肿大, 色深或淤血; 心脏和心内膜有小出血点, 有的心外膜呈大片出血, 心肌松软; 腹腔内有少量深红色液体; 胆囊壁增厚, 胆汁粘稠; 肺淤血和水肿, 或有出血点;

脑充血、出血。

仅凭临床症状和病理变化不易确诊,需取可疑饲料或胃内容物做毒物化验才可确诊。

(二) 综合防治

1. 预防措施

注意农药和鼠药管理,防止猪只吃食被氟乙酰胺污染的饲料和植物。

2. 治疗措施

治疗可选用下列方案之一。

处方一:乙酰胺 0.5~3 克,0.5%硫酸铜溶液 50~100 毫升,0.02%~0.05%高锰酸钾溶液适量,氯丙嗪 100~200 毫克,尼可刹米 0.5~1 克,5%葡萄糖盐水 200 毫升,10%维生素 C 20 毫升。

【作用】治疗猪氟中毒。

【用法】灌服 0.5%硫酸铜溶液催吐,有条件则用 0.02%~0.05%高锰酸钾溶液反复洗胃。特效解毒药乙酰胺(解氟灵),用量为每千克体重 0.1~0.3 克,肌肉注射,每天 2~3 次,首次量加倍,重者连用 2~3 天;痉挛严重者,肌肉注射氯丙嗪;呼吸困难者,肌肉注射尼可刹米或氨茶碱 0.2~0.4 克;脱水严重者,静脉注射 5%葡萄糖盐水和 10%维生素 C。

处方二:仙人掌 80 克,食盐 10 克。

【作用】治疗猪氟中毒。

【用法】按处方配药,仙人掌去刺去皮后捣烂,加食盐和常水 100 毫升调匀,1 次灌服。

二十一、安妥中毒

(一) 本病简介

安妥中毒(antu poisoning)是因猪误食安妥毒饵或被安妥污

染的饲料而引起中毒。

发病症状：食后不久至数小时，病猪忽然表现呼吸急促，口吐白沫或呕吐，呻吟怪叫，兴奋不安，流带血样泡沫状鼻液，体温正常。不及时救治则极易死亡。

剖检见肺呈暗红色，极度肿大，有许多出血斑，胸腔内有多量透明液体；肝、脾暗红色，肾充血，胃粘膜充血并有少量溃疡斑，心包膜有出血点。

根据病死猪的肺部病变可做初步诊断，确诊需做毒物化验。

（二）综合防治

1．预防措施

妥善放置安妥毒饵，防止污染饲料和被猪误食。

2．治疗措施

处方：1%硫酸铜 40~60 毫升，0.1%高锰酸钾水溶液适量，维生素 K 20~50 毫克，维生素 C 片 1 克。

【作用】治疗猪安妥中毒。

【用法】给猪灌服 1%硫酸铜催吐，促进体内残留毒物排出；配制 0.1%高锰酸钾水溶液，轻者供猪自饮，重者灌服并肌肉注射维生素 K，每头小猪 20 毫克、大猪 30 毫克；口服维生素 C 片，每头每次 1 克，每天 3 次；绿豆汤加 2%食盐供猪自饮，重者灌服。针刺尾尖、耳尖、尾本等穴位放血，有助于提高治疗效果。

二十二、尿素中毒

（一）本病简介

尿素中毒（urea poisoning）是因不明情况而将尿素作为蛋白质补充用来喂猪，或误将尿素当食盐加入料中，或因尿素保管不当被猪误食等，均可引起猪尿素中毒。

发病症状:病猪流涎不止,全身颤抖,两耳、会阴部、腹下皮肤呈深红色,体温偏低(37~37.3℃),腹痛不安,里急后重,频频举尾,排带有泡沫的粪便,共济失调,呼吸困难。仔猪可伴发强直性痉挛。

剖检见口、鼻内有泡沫状液体,轻微肺水肿,胃内容物有氨气味。

根据采食尿素病史及临床症状可对本病作出初步诊断。

(二) 综合防治

1. 预防措施

不要给猪喂食尿素;保管好尿素等化肥,防止猪误食。本病无特效疗法。

2. 治疗措施

处方一:食醋 250 毫升,食糖 100 克,10% 高渗葡萄糖溶液 1 000 毫升,10% 葡萄糖酸钙 60 毫升,维生素 C 300 毫克,庆大霉素 32 万单位。

【作用】试用于治疗猪尿素中毒。

【用法】按处方配药,用开水溶化食糖,加入食醋,候温灌服。同时静脉注射 10% 高渗葡萄糖溶液,加 10% 葡萄糖酸钙、维生素 C;肌肉注射庆大霉素,仔猪剂量减半。每天 1 次,连用 1~2 次。

处方二:食醋 500 毫升,蜂蜜 100 毫升。

【作用】治疗猪尿素中毒。

【用法】按处方配药,调匀后灌服。

第七章
猪普通病

第一节 概 述

一、引发猪普通病的病因

猪的普通病包括代谢病、内科病、外科病和产科病等,大多数是由于饲养管理不善,造成猪只所处环境过于恶劣、饲料营养不足或不平衡,猪只的生理机能失调,从而影响生产性能和正常的生理活动。如饲料质劣,冷热不匀,时饥时饱,饲喂失时,饲料突变,天气骤变,精料过度,肠道寄生虫病及一些慢性消耗性疾病均可引起或继发以胃肠道粘膜表层卡他性炎症、胃肠消化机能障碍为特征的消化不良症。过食难以消化的饲料,时饥时饱,过食或偷食草料;或采食冰冻饲料,或饮冷水;暑月炎天饲喂霉变饲料、渴饮污浊脏水等均可导致泻泄,影响生长发育甚至死亡。饲料粗硬,混有尖锐杂物,如石块、铁片、钉子等引起机械性损伤;或因冰冻、灼热的饲料和饮水,或误食发霉有毒饲料、腐蚀性药物,特别是强酸、强碱及汞制剂等强刺激引发口腔粘膜炎症;或因长途运输,饲养管理不当,互相咬架,损伤口腔粘膜而引发口炎。此外某些传染病如口蹄疫、水疱病、坏死杆菌病、维生素缺乏引发口炎。饲养管理不当还可引发形成僵猪、应激综合征、风湿病、乳房炎等。

二、猪普通病的防治

通过加强饲养管理、补充必需的营养物质、改善猪只的生活环境来防治猪的代谢病、内科病、外科病和产科病。

①首先必须加强饲养管理,饲喂平衡日粮。保持猪舍清洁干燥,每天让猪适当运动。防止种猪近亲繁殖,种母猪不宜过早交配,淘汰老龄种猪;仔猪断奶后,提供全价饲料;做好防疫灭病和驱虫工作,仔猪得病后应及时治疗并加强护理。大小猪分栏饲养,喂给各种营养丰富的饲料,适当补充钙、磷等矿物质。给予胡萝卜、甘蓝、青草、苜蓿及马铃薯等维生素含量丰富的饲料。妥善保管贮备的青绿饲料,防水、防热、防晒,以免维生素的损耗。

②发病时应根据病因和病状,标本兼治。如果是营养缺乏,则根据缺乏的营养种类调整日粮配方,喂给全价饲料,或补充相应的制剂,经过一段时间的治疗是可以达到治疗效果。如治疗佝偻病时通过改变饲料配方,给予含钙、磷多的饲料及青绿饲料,经常放牧运动,多行日光浴,保持猪舍温暖、清洁、干燥等是可以预防猪佝偻病发生的。

③改善猪只生活的环境。某些病是由于环境或气候变化引起,消除引起致病的因素,加强对猪只的护理,病猪可以自愈或加速康复的过程。如做好防寒保暖工作,防止猪只突然受寒热因素影响。天气变化、气温下降时要注意猪舍的保暖,及时采取保暖措施。天气转热时应使猪舍通风凉爽。在发病期间要多喂给清洁饮水。通过这些措施可以使猪只免于患感冒或加速感冒猪只的康复。

④为避免动物性食品中药物残留危害人类的健康和造成危害,应熟悉掌握药物在食品动物体内分布状况,遵守有关药物在动物组织中的最高残留限量和休药期的规定(见附录六)。

第二节 猪代谢病的综合防治

一、佝偻病与软骨病

(一) 本病简介

佝偻病与软骨病（rickets and osteomalacia）又称骨软症，是猪只缺乏钙、磷或钙磷比例不合理所引起钙磷平衡紊乱，骨质形成异常而致的一种代谢障碍病。病猪强拘跛行，后躯麻痹是本病的特征。多见于小猪、怀孕后期及泌乳期过长的母猪。本病的发生主要是由于饲喂的饲料单纯，如喂酒糟、豆腐渣、糖渣等；或精料饲喂过多；猪舍潮湿缺乏阳光，导致肾精不足，不能壮骨生髓；或患有胃肠病、寄生虫病、先天发育不良等因素而导致钙、磷的吸收利用障碍，骨骼得不到充分的营养供给，尤其是缺乏钙、磷或钙磷比例不当而诱发本病。

发病症状：本病也有先天性的，可见颜面骨肿大，硬腭骨突出，四肢肿大，行走时关节不能屈曲。后天性则病程进展缓慢，病初表现食欲减退，不愿起立运动，经常卧躺，喜啃异物，消化不良；因骨骼疼痛，强迫站立时，常常发出叫声，行走摇摆、跛行；病情严重者，骨骼变形，关节肿大，四肢变形，肋骨向内弯曲，胸廓两侧扁平狭小，骨骼歪曲易发生骨折。病猪被毛粗乱，发育不良，背拱似弓，驱赶行走呈拘挛运动。病母猪则表现行走强拘，后肢麻痹，跛行，自发性发生股骨、腰骨、骨盆骨骨折等。产后母猪易产生瘫痪。

(二) 综合防治

1. 预防措施

加强饲养管理，改变饲料配给，给予含钙、磷多的饲料及青

绿饲料,经常放牧运动,多行日光浴,保持猪舍温暖、清洁、干燥。

2．治疗措施

防治本病可行补充钙磷制剂,调整钙磷平衡。

(1) 西药治疗:

处方一:维丁胶性钙注射液 8~10 毫升。

【作用】治疗佝偻病与软骨病。

【用法】每千克体重 0.2~0.3 毫升,肌肉注射,隔日 1 次,连用 2~3 次。

处方二:葡萄糖酸钙或磷酸钙。

【作用】治疗佝偻病与软骨病。

【用法】成年猪静脉注射 1%葡萄糖酸钙 50~150 毫升;或磷酸钙 2~3 克或 10%氯化钙液,每次 1 汤匙,每天 2 次,拌于饲料中喂服。

处方三:维生素 A、维生素 D 合剂 2~4 毫升。

【作用】治疗佝偻病与软骨病。

【用法】1 次肌肉注射,每天 1 次,连用 5~7 天。

(2) 中草药治疗:以温肾助阳、强筋壮骨为治则。

处方一:骨粉 80 克,生牡蛎 40 克,炒神曲 150 克,炒食盐 40 克。

【作用】温肾助阳、强筋壮骨,治疗猪骨软症。

【用法】按处方配药,共为末,拌料饲喂。

处方二:猪头盖骨 40 克,生牡蛎 40 克,乳香 15 克,没药 15 克,益智仁 15 克,鱼肝油 35 克。

【作用】温肾助阳、强筋壮骨,治疗猪骨软症。

【用法】按处方配药,共为末,拌料喂服,小猪分 10 次服完,母猪分 2 次服完。

处方三:何首乌 10 克,熟地、山药、白术、陈皮、甘草、厚朴各 15 克,党参 10 克。

【作用】温肾助阳、强筋壮骨,治疗猪骨软症。

【用法】按处方配药,煎水取汁,供 30 千克体重猪只 1 次灌服。

处方四:骨粉 70%,小麦麸 18%,仙灵皮 1.5%,五加皮 1.5%,茯苓 2.5%,白芍 2.5%,苍术 1.5%,大黄 2.5%。

【作用】治疗佝偻病与软骨病。

【用法】将中药混合粉碎为末,加入骨粉混匀,每天 30~50 克,分 2 次拌料喂服,连喂 1 周。

处方五:益智仁 30 克,肉豆蔻 21 克,五味子 24 克,槟榔片 15 克,当归 24 克,川芎 15 克,白芍 15 克,厚朴 21 克,肉桂 24 克,白术 24 克,陈皮 18 克,甘草 15 克。

【作用】治疗佝偻病与软骨病。

【用法】按处方配药,共粉碎为末,开水冲泡,候温灌服。

处方六:麸皮 1.5~2.5 千克,酵母 50~70 克。

【作用】治疗猪骨软症。

【用法】按处方配药,混合煮后过夜,1 天分 3 次服完。

处方七:骨粉或蛋壳粉。

【作用】强筋壮骨,治疗猪骨软症。

【用法】每天 50~100 克,拌料饲喂,同时配合肌肉注射维生素 A、维生素 D 合剂 2~4 毫升。

处方八:牡蛎、龙骨粉各 18 克,何首乌、牛膝各 15 克,蚌粉、石决明、杜仲、续断、骨碎补各 10 克,秦艽 8 克,甘草 20 克。

【作用】温肾助阳、强筋壮骨,治疗猪骨软症。

【用法】按处方配药,共为末,分 2 次拌入料内喂服。

处方九:首乌 15 克,熟地 20 克,山药 20 克,白术 20 克,陈皮 20 克,党参 15 克,甘草 20 克,厚朴 20 克。

【作用】治疗佝偻病与软骨病。

【用法】按处方配药,水煎取汁,1 次灌服。

处方十:老狗骨 250 克。

【作用】强筋壮骨，治疗猪骨软症。

【用法】将狗骨焙干，粉碎为末，对水酒适量，拌料饲喂，分2~3次服完（仔猪酌减）。

二、铁缺乏症

（一）本病简介

铁缺乏症（ferrous deficiency），又称仔猪缺铁性贫血。是2~4周龄哺乳仔猪由于机体所需的铁元素缺乏或不足引起造血系统机能紊乱所致的一种营养性贫血症。本病多发生于冬、春季，特别是木板或水泥地面的猪舍，若不采取补铁措施，可造成一定的死亡。此外，母猪的乳汁或饲料中铜、铁、钴等微量元素的不足，也可造成仔猪贫血。缺铁是血红蛋白含量下降，而缺铜时则红细胞数量减少。

发病症状：发病仔猪精神沉郁，离群独卧，被毛逆立，初期膘情尚好，但可视粘膜颜色苍白、有轻度黄疸，精神委顿，呼吸及心跳快而弱，运动以后更加明显；肌肉无力，皮肤松弛，被毛粗乱，体温正常，食欲减退；有的病猪出现水肿、下痢等症状。

剖检可见血液稀薄如红墨水，凝固性低，肌肉颜色变淡；心肌松弛，心脏扩散，质松软；肺水肿，肝肿大，肾实质变性；胸腹腔内常有浆液性或纤维蛋白性积液。

（二）综合防治

1. 预防措施

加强哺乳母猪的饲养管理，饲喂平衡日粮，最好让仔猪随母猪到舍外放牧。也可在猪舍内放置红土或深层干燥泥土，任猪只自由采食。必要时对仔猪补加铁剂。

2. 治疗措施

可选用铁制剂。

(1) 西药治疗：

处方一：硫酸亚铁 100 克，硫酸铜 20 克。

【作用】治疗仔猪缺铁性贫血。

【用法】磨碎混在 5 千克细砂中，撒在猪栏内，任猪啃食。

处方二：硫酸亚铁 21 克，硫酸铜 7 克。

【作用】治疗猪铁缺乏症。

【用法】溶于 1 000 毫升水中，过滤取汁，每头仔猪灌服 4 毫升，或混于饲料、饮水中服用。

处方三：葡聚糖铁钴注射液。

【作用】治疗猪铁缺乏症。

【用法】深层肌肉注射，仔猪每次 2 毫升，重症者隔 2 天重复 1 次。

(2) 中草药治疗：

处方一：党参 30 克，黄芪 60 克，白术 24 克，当归 30 克，熟地 30 克，川芎 15 克，白芍 24 克，茯苓 24 克，炙甘草 15 克。

【作用】治疗猪气血两虚性贫血。

【用法】按处方配药，候温灌服。

处方二：生地 24 克，熟地 24 克，山药 30 克，首乌 24 克，当归 30 克，枸杞子 24 克，女贞子 24 克，旱莲草 24 克，龟板 45 克，阿胶 30 克。

【作用】滋养肝肾，治疗猪肝肾阴虚性贫血。

【用法】按处方配药，水煎取汁，候温灌服。

处方三：何首乌、补骨脂、菟丝子、党参、枸杞子、黄芪各 45 克，熟地、生地、当归、肉苁蓉、阿胶各 30 克，肉桂 19 克，甘草 9 克。

【作用】温补脾肾，治疗猪脾肾阳虚性贫血。

【用法】按处方配药，水煎取汁，加阿胶溶化，候温灌服。

三、铜缺乏症

(一) 本病简介

铜缺乏症（copper deficiency）是由于土壤缺铜地区、饲料中缺铜或含铜量不能满足猪只生理需要而导致的铜缺乏症。铜是参与体内部分酶的组成和合成血红蛋白所必需的元素，并与铁之间具有协同作用。本病主要见于仔猪在生长发育期间发生贫血、心肌萎缩、生长发育缓慢等为特征的新陈代谢性疾病引起。

发病症状：病猪表现食欲减退或废绝，下痢，贫血，被毛脱色，后肢弯曲，缺乏硬度，喜啃泥土等异物，生长发育缓慢等症状。

剖检可见心肌萎缩、贫血，严重者动脉血管破裂等。

(二) 综合防治

1. 预防措施

加强饲养管理，保证平衡日粮，以满足猪只的生理需要。

2. 治疗措施

通过补充铜制剂治疗病猪（但是补铜过量也会引起铜中毒，每千克饲料中含量达250毫克或以上，就会引起铜中毒）。可选用下列方法防治铜缺乏症。

处方一：硫酸铁2.5克，硫酸铜1克。

【作用】治疗铜缺乏症。

【用法】混于1 000毫升开水中，混匀后喂仔猪，或多次涂擦母猪乳头，有较好的防治效果。

处方二：氯化钴和硫酸铁各1~100克，硫酸铜1~50克。

【作用】治疗铜缺乏症。

【用法】每千克体重氯化钴和硫酸铁各1克，硫酸铜0.5克，溶于1 000毫升开水中，供全窝仔猪内服。

四、钴缺乏症

（一）本病简介

钴缺乏症（cobalt deficiency）是由于缺钴地区所产饲料或饮水中钴元素不足而引起的以消瘦、厌食为特征的一种代谢病。每千克饲料干物质中含钴 0.5~1.5 毫克，便能保证猪对钴的需要，反之含钴低于 0.5 毫克，则易患钴缺乏症。本病多发生于 3~4 周龄仔猪。

发病症状：表现精神委顿，衰竭，皮肤和可视粘膜贫血，食欲减退，被毛松乱，生长缓慢，消瘦，抵抗力下降，易继发消化不良、腹泻、咳嗽、气管炎和肺炎。

剖检可见脂肪和横纹肌萎缩，肝脂肪变性，心肌纤维萎缩，肾小管上皮脱屑和脂肪变性。

（二）综合防治

1. 预防措施

加强饲养管理，如土壤含钴量仅 0.3~2 毫克/千克，可施用过磷石灰，以促进植物对钴的吸收，同时还要控制镍、碘、钡、铁的日粮含量不要超标，并注意饲料中不要缺乏钙、碘、铜，以预防此病。通过改善饲料品质，在饲料中添加某些微量元素预防该病。

处方一：葡聚糖铁钴注射液。

【作用】预防钴缺乏症。

【用法】仔猪出生后 4~10 天，用葡聚糖铁钴注射液 2 毫升，后肢深部肌肉注射。可达预防铁钴缺乏性贫血的作用。

处方二：维生素 B_{12}。

【作用】预防钴缺乏症。

【用法】每顿饲料补充维生素 B_{12} 1~5 毫克，可预防钴缺乏。

2．治疗措施

处方一：钴盐添加剂。

【作用】治疗钴缺乏症。

【用法】用钴盐添加剂（氯化钴、硫酸钴、硝酸钴），成年猪10～20毫克，仔猪1～2毫克，连用1～2个月。

处方二：维生素 B_{12} 注射液。

【作用】治疗钴缺乏症。

【用法】严重贫血时，用维生素 B_{12} 注射液 300～400 微克，肌肉注射，每天1次或间隔1天1次。

五、锌缺乏症

（一）本病简介

猪的锌缺乏症（spelter deficiency）又称皮肤不全角化病，是一种慢性、非炎症性疾病。饲料内含锌不足或缺乏，又得不到补充，日粮中高钙低锌，致使机体营养缺乏而发此病。此外此病多发于粉料饲喂的猪只。

发病症状：病猪表现食欲减退，精神委顿，不愿走动；体温、心跳、呼吸均正常；病猪先便秘后拉稀，且腹泻日趋严重，粪便多为黄色糊状，混有较多的粘液。皮肤惨白，继而腹部、四肢、尾部、耳部等处出现小红点，并向臀部蔓延，不久小红点形成红色疹块，且成对称性界限明显的斑疹厚痂，以后在皮肤表面逐渐覆盖一层灰白色、污秽色以及石棉状物质，耳部形成皱褶，无痒感。有的蹄底、蹄叉皮肤干裂、跛行，耳朵边缘向上内卷，口腔粘膜苍白、增厚，似老茧样，舌面开裂，附着灰褐色痂膜，不易剥离。本病应与疥螨病相区别，锌缺乏症主要以表皮增生和皮肤龟裂为特征，疥螨病痒感明显，舌面不开裂。

(二)综合防治

1. 预防措施

加强饲养管理,在日粮中添加硫酸锌或碳酸锌,按每千克体重 50 毫克,也可喂葡萄糖酸锌。

2. 治疗措施

(1) 西药治疗:

处方一:硫酸锌注射液。

【作用】治疗猪锌缺乏症。

【用法】每千克体重 2~4 毫克,肌肉注射,每天 1 次,10 天为 1 个疗程。

处方二:硫酸锌 0.2~1 克。

【作用】治疗猪锌缺乏症。

【用法】每头小猪 0.2~0.5 克,大猪 1 克,喂服。如有皮肤化脓破溃,可局部涂擦 1% 龙胆紫或其他抑菌油膏。

处方三:0.1% 硫酸锌适量,蒲公英、车前子各 300 克,黄连 120 克,酸枣仁 240 克,小蓟、侧柏子各 200 克。

【作用】治疗猪锌缺乏症。

【用法】日粮中添加 0.1% 硫酸锌,对皮肤开裂严重的病猪,皮肤涂擦氧化锌软膏。中药按处方配药,加水煎熬浓缩至 30 升,供 60 头猪饮服,药渣捣碎加入饲料中喂服,每天 1 剂,连服 4~5 天。

(2) 中草药治疗:

处方:陈皮 50 克,砂仁 15 克,党参、茯苓、山药、白扁豆、白术、莲子、薏苡仁、大枣各 80 克,桔梗 30 克。

【作用】治疗猪锌缺乏症。

【用法】按处方配药,煎汁对少量稀粥喂服,供 8 头猪 1 天服用,连服 3~5 天为 1 个疗程。

六、碘缺乏症

(一) 本病简介

碘缺乏症（iodine deficiency）是由于母猪饲料及饮水中含碘量不足，或碘量消耗过多，或因消化系统疾病影响碘的吸收，或碘在消化道被破坏等因素所引起的一种代谢病。主要症状是患猪甲状腺的结缔组织增生，使腺体体积增大，最后因胶质与滤泡的挤压引起腺组织萎缩。

发病症状：母猪缺碘的症状一般不明显，有时可发现颈部较粗，被毛稀疏甚至无毛。怀孕母猪缺碘一般能正常分娩，流产的少见。产下仔猪发育完全，但被毛稀少甚至全身无毛，其生活力很差，一般可引起陆续死亡，甚至全窝夭折，如有少数存活的猪则生长极为缓慢，发育不良而成僵猪。患病的仔猪主要表现为消瘦、虚弱、被毛稀少、四肢弯曲、站立困难、不久瘫软、嘶叫、心跳加快、呼吸困难。详细检查可见明显的甲状腺肿大，一般多呈纺锤棒状。

(二) 综合防治

1. 预防措施

加强对母猪的饲养管理，补喂碘制剂或含碘食盐。如在妊娠母猪饲料中每次加喂碘化钾 0.3 克，间隔 15 天 1 次，给药 3 次即可预防碘缺乏症。

处方：碘化钾 0.5~1 克，海带 0.5~1 千克。

【作用】预防猪碘缺乏症。

【用法】妊娠母猪每月在饲料或饮水中给予碘化钾 0.5~1 克。也可定期给怀孕母猪补喂海带，每次 0.5~1 千克，煮汤，连渣喂服，每月服 2~3 次。

2. 治疗措施

处方：0.25％碘化钾，碘酊适量。

【作用】治疗猪碘缺乏症。

【用法】患病仔猪每天随乳汁喂给碘酊 1～2 滴，或涂在母猪的乳头上任其自行舔食；或投给 0.25％碘化钾溶液 1 茶匙；或在皮肤上涂碘酒 10 毫升，每 2 周 1 次。

七、锰缺乏症

（一）本病简介

锰缺乏症（manganese deficiency）是由于饲喂单一饲料导致猪锰缺乏的一种营养缺乏症。

发病症状：病猪表现僵直、强拘、跛行、不愿行走、喜卧、驱赶时尖叫，与佝偻病症状相似。

猪锰缺乏症可见骨端增大，或骨头变短；而佝偻病表现广泛性软骨增生，症状更为严重，应加以区别，以免误诊。

（二）综合防治

加强饲养管理，在用玉米作为饲料原料时应配合一定量的麦麸、鱼粉和豆饼，以维持日粮中锰的含量不低于正常生理需要（25～30 毫克/千克）。必要时加入锰制剂。

如出现锰缺乏症的病猪，可在 100 千克饲料中添加硫酸锰 10～20 克，或让猪只饮用 0.1％高锰酸钾溶液，既可防止本病的发生，又可作饮水消毒剂。

八、仔猪白肌病

（一）本病简介

仔猪白肌病（white muscle disease of pigs）又称硒和维生素 E

缺乏综合征。本病是以骨骼肌和心肌等变性、肌肉呈现煮熟肉样或鱼肉样外观及肝脏变性坏死为主要病变的代谢性疾病。发病的主要原因是由于饲料中缺乏微量元素硒与维生素 E 而引起。在缺硒地区或多雨季节常大批发病，或母猪怀孕后期及哺乳期饲养不善，乳汁中含硒量不足，更易发生本病。在饲料中硒含量低于 0.1 毫克/千克和维生素 E 含量不足时，可使仔猪患白肌病。其病型主要有白肌病、仔猪肝坏死和桑椹心等。成年猪一般不呈现临床症状，偶见发病。

发病症状：临床主要特征是肌肉弛缓无力，运动障碍，心脏功能不全及消化功能紊乱等。仔猪白肌病多发于 20 日龄左右的营养良好、身体健壮的仔猪。突然发病，体温一般无变化，精神不振，食欲减退或废绝，呼吸急促，心脏衰竭而死。病程稍长者，则见后肢僵硬、拱背、行走摇晃、肌肉发抖无力、步幅短而痛苦、触摸时有痛感、发出尖叫声。有的病例死前有神经症状，如发作时朝一个方向连续翻转数次，或站起行走如醉酒状，最后卧地不能站立，四肢做游水状，直到衰竭而死。有些仔猪腹泻，排黄色恶臭稀粪，可视粘膜苍白略带黄色，皮肤灰白色，弹性降低，被毛粗乱，均有结膜炎与角膜混浊现象。

剖检可见骨骼肌、心肌变性，色淡，似煮熟肉样，呈灰白色或黄白色点状、条状或片状不等，横断面有灰白色、淡黄色斑纹，质地变脆、变软。有的肝脏肿大，硬而脆，表面粗糙，断面有槟榔样花纹，个别病例肝脏由深红色变成灰黄色，最后呈土黄色。有的肾脏可见充血、肿胀，肾实质有出血点和灰色斑纹灶。

（二）综合防治

1．预防措施

预防的关键是对妊娠、断乳母猪及仔猪加强饲养管理，尤其在寒冷季节及缺硒地区，应补充蛋白质和富硒饲料喂猪，也可在日粮中按每1 000千克饲料中添加 0.22 克无水亚硒酸钠和 20～25

克维生素 E，有较好的预防效果。必须注意的是注射左旋糖铁或内服铁制剂可诱发缺硒的仔猪发作本病。

2．治疗措施

处方：0.1%亚硒酸钠 1~10 毫升，维生素 E100~500 毫升。

【作用】防治仔猪白肌病。

【用法】0.1%亚硒酸钠皮下或肌肉注射，10 日龄以内仔猪 1 毫升，10~20 日龄 2 毫升，20~20 日龄以上 3 毫升，母猪 10 毫升。如同时肌肉注射维生素 E 效果更好，一般用醋酸维生素 E 注射液（1 毫升:50 毫克），1 次 100~500 毫克。

九、维生素 A 缺乏症

（一）本病简介

维生素 A 缺乏症（hypovitaminosis A）是由于猪的日粮中缺乏维生素 A 或消化吸收障碍所致，为以粘膜、皮肤上皮角化变质、生长停滞等症状为主要特征的营养代谢病。猪只维生素 A 缺乏时常是因为粗饲料调制不当、遭受日光曝晒、酸败、氧化等破坏所致；或饲料单一、缺乏青绿饲料；或配合日粮中维生素 A 的添加量不足均会引起本病的发生。哺乳仔猪维生素 A 缺乏则与母乳的质量有关，即哺乳母猪一昼夜的胡萝卜素摄入不足 30~35 毫克时，则可使其乳中维生素 A 缺乏而使乳猪发病。一般怀孕母猪日需胡萝卜素为 20~30 毫克，种公猪为 30~35 毫克，断乳仔猪为 25~30 毫克。

发病症状：患病仔猪的典型症状是皮肤粗糙、皮屑增多、咳嗽、下痢、生长发育缓慢等。严重病例，则神经紊乱、听觉迟钝、视力减弱、步态不稳、运动失调、痉挛、转圈，甚至后肢麻痹。母猪则易引起流产或死胎，所生仔猪瞎眼或眼畸形。有些仔猪即使外表正常，但生活力不强，容易死亡。公猪性欲下降或精子活力降低及排死精，而致公猪不育。

（二）综合防治

1. 预防措施

预防上应保证猪群的青绿饲料供应，多喂富含维生素 A 的饲料，日粮中添加必需的胡萝卜素，如添加鱼肝油等。

2. 治疗措施

处方一：维生素 A、维生素 D 合剂 2~5 毫升。

【作用】治疗猪维生素 A 缺乏症。

【用法】肌肉注射，间隔 1 天 1 次。

处方二：鱼肝油 10~15 毫升。

【作用】治疗猪维生素 A 缺乏症。

【用法】每天将鱼肝油拌入饲料中饲喂；对未开食的乳猪每天灌服鱼肝油 2~5 毫升，每天 2 次。

处方三：苍术、土党参、土人参各等份。

【作用】治疗猪维生素 A 缺乏症。

【用法】按处方配药，混合粉碎为末，每天 20~50 克，拌入饲料中饲喂。或单用苍术，粉碎成细末，拌入少量精料中喂母猪，每次取 25 克，每天 1 次，连用 7~10 天。

十、维生素 C 缺乏症

（一）本病简介

维生素 C 缺乏症（hypovitaminosis C）是由于猪继发某些热性传染病时，由于抗坏血酸被大量消耗，以致发生维生素 C 缺乏症。

发病症状：病猪表现生长缓慢、体重下降、心搏过速、粘膜和皮肤有出血斑点、坏死性口炎；口和舌粘膜溃疡、牙齿易脱落、贫血衰竭；公猪睾丸上皮变性，一般体温无显著变化。

(二) 综合防治

改善饲养管理,给予胡萝卜、甘蓝、青草、苜蓿及马铃薯等维生素 C 含量丰富的饲料。妥善保管贮备的青绿饲料,防水、防热、防晒,以免维生素 C 的损耗。发病时可用维生素 C 片内服,或维生素 C 针剂进行皮下注射,均有较好的效果。平时也可用松针叶煎汁(不要煮沸),拌入饲料中饲喂,或候温灌服,也有一定的治疗效果。

十一、猪黄脂病

(一) 本病简介

猪黄脂病(yellow fat disease in pigs)是猪体脂肪组织呈现黄色为特征的一种色素沉积性疾病,俗称黄膘猪。通常由于采食了过量的富含不饱和脂肪酸甘油酯的鱼类及其副产品(鱼脂、鱼体的废弃物)致病。

发病症状:患病猪被毛粗糙、衰弱和粘膜苍白。大多数病猪表现食欲不良、生长缓慢、异嗜、下痢、步态强拘,有时发生跛行、眼有分泌物等。或生前并无特殊症状,在屠宰后发现。

剖检可见肥膘和体腔内的脂肪呈不同程度的黄色,其他组织器官无黄色现象。应注意与黄疸病鉴别。黄疸病猪皮肤、粘膜、皮下脂肪、腱膜韧带、软骨表面、组织液、关节囊液及内脏均呈黄色;黄疸病猪的肝和胆管多有明显变化;黄疸病猪肉放置时间越久,黄色程度越重。

(二) 综合防治

黄脂病的预防主要是调整日粮,限制饲喂富含不饱和脂肪酸甘油酯的饲料,鱼制品或蚕蛹的饲喂量应限制在 10% 以内,并至少在屠宰前 1 个月停喂。日粮中添加维生素 E,每头猪每天

500~700毫克,或加入6%干燥小麦芽、30%米糠也有预防效果。

若已形成黄脂,要使组织中的抗酸色素都被除去,需要较长时间才能见效。

淘汰有黄脂病遗传性的母猪和种公猪,也是预防本病的措施之一。

十二、仔猪低血糖症

(一) 本病简介

仔猪低血糖症(hypoglycemia of piglets)是新生仔猪由于血糖低于正常值而引起的中枢神经系统机能活动障碍的营养代谢性疾病。临床上以步态不稳、发抖和体温低为特征。本病发生的主要原因是:妊娠母猪怀孕后期饲养管理不当、母猪乳房炎等导致母猪产后乳汁少或无乳、仔猪多而乳头少、仔猪弱小或因生病等,导致仔猪吮不到乳或吮乳少,均可引起本病。寒冷是促使发病的诱因,因此在冬末春初发病多。

发病症状:发病仔猪体内血糖含量比健康仔猪低33~41倍。病初步态不稳、心音频数,呈阵发性神经症状、发抖和抽动。严重时全身绵软呈昏睡状,心跳变弱而慢,体温低,若不及时治疗,死亡率达30%~70%,个别窝可达100%。

剖检可见肝脏呈橘黄色,边缘锐利,质脆易碎,胆囊肿大,肾脏淡土黄色。

治疗性诊断:给病乳猪腹腔注射5%~20%葡萄糖注射液10~20毫升,立刻见到明显效果便可作出诊断。

(二) 综合防治

1. 预防措施

加强妊娠母猪的后期管理,保证全价的口粮,可使所产仔猪

健康。临产前进行乳房消毒、按摩,使母猪产后有大量奶水。保护仔猪不受寒冷,小环境的温度以 26~35℃ 为宜,尤其对病猪。

2. 治疗措施

及时给仔猪补充糖分,可辅以可的松制剂,促进糖原异生。

处方一:5% 或 10% 葡萄糖注射液 20~40 毫升,氯化钠 3.5 克,碳酸氢钠 2.5 克,氯化钾 1.5 克,葡萄糖 30 克,水 1 000 毫升。

【作用】治疗仔猪低血糖症。

【用法】5% 或 10% 葡萄糖注射液,腹腔或皮下分点注射,每隔 4~8 小时 1 次,连用 2~3 天;氯化钠、碳酸氢钠、氯化钾和葡萄糖混合后溶于 1 000 毫升水中,配成口服补液盐水,口服或灌服。

处方二:5%~20% 葡萄糖注射液 10~20 毫升,50% 葡萄糖水 15 毫升,地塞米松磷酸钠注射液 2~50 毫克。

【作用】治仔猪低血糖症。

【用法】5%~20% 葡萄糖注射液,腹腔注射,间隔 4~6 小时重复 1 次,连用几天,直至仔猪能吮乳或吃食人工饲料为止;口服 50% 葡萄糖水,每天 3~6 次;地塞米松磷酸钠,每千克体重 1~3 毫克混入葡萄糖液中,腹腔注射,也可单独肌肉注射,4 天为 1 个疗程。

第三节 猪内科病的综合防治

一、口 炎

(一) 本病简介

口炎(stomatitis)即口腔粘膜表层的炎症,又称舌疮、舌炎、腭炎、齿龈炎、口疮或口舌糜烂。多因饲料粗硬,混有尖锐杂

物,如石块、铁片、钉子等引起机械性损伤;或因冰冻、灼热的饲料和饮水,或误食发霉有毒饲料、腐蚀性药物,特别是强酸、强碱及汞制剂等强刺激引发口腔粘膜炎症;或因长途运输、饲养管理不当,互相咬架,损伤口腔粘膜而引发口炎。此外某些传染病如口蹄疫、水疱病、坏死杆菌病、维生素缺乏等,也可继发口炎。

发病症状:以流涎、拒食或厌食为临床特征。病猪减食,吞咽不便,口腔有唾液流出,并有不同程度的口臭。除传染病继发口炎外,一般体温正常。口腔粘膜红肿,口角、齿龈和舌的边缘常发生水疱。水疱破裂后成鲜红色烂斑。

(二)综合防治

1. 预防措施

注意饲养管理,饲料必须经过选择和检查,除去铁丝、铁钉、玻璃片等各种杂物以及霉烂饲料;正确使用和保管好腐蚀性化学药品和消毒药品;对病猪给予稀软和易消化的饲料。

2. 治疗措施

(1) 西药治疗:

处方一:1%~3%硼酸溶液适量,黄柏3份,青黛2份,冰片1份。

【作用】治疗猪口炎。

【用法】黄柏、青黛和冰片混合后粉碎为细末,装瓶备用。用1%~3%硼酸溶液冲洗口腔,口涎多时用1%明矾水冲洗,然后取适量所配中药粉撒布口腔。

处方二:0.1%高锰酸钾溶液,1%碘甘油。

【作用】治疗猪口炎。

【用法】用0.1%高锰酸钾溶液冲洗口腔,口涎多时用1%明矾水冲洗;然后用1%碘甘油(碘、碘化钾各1份混合,加甘油至100毫升)涂布患处,每天2次。

(2) 中草药治疗：

处方一：2%～5%温盐水适量，蛇蜕 1.5 克，明矾 10 克。

【作用】治疗猪口炎。

【用法】按处方配药，用蛇蜕包严明矾，微火烧焦（以明矾溶化和蛇蜕完全凝固在一起为度），冷却后再粉碎为细末。取 2%～5%温盐水冲洗口腔，然后取所制中药粉 2～5 克用竹筒吹入病猪口腔，不愈者第 2 天再用药 1 次。

处方二：黄连、薄荷各 6 克，明矾、桔梗、儿茶各 9 克。

【作用】治疗猪口炎。

【用法】按处方配药，共粉碎为细末，装于布袋内含于病猪口中。

处方三：黄连、栀子、大黄、天冬、花粉各 20 克，无根藤、甘草、木通、知母各 15 克。

【作用】治疗猪口炎。

【用法】按处方配药，水煎取汁，候温内服，供体重 30 千克的猪只 1 次服用，每天 1 次，连用 2～3 天。

处方四：青黛 15 克，黄连 10 克，黄柏 15 克，薄荷 5 克，桔梗 10 克，儿茶 10 克。

【作用】治疗猪口炎。

【用法】按处方配药，水煎取汁，候温内服，供体重 30 千克的猪只 1 次服用，每天 1 次，连用 2～3 天。

处方五：大黄 25 克，知母 25 克，甘草 16 克，芒硝 60 克，黄连 20 克，黄芩 22 克，栀子 22 克，连翘 22 克，花粉 22 克，薄荷 12 克，黄柏 20 克。

【作用】治疗猪口炎。

【用法】按处方配药，共粉碎为细末，开水冲调，候温灌服，供大猪 1 天分 2 次服完，连服 2～3 剂。

处方六：黄连 6 克，冰片、硼砂各 0.3 克。

【作用】治疗猪口炎。

【用法】按处方配药,共粉碎为细末,取适量吹入患处。

二、胃肠卡他

(一) 本病简介

猪胃肠卡他(gastro-enteritis catarrh),又叫消化不良。是胃肠粘膜表层的卡他性炎症,胃肠消化机能障碍的一种病症。以胃肠消化和吸收功能紊乱,少食或不食;或以大量饲料积于胃内不能运转,肚腹胀满、疼痛为临床特征。多因饲养管理不当,饲喂失时所致;或喂以霉变、粗糙饲料;天气骤变,精料过度,肠道寄生虫病及一些慢性消耗性疾病均可引起或继发以胃肠道粘膜表层卡他性炎症的消化不良症。

发病症状:本病可分为脾胃虚弱和伤食两种情况。前者主要表现为精神不振、食欲减退、口臭、喜饮水,有时恶心或呕吐;粪便干燥、附有粘液,或腹泻、混有消化不全的饲料。后者因过食引起,多伴有食欲大减或废绝,有时呕吐,呕吐物酸臭,肚腹胀满,触压腹壁坚硬有痛感,重者腹痛不安,口臭,舌红苔黄。按疾病部位还可分为以胃机能障碍为主和以肠机能障碍的消化不良。

(二) 综合防治

1. 预防措施

加强饲养管理,合理搭配饲料,定时定量喂给,仔猪不要喂粗纤维过多的饲料;饲料变换应逐渐进行;定期驱虫,做好防疫灭病工作,及时治疗慢性病。治疗前应认真查明病因,如系饲养管理不当引起,只需改善饲养管理,轻症一般可自愈;如系继发于其他疾病,应先对原发病进行治疗,轻症也可自愈。

2. 治疗措施

(1) 西药治疗:

处方一：碳酸氢钠 16 克，磺胺合剂（磺胺脒 1 份，酵母粉 1 份，鞣酸蛋白 2 份）12～15 克，大黄末、龙胆末各 8 克，硫酸钠 30～80 克，5%葡萄糖盐水 250～500 毫升。

【作用】治疗猪消化不良。

【用法】粪便干而少量者，先用硫酸钠或硫酸镁或植物油，1 次内服清肠导泻；再用大黄末、龙胆末、碳酸氢钠，分 4 次（每天 2 次）内服健胃。腹泻者用磺胺合剂，每天 3 次内服，腹泻严重者静脉注射 5%葡萄糖盐水。

处方二：维生素 B_1 注射液 0.125～0.5 克。

【作用】治疗猪消化不良。

【用法】后三里穴注射，每天 1 次，2～3 天为 1 个疗程。

处方三：猪胆或牛胆 1～4 个，食醋 200～400 毫升，白糖 250 克，白酒 50～100 毫升。

【作用】治疗猪消化不良。

【用法】按处方配药，猪胆或牛胆取汁，与其他药物混合后，加开水适量，供体重 50 千克的猪只服用，每天 1 次，自饮或灌服，连用 2 次，小猪用量酌减。

(2) 中草药治疗：

处方一：麦芽、山楂、莱菔子各 30 克，神曲 60 克，大黄 15 克，陈皮 10 克。

【作用】治疗猪消化不良。

【用法】按处方配药，水煎灌服，每天 1 次，连用 2～3 天。

处方二：山楂、麦芽、莱菔子、神曲、茯苓、槟榔各 60 克，生姜、甘草各 30 克。

【作用】治疗乳猪奶料消化不良症。

【用法】按处方配药，粉碎为末混匀，每千克体重 0.5～1 克，每天 2～3 次，混于饲料中喂服。

处方三：白芍、前胡、陈皮、滑石、碳酸氢钠各等份。

【作用】健脾开胃。主治猪消化不良，食欲减退。

【用法】按处方配药,粉碎为末,混匀,每次25~50克,开水冲调,候温灌服或混饲喂服。

处方四:当归30克,白术30克,青皮12克,陈皮12克,厚朴12克,甘草12克,茯苓12克,五味子12克。

【作用】治疗有脾虚表现的猪急性胃肠卡他。

【用法】按处方配药,共粉碎为细末,开水冲调,候温灌服。供大猪1次服完,每天1次,连服3~5天。

处方五:山楂10克,麦芽20克,陈皮10克,槟榔10克,苍术10克,木通8克,甘草6克。

【作用】营养催膘。用作猪饲料添加剂。

【用法】按处方配药,将药干燥、炮制后粉碎,混匀,每周拌料饲喂1次,连用4个月。

处方六:贯众、何首乌(制)各30克,麦芽、黄豆(炒)各500克。

【作用】驱虫,开胃,补养,催肥。主治猪食少,瘦弱,虫积,生长缓慢。

【用法】按处方配药,粉碎为末,加盐30克混匀,每天混饲喂100克。

处方七:贯众90克,苍术120克,炒黄豆5 000克,炒芝麻500克。

【作用】驱虫除湿,营养催膘。用作猪饲料添加剂。

【用法】按处方配药,粉碎为末,混匀,每天30~50克,拌入饲料内喂。

处方八:胡麻500克,酒曲120克,食盐250克,陈皮500克,砂仁30克。

【作用】开胃起膘,可用作猪饲料添加剂。

【用法】按处方配药,粉碎为末,混匀,每天30~50克,混入饲料中喂。

处方九:芝麻500克,炒黄豆1 500克,炒蓖麻(去壳)50

克。

【作用】开胃醒脾，营养催膘。主治猪食少膘差。

【用法】按处方配药，共粉碎为末，每天 30~50 克，混于猪饲料内喂。

处方十：苦参 3 千克，苍术 7 千克。

【作用】治疗猪消化不良。

【用法】按处方配药，将苦参水浸 20 小时，煎 3 次，得滤液 2 000 毫升，再与苍术（打成粉）及适量的混合饲料拌匀晾干，即成。每克药散含生药量：苍术 3.5 克、苦参 1.5 克。也可以按比例制成散剂。每天下午饲喂时给药，每头猪每次在饲料中加入苦参苍术散 5 克。

处方十一：磷酸氢钙、氯化钠各 10 克，苍术、干酵母各 15 克。

【作用】健脾开胃、补充钙质，治疗猪缺钙及生长缓慢。

【用法】按处方配药，粉碎为末，分 3 次拌料服用。

处方十二：龙胆草 30 克，苍术 30 克，柴胡 10 克，干姜 10 克，碳酸氢钠 20 克。

【作用】消食健胃，主治消化不良。

【用法】按处方配药，粉碎、过筛、混匀即得。每天拌料饲喂 10~20 克。

处方十三：钩吻。

【作用】健胃，杀虫。主治消化不良，腹泻，虫积。

【用法】按处方配药，粉碎过筛即得。猪每天 10~30 克。怀孕母猪慎用。

处方十四：元明粉 33 克，小苏打 27 克，食盐 14 克，石膏 20 克，滑石 6 克。

【作用】消食开胃，清热化滞。主治猪食积、胃热、粪干。

【用法】按处方配药，粉碎为末，混饲或调灌。小猪 10~30 克，大猪 50~100 克。

处方十五：麦芽30克，龙胆草60克，干姜9克，大黄9克，苍术6克，苏打粉6克。

【作用】健脾燥湿，消食导滞。主治猪消化不良。

【用法】按处方配药，粉碎为末，拌食饲喂；或开水冲调，胃管投服。猪每次30~150克，每天2~3次。

处方十六：茶子饼500克，生姜100克，锅底灰100克，大黄30克。

【作用】主治猪消化不良，减食。用药前先行驱虫，效果更佳。

【用法】按处方配药，茶子饼烧成灰粉碎成粉，生姜切片焙干粉碎成粉，大黄焙干粉碎成粉加入锅底灰，混匀，开水冲调，候温灌服。猪每次10~30克，连服2~3天。

处方十七：神曲、山楂、麦芽各10克，槟榔2克。

【作用】治疗猪慢性食滞。

【用法】按处方配药，粉碎为末，灌服或拌料喂服，体重5~10千克的猪只每次10克，10~25千克的猪20克，50千克的猪40克，100千克的猪60~80克，150千克的猪100克。每天2次，5天为1个疗程。

处方十八：胃蛋白酶20克，胰酶25克，淀粉酶25克，焦山楂、焦麦芽、焦神曲各50克。

【作用】治疗猪消化不良。

【用法】按处方配药，混合粉碎为末，拌料喂服。便秘重者加郁李仁15~20克；脾胃虚寒者加炒白术10~15克。体重50千克以上大猪每次50克，中猪30克，小猪25克，每天1次。

处方十九：黄芩20克，陈皮20克，青皮15克，大黄25克，白术15克，木通15克，槟榔10克，知母20克，元明粉30克，神曲20克，石菖蒲15克，乌药15克，牵牛子20克。

【作用】理气，消食，清热，通便。主治猪消化不良，食欲减少，便秘。

【用法】按处方配药,粉碎为末,开水冲调,候温灌服或拌饲服用。

处方二十:生地、麦冬、天冬、黄芩、大黄各20克,麻仁40克,防风10克,芒硝50克。

【作用】治疗猪有便秘表现的消化不良。

【用法】按处方配药,水煎取汁,候温灌服,供大猪1次服用,每天1次,连用3~5次。

处方二十一:大黄50克,贯众100克。

【作用】治疗猪消化不良。

【用法】按处方配药,水煎取汁,候温灌服,供大猪1天分2次混饲料喂服,连用2~3天。

处方二十二:神曲30克,麦芽30克,山楂30克,大黄15克,白术30克,陈皮30克,益智仁25克,砂仁25克。

【作用】治疗猪消化不良。

【用法】按处方配药,共粉碎为末,供体重50千克猪只内服,1天2次,连用2~3剂。

处方二十三:桂心15克,青皮15克,白术18克,厚朴18克,益智仁12克,干姜12克,当归12克,陈皮18克,砂仁12克,五味子10克,肉豆蔻10克。

【作用】温中散寒、理气健脾,治疗猪胃寒不食。

【用法】按处方配药,共粉碎为末,开水冲调,候温加炒盐15克,葱3根,白酒60毫升,同调灌服,大猪1次服完,每天1次,连服2~3天。

处方二十四:党参30克,白术70克,干姜45克,炙甘草30克。

【作用】理中驱寒,治疗猪表现胃寒的急性胃肠卡他。

【用法】按处方配药,共为细末,开水冲,候温服。

处方二十五:黄芩25克,连翘30克,石膏60克,花粉25克,枳壳25克,党参30克,知母25克,大黄30克,地骨皮25

克,神曲 45 克,陈皮 25 克,甘草 18 克。

【作用】治疗猪胃炎。

【用法】按处方配药,水煎取汁,候温灌服,供大猪 1 天分 2 次服用,连用 2~3 剂。

处方二十六:猪苓 15 克,泽泻 15 克,木通 15 克,瞿麦 12 克,茵陈 12 克,当归 12 克,青皮 12 克,厚朴 12 克,枳壳 12 克,苍术 12 克,木香 12 克,藿香 12 克。

【作用】治疗有胃湿表现的猪急性胃肠卡他。

【用法】按处方配药,共粉碎为细末,开水冲调,候温灌服,供大猪 1 天分 2~3 次服完,连服 2~3 剂。

(3) 针灸治疗:

方案一:

【穴位】后海穴。

【封闭法】取与荐椎平行刺入 10~17 厘米,缓缓将 0.25%(或 0.5 克)普鲁卡因溶液 20~40 毫升注入,再作消毒,每天 1 次。

方案二:

【主穴】玉堂、脾俞、七星、后三里。

【配穴】山根、鼻梁、八字(便秘加针交巢)。

三、异 食 癖

(一) 本病简介

异食癖(allotrophagia)又称异嗜癖,是由于代谢机能紊乱和营养缺乏引起消化机能和神经紊乱导致味觉不正常的一种非常复杂的多种疾病的综合征。其临床特征为猪到处舔食、啃咬无营养价值而不应该采食的东西(异物)。它不只是一种疾病,而是胃肠病、骨软症、慢性消化不良、寄生虫病等许多疾病的一种临床症状。主要是由于饲料单一,缺乏蛋白质、维生素、钴、硒等,

或钙磷比例失调、胃肠疾病、某些寄生虫病、骨软病、佝偻症等引起。本病多见于怀孕前期或产后初期种母猪,其他猪也可发生。

发病症状:病初一般多以消化不良开始,继之出现味觉异常和异嗜症状。幼猪喜食泥土、石灰、砖块、粪便、破布或带有咸味的异物,互相啃咬耳朵或尾巴,先便秘后下痢或便秘下痢交替出现。母猪产后吃胎衣或仔猪。病猪逐渐消瘦,拱背,磨牙,发育迟缓,重者衰竭死亡。怀孕母猪可见流产,产后母猪泌乳减少。

(二)综合防治

1. 预防措施

正确搭配日粮,给予全价饲料,补充维生素、微量元素,保持钙磷适当的比例;定期驱虫;发现病猪立即隔离,防止其他猪只模仿。

2. 治疗措施

分清病因和症状轻重进行治疗,由寄生虫病等原发病引起的,应结合驱虫等治疗原发病措施进行治疗。

处方一:碳酸氢钠、食盐、人工盐各 10~30 克,骨粉 1 000 克,磷酸二氢钠 25 克,维生素 A 50 万单位,维生素 D_3 10 万单位,鱼肝油 10~15 毫升。

【作用】治疗猪异嗜癖。

【用法】无骨软症、佝偻症并发的单纯性异嗜癖,可在饲料中添加碳酸氢钠、食盐、人工盐等,每天每头猪 10~30 克;如有骨软症、佝偻症并发,可取骨粉和磷酸二氢钠混合后按 2% 加入饲料中;并在每 100 千克饲料中添加维生素 A 50 万单位、维生素 D_3 10 万单位,或每头猪每天服鱼肝油 10~15 毫升。

处方二:炒山楂、炒神曲、麦芽各 20 克,敌百虫 0.2~5 克。

【作用】治疗寄生虫病引起的异嗜癖。

【用法】按处方配药,共粉碎为末,拌料喂服。敌百虫,每千克体重125毫克,拌料服用,停药期28天。

处方三:小茴香15克,姜粉、磷酸氢钙各25克,小苏打10克。

【作用】治疗猪异嗜癖。

【用法】按处方配药,加水调好,1次喂服,每天1次,同时补充鱼粉、血粉或肉骨粉等饲料。

处方四:自制血粉100克,苍术90克,牡蛎粉、骨粉各60克,槟榔50克,苏打粉、炒食盐各40克。

【作用】治疗猪异嗜癖。

【用法】按处方配药,共粉碎为细末,分10天服完,每天40~50克,分2~3次混于饲料中喂服。

处方五:当归、首乌各10克,白术、苍术、山楂、党参各15克,龙骨、牡蛎各20克,生长素30克,狗骨头炭适量。

【作用】治疗猪异嗜癖。

【用法】按处方配药,共粉碎为末,分6次混于饲料中喂服,每次40~50克,每天2次。

四、胃溃疡

(一) 本病简介

猪胃溃疡(gastric ulceration)是猪的常发普通病,各地屠宰场对猪胃的检查显示,有溃疡、糜烂、潜在溃疡、愈合或角化的猪占很大的比例(5%~38%),与地区、季节和饲料等方面不同其发生的情况差异很大。霉菌感染、饲料搭配不当(精料过多,长期饲喂高能量干粉料,维生素B_1、维生素E和微量元素硒缺乏)、中毒、集约化群养、胃肠内分泌异常和应激等因素是诱发猪胃溃疡的主要病因。

发病症状:急性发作的病猪多因胃内大量出血而突然死亡;

部分病猪在打斗、剧烈运动或分娩前后突然吐血，排煤焦油样粪便，呼吸急促，体温下降，体表和粘膜苍白，终因虚脱而死亡。慢性病猪表现为食欲减少或不食；粪便时干时稀，呈暗褐色；弓背或伏卧，有时吐血，消瘦。部分病猪因胃穿孔而腹痛不安，常在数天内死亡。

剖检见胃食道部粘膜角化、糜烂、溃疡和瘢痕等病变，有的胃中部和贲门区见充血和出血等病变。

本病可根据食欲变化、吐血、煤焦油样粪便或粪便潜血而作出诊断。

（二）综合防治

1. 预防措施

合理搭配饲料，保证饲料粗细粒度均匀；保持栏舍通风、冬暖夏凉和适宜的密度；减少频繁转群和运输。在饲料中添加0.1%～0.2%聚丙烯酸钠，可减少本病的发生。

2. 治疗措施

处方：苍术、焦山楂、郁金、神曲、麦芽各40克，莱菔子100克，白术60克，五味子25克，大黄、木香、莪术各20克，黄连、陈皮、没药、山栀子、玄胡、甘草各30克。

【作用】治疗猪胃溃疡。

【用法】按处方配药，粉碎为末，混合服用，每天中午服，小猪每次30～50克、中猪每次50～100克、大猪100～150克；另每千克体重补充酵母40毫克、胃得安13毫克、胃腹安1毫克，早晚服，7天为1个疗程，重者连用2～3个疗程。

五、胃 肠 炎

（一）本病简介

胃肠炎（gastroenteritis）是指胃肠粘膜表层组织及其深层组

织的剧烈炎症。临床上以口腔臭、体温升高、剧烈腹泻、腹痛及全身症状重为特征。凡能引起消化不良的致病因素均可导致胃肠炎，只是刺激作用更为剧烈，持续时间更长。主要由于饲喂霉烂变质或冰冻饲料、不洁饮水，误食有毒物质或有刺激性的化学物品而引起胃肠粘膜组织发生剧烈炎症；消化不良症未及时治疗或用药不当，某些传染性病或寄生虫病也可继发胃肠炎。

发病症状：病猪食欲减退或废绝，饮欲增加，精神不振，体温升高；口内干燥，气味恶臭。病初呕吐，呕吐物中带有血液或胆汁。个别猪见便秘，大部分病猪腹泻、腹痛明显。粪便恶臭，含水较多，混有假膜、粘液、血液或未消化的饲料等；严重者肛门失禁，呈现里急后重现象。病猪后期衰弱，脱水消瘦，重者虚脱而死。

本病与消化不良的病因相似，但作用更加剧烈、持续时间更长，而且消化不良的病猪体温一般不表现体温升高症状。

（二）综合防治

1．预防措施

加强饲养管理，不喂霉烂变质或冰冻饲料，给予清洁饮水，不给有毒或有刺激性饲料；定期驱虫，做好防疫灭病工作。

2．治疗措施

重点是对胃肠进行抗菌消炎，中毒、传染病或寄生虫病继发的应结合原发病的治疗方可奏效。

（1）西药治疗：

处方一：磺胺脒 5~10 毫克，小苏打 2~3 克，鞣酸蛋白、次硝酸铋各 3~5 克，5%葡萄糖盐水 300~500 毫升，10%维生素C 5 毫升，10%安钠咖 5~10 毫升。

【作用】抗菌消炎、止泻、补液，治疗猪胃肠炎。

【用法】按处方配药，磺胺脒和小苏打混合后 1 次喂服，每天 2 次；腹泻不止者，可用鞣酸蛋白、次硝酸铋混合内服，每天

2次；虚弱脱水者，可静脉注射5%葡萄糖盐水、10%安钠咖和10%维生素C，每天1次。

处方二：庆大霉素注射液。

【作用】治疗猪胃肠炎。

【用法】交巢穴注射，每千克体重4 000单位，每天1次，连用1~2次。

(2) 中草药治疗：

处方一：白头翁、活性炭各9克，龙胆草、神曲各6克。

【作用】治疗猪胃肠炎。

【用法】按处方配药，共粉碎为末，1次喂服，每天3次，连用2~3天。

处方二：鲜大蓟、鲜马齿苋各50~80克。

【作用】治疗猪胃肠炎。

【用法】按处方配药，捣烂去粗渣，加水适量，1次内服，每天1次，连用3~5天。

处方三：白头翁24克，黄连、黄柏、陈皮各9克，诃子肉3克。

【作用】治疗猪胃肠炎。

【用法】按处方配药，粉碎为末拌料，或煎汤喂服，每天1次，连用3~5天。

处方四：樟脑25克，大黄25克，桂皮10克，生姜25克，小茴香10克，薄荷油25毫升，穿心莲125克，乙醇750毫升。

【作用】治疗猪胃肠炎。

【用法】按处方配药，将大黄、桂皮、生姜、小茴香、穿心莲粉碎成细末，加95%乙醇50毫升浸泡7天，过滤，药渣再加95%乙醇250毫升浸泡7天，过滤，合并2次滤液，加入樟脑、薄荷油溶解，蒸馏水加至1 000毫升，按药液1%加入活性炭，摇匀，用布氏漏斗抽滤，再用垂熔漏斗精滤后分装（每安瓿5毫升），密封，灭菌，印字。病猪肌肉注射，体重10千克以下用

0.5~1毫升,10~20千克用2毫升,20~30千克用3~4毫升,30~40千克用4~5毫升,40~50千克用5毫升,50千克以上用6毫升,最大用量不超过10毫升。

处方五:炒苦参20克,炒麦芽、炒山楂各15克,葛根40克,赤芍、陈皮各22克,茶叶、马齿苋各40克。

【作用】治疗猪胃肠炎。

【用法】按处方配药,水煎取汁,候温灌服,供大猪1次服完,每天1次,连服3~5次。

处方六:白头翁根50克。

【作用】治疗猪胃肠炎。

【用法】按处方配药,水煎灌服,每天1次,连服3天。

处方七:大黄30克,朴硝50克,柴胡、穿心莲、黄芩、枳实、木通各20~25克。

【作用】治疗猪胃肠炎。

【用法】按处方配药,煎水灌服,连服2次。

处方八:大黄末、龙胆末、小苏打、茴香粉、食盐各50克。

【作用】治疗猪胃肠炎。

【用法】按处方配药,混合均匀,供大猪每天分3次内服,连服2~3次。

处方九:大蒜头1个。

【作用】治疗猪胃肠炎。

【用法】捣烂蒜头加白酒50毫升内服,多次服用。

处方十:郁金散30克,黄柏22克,黄芩22克,山栀子15克,黄连15克,酒大黄30克,诃子25克,白芍22克,厚朴15克,木通15克,萹蓄15克,滑石30克。

【作用】治疗拉稀不止带粘液或血的猪急性胃肠炎。

【用法】按处方配药,煎汤取汁,候温灌服,供大猪1天分3次服完,连用2~3剂。

处方十一:赤芍30克,焦地榆30克,郁金30克,山药30

克,大黄 30 克,白扁豆 30 克,侧柏叶 30 克,槐花 30 克。

【作用】治疗猪急性胃肠炎。

【用法】按处方配药,共粉碎为细末,开水冲调,候温灌服,同时肌肉注射 1% 仙鹤草素注射液 10~20 毫升,效果良好。

(3) 针灸治疗:

方案一:

【主穴】后海、脾俞、百会、后三里、玉堂、尾尖。

【配穴】山根、耳尖、尾根、尾本。

方案二:

【主穴】交巢、百会、后三里、脾俞、六脉。

【配穴】关元俞、玉堂、耳尖、尾本、尾尖、舌底(舌尖下两旁静脉上)、山根。

六、泄　　泻

(一) 本病简介

泄泻(diarrhoea)又称腹泻病,是指排粪次数增多、粪便稀薄甚至如水样的一种病症。常伴有肠鸣腹痛,尾部及肛门附近粘有稀粪为特征。一年四季均可发生,尤以冬末春初多发。多因感受寒湿、胃肠积热、宿食停滞、脾胃虚弱等所致。饲养管理不良,过食难以消化的饲料;时饥时饱,过食或偷食草料;或采食冰冻饲料,或饮冷水;暑月炎天饲喂霉变饲料、渴饮污浊脏水等均可导致泻泄,影响生长发育甚至死亡。

发病症状:猪只发生本病时,大便稀薄,排粪次数增加,在尾部和肛门周围粘有稀粪为主要症状。兼见腹胀少食,舌苔厚腻,粪稀粘稠,含有未消化的谷物,间有轻微腹痛为伤食;发病较急,肠鸣腹痛,泄粪稀薄如水,肢寒耳冷,恶寒颤抖,多为冷泄;泄粪如浆或粘腻,赤浊腥臭,鼻盘干燥,口渴喜饮,有时腹痛不安多为热泄;精神不振,形体消瘦,口色淡白,粪稀而无腥

臭，能饮能食多为脾虚泄。

（二）综合防治

1. 预防措施

平时加强饲养管理，冬季防寒保暖；保持栏舍清洁干爽，防止过冷过热，做好驱虫和防疫工作；改变饲料必须逐渐进行，不喂霉变饲料，定时定量饲喂。

2. 治疗措施

先查明病因，可使用西药或中草药防治，或中西药同时使用。伤食泄、湿热泄不重者，可暂停喂饲，或喂少量易消化的饲料，参考消化不良、湿热症方法治疗。因中毒、寄生虫和传染病引起的泄泻，参考有关病症对因、对症治疗。

（1）西药治疗：

处方一：食盐5克，白糖10克，氯化钾、碳酸氢钠片各3克，10%黄连素20毫升，庆大霉素4万～8万单位，维生素C 50毫克，盐酸山莨菪碱（654-2）10毫克。

【作用】用于仔猪腹泻。

【用法】食盐、白糖、氯化钾、碳酸氢钠片混合后，加温开水100毫升，溶化后再加10%黄连素，充分混匀，供10头体重5千克左右猪只一天用量，分2次（间隔3小时）用注射器灌服；同时肌肉注射庆大霉素，交巢穴注射维生素C和盐酸山莨菪碱（654-2）（或阿托品1毫克），每天1次，连用2次。

处方二：口服补液盐，氯化钠（食盐）3.5克，碳酸氢钠2.5克，氯化钾1.5克，葡萄糖20克。

【作用】用于仔猪腹泻。

【用法】给仔猪灌服口服补液盐，加温开水1 000毫升。在此配方的基础上添加适当敏感抗生素效果更好。轻度脱水者每千克体重60毫升，中度脱水者每千克体重90毫升，重度脱水者每千克体重120毫升，每天2次。

(2) 中草药治疗：

处方一：山楂 20 克，神曲 20 克，半夏 10 克，茯苓 10 克，陈皮 10 克，连翘 10 克，莱菔子 10 克。

【作用】健脾消食，治疗伤食泄泻。

【用法】按处方配药，共粉碎为末混匀，开水冲调，候温灌服。热甚者加黄芩、黄连。

处方二：炒山楂、神曲、炒萝卜子、芒硝各 30 克，麦芽 60 克，大黄 15 克。

【作用】健脾消食，治疗伤食泄泻。

【用法】按处方配药，煎汤，分 2 次灌服。

处方三：鸡内金 6 克，神曲、陈皮、山楂、麦芽、枳实各 10 克。

【作用】健脾消食，治疗伤食泄泻。

【用法】按处方配药，供 25 千克体重猪只服用，煎汤灌服，每天 1 次，连用 3 天。

处方四：焦白术 10 克，车前子 10 克，泽泻 12 克，灶心土 30 克。

【作用】健脾消食，治疗伤食泄泻。

【用法】按处方配药，水煎服，每天 1 次，连用 2~3 次。

处方五：猪苓、茯苓、白术各 15 克，泽泻 20 克，桂枝、干姜、茴香各 10 克。

【作用】温中散寒，治疗冷泄病。

【用法】按处方配药，共为末，开水冲调，候温灌服。水泄者加诃子、乌梅、天仙子。

处方六：乌梅 12 克，诃子 12 克，黄芩 15 克，黄连 12 克，姜黄 12 克。

【作用】清热燥湿、利水止泄，治疗热泄病。

【用法】按处方配药，混合后供 30~50 千克体重猪只服用。

处方七：白矾 10 克，五倍子 5 克，青黛 10 克，石膏 10 克，

滑石粉5克。

【作用】清热燥湿、利水止泄,治疗热泄病。

【用法】按处方配药,将上药分别粉碎为细末,过80目筛后混匀,用塑料袋封装,每袋20克,置干燥处保存备用。拌料喂服,食欲废绝者灌服。猪每千克体重0.3~0.5克,每天1次,连用2~3次。

处方八:补骨脂24克,五味子24克,车前子24克,肉豆蔻24克,吴茱萸24克,茯苓24克,肉桂18克,白术24克,生姜15克,大枣10枚。

【作用】补肾壮阳、健脾止泻,治疗肾虚泄泻。

【用法】按处方配药,水煎去渣,候温灌服。供大猪1天分2次服完,连用2~3剂。

处方九:炙黄芪30克,党参、当归、白术、陈皮各20克,炙甘草、升麻、柴胡各10克。

【作用】补中益气、利水止泄,治脾虚泄泻。

【用法】按处方配药,共粉碎为细末,开水冲调,候温灌服。水泻重者加猪苓、茯苓;完谷不化者加山楂、麦芽、神曲。

处方十:党参、白术、茯苓、扁豆、山药、莲子肉、薏苡仁各15克,陈皮12克,桔梗10克。

【作用】补中益气、利水止泄,治脾虚泄泻。

【用法】按处方配药,煎汤候温灌服,每天1次,连用2~3次。

处方十一:附子10克,党参15克,白术12克,干姜12克,炙甘草10克。

【作用】温中散寒,治疗冷泄病。

【用法】按处方配药,煎汤灌服,每天1次,连用2~3次。

处方十二:制硫黄15克,制赤石脂30克,石榴皮45克。

【作用】温中涩肠,主治猪虚寒久泻。

【用法】按处方配药,硫黄置去核的红枣中,炭火中烧炭存

性，粉碎为末，与赤石脂混合，用醋调匀，晒干粉碎为末后与石榴皮（粉碎为末）混匀。每次10~15克，开水冲调，候温灌服。

处方十三：石榴皮130克，茴香、生姜各100克，红糖50克。

【作用】治疗猪水泻（寒泻）。

【用法】按处方配药，加水3 000毫升煎汁，分4次灌服或让猪自饮。此方剂量用于体重30~40千克的猪只。

处方十四：连翘、蒲公英、白头翁、苦参、龙胆草各1份，黄芪、淫羊藿各1.5份，白芷、苍术、柴胡、陈皮各1份。

【作用】治疗重症腹泻。

【用法】按处方配药，粉碎为极细末备用。服用时猪每千克体重1~2克，重症者每千克体重可用3克，预防量减半。将上药散剂加5~10倍量水，煎后连同药渣喂服或灌服。一般每天1次，重症者每天2次。对某些重症腹泻，可加碳酸氢钠调整机体酸碱平衡，提高疗效。

处方十五：神曲、焦山楂、麦芽各10克，禹余粮5克。

【作用】消食止泻，主治仔猪单纯消化不良性腹泻。

【用法】按处方配药，粉碎为末，冲服或拌料饲喂。10千克体重的猪每天1剂，连用3剂。

处方十六：炒鸡内金、茯苓、陈皮、焦山楂、焦槟榔、神曲、麦芽各30克。

【作用】消食止泻，主治仔猪伤食腹泻。

【用法】按处方配药，粉碎为末，拌料饲喂，10千克体重的仔猪每天1剂，连用3剂。

处方十七：生姜1 000克（切碎），大枣（去核）500克，红糖1 000克。

【作用】治疗猪寒泻。

【用法】按处方配药，用热开水冲调，待温喂服或灌服，日服2次，连用2天。

处方十八:苍术24克,厚朴24克,陈皮24克,甘草18克,生姜30克,猪苓24克,茯苓24克,泽泻20克,白术30克,桂枝12克。

【作用】温中散寒、健脾利水,治疗猪寒湿泻。

【用法】按处方配药,共粉碎为末,开水冲调,候温灌服。供大猪1天分2~3次服完,连用2~3剂。

处方十九:焦山楂24克,炒神曲30克,炒麦芽30克,川朴24克,枳壳24克,陈皮24克,苍术18克,甘草18克。

【作用】消食导滞、理气和胃,治疗猪伤食泄泻。

【用法】按处方配药,共粉碎为末,开水冲调,候温灌服。供大猪1天分1~2次服完,连用2~3剂。

处方二十:党参30克,扁豆24克,白术30克,茯苓30克,山药30克,莲子肉15克,桔梗15克,薏苡仁30克,砂仁15克,陈皮24克,甘草24克。

【作用】健脾益气、利水止泻,治疗猪脾虚泄泻。

【用法】按处方配药,共粉碎为末,开水冲调,候温灌服。供大猪1天分2~3次服完,连用2~3剂。

(3) 针灸治疗:

方案一:

【穴位】交巢穴。

【针法】注射,黄连素注射液1~2毫升,每天1次,连用1~2次。

方案二:

【穴位】交巢穴。

【针法】注射,维生素B_1注射液或10%葡萄糖溶液2~5毫升,每天1次,连用3次为1个疗程。

方案三:

【穴位】交巢穴。

【针法】0.5克鸡新城疫Ⅰ系苗(作干扰素诱生剂)加生理

盐水20～50毫升稀释，每次注射3～5毫升，现配现用（用于仔猪腹泻）。

七、便　秘

（一）本病简介

便秘（astriction）是由于粪便变干变硬，排出困难，蓄积于肠腔内，使肠腔完全堵塞的一种肠道病。便秘一年四季均可发生。各种年龄的猪均会发生，但以小猪多发，便秘部位多见于结肠。主要是长期饲喂粗硬坚韧不易消化或含粗纤维过多的饲料，如红薯藤、花生藤、豆秸等劣质饲料；或饲喂精料过多、突然变换饲料、饮水不足和缺乏适当的运动；亦见于妊娠后期或分娩不久伴有肠道迟缓的母猪；或继发于某些热性病、慢性胃肠炎及肠道传染病和寄生虫病。

发病症状：发生便秘时，病猪精神沉郁，采食减少，饮水增加，腹围逐渐增大，呼吸增数。腹痛呻吟，起卧不安，回头观腹。弓腰努责，排粪困难，病初只排出少量干硬附有粘液的小粪球。腹部听诊肠音减弱或消失。小猪或瘦弱的病猪腹壁容易触诊到便秘的肠管或坚硬的粪球，按压时病猪表现疼痛不安。严重便秘时直肠可充满大量粪球，压迫膀胱颈导致膀胱麻痹、尿潴留或尿闭。若无并发症体温一般正常。继发于热性病的常伴有原发病的症状。

（二）综合防治

1．预防措施

合理搭配饲料，定时定量，每天保证足够的清洁饮水和适当的圈外运动，给予适当的食盐，多给多汁青绿饲料。病猪停喂干饲料，只喂多汁饲料，多给饮水。

2. 治疗措施

选择治疗方案时应区别寒热虚实,多以通肠导滞为治则。

(1) 西药治疗:

处方一:硫酸镁 30~80 克,石蜡油 50~200 毫升,甲基硫酸新斯的明 2~5 毫克,20%安乃近 3~5 毫升,10%安钠咖 2~10 毫升。

【作用】治疗猪便秘。

【用法】给病猪内服硫酸镁或硫酸钠,或内服石蜡油或植物油。对顽固性便秘同时用温肥皂水或 2%碳酸氢钠(小苏打)水反复深部灌肠,配合腹部按摩。在灌服盐类或油类泻剂后 2~3 小时皮下注射甲基硫酸新斯的明或硝酸毛果芸香碱,可提高疗效。腹痛不安者,肌肉注射 20%安乃近或 2.5%盐酸氯丙嗪;心力衰竭者,皮下或肌肉注射 10%安钠咖。

处方二:10%氯化钾注射液。

【作用】治疗猪便秘。

【用法】视体重大小,每次 5~10 毫升,交巢穴注射,每天 1 次,连用 2 天。

处方三:石膏 30 克,芒硝 24 克,当归、大黄各 12 克,黄芩、金银花、枳壳、连翘各 9 克,炒麻仁 18 克,木通 6 克,青霉素 160 万~320 万单位,链霉素 40 万~100 万单位,5%葡萄糖盐水 500~1 000 毫升,10%磺胺嘧啶钠注射液 30~50 毫升,10%安钠咖 5~10 毫升。

【作用】用于治疗热性便秘。

【用法】按中药处方配药,加适量水煎煮 2 次,合并煎液并浓缩至 200~300 毫升,候温灌服,此为种猪的剂量,大猪、小猪视体重酌情增减。体温高者同时肌肉注射青霉素和链霉素,每天 2 次;病情严重、食欲废绝者,静脉注射 5%葡萄糖盐水、10%磺胺嘧啶钠液和 10%安钠咖。

处方四:10%氯化钠 8~10 毫升,10%氯化钾 8~10 毫升,

注射用水50~60毫升。

【作用】用于治疗妊娠母猪便秘。

【用法】按处方配药,混合后1次交巢穴注射,每天1次,连用2~3天。

处方五:艾叶50~100克。

【作用】治疗老弱虚寒便秘。

【用法】按处方配药,用温水浸泡或煎煮20分钟,取小块肥皂削成锥状后浸入艾叶温水中10~20分钟,取出插入肛门中,适当进退转动肥皂,停留片刻取出肥皂浸入艾叶水中,再次插入猪肛门内,如此反复多次,连用2~3天。

(2)中草药治疗:

处方一:大黄、生地、玄参各30克,枳实、厚朴、麦冬各20克。

【作用】软坚导滞,治疗顽固性便秘。

【用法】按处方配药,高热者加金银花、山楂各30克,柴胡、桔梗、青皮各20克;阴津虚亏者,加白芍、当归各30克,肉苁蓉20克,蜂蜜100克。上方配齐后,加动物油或植物油100克,水煎灌服,并用部分药液灌肠,每天1剂,连用1~2剂。

处方二:大黄25克,芒硝50克,黄连、黄芩、黄柏、栀子、枳实、厚朴、玄参、麦冬、生地各15克,甘草10克。

【作用】清热导滞,治疗猪实热便秘。

【用法】按处方配药,水煎喂服,每天1剂,连用1~2剂。

处方三:麦冬、生地、厚朴各12克,大黄、神曲各18克,石斛、白芍、甘遂、甘草各9克,枳实、槟榔各15克。

【作用】补虚导滞,治疗阴血亏虚病。

【用法】按处方配药,各药粉碎拌匀,混料服,每天1次,连用3天。

处方四:大黄、麻仁、郁李仁各15~30克。

【作用】治疗猪便秘。

【用法】按处方配药,煎成浓汁后去渣,加食油60毫升灌服,1次服用。

处方五:大黄30~90克,芒硝60~150克,甘草30~60克。

【作用】软坚润燥、通便泻热,治疗猪便秘。

【用法】按处方配药,先煎大黄、甘草,将药液滤出,冲溶芒硝,待温1次灌服。

处方六:白蜡50~100克。

【作用】润滑肠道,保护肠粘膜,促进结粪排出。治疗猪便秘。

【用法】将白蜡(或照明用白蜡烛)切碎,拌料喂服;食欲废绝者加水适量灌服。每天2次,连用2~3次。

处方七:蜣螂3只,香油150克。

【作用】通肠化结、消肿解痛,治疗猪热性便秘。

【用法】按处方配药,将蜣螂用香油炸酥后粉碎为末,与剩下的香油混合,待凉后灌服,每天1次,连用2~3次。

处方八:大黄4份,槟榔0.5份,川木香0.5份,青木香1份,碳酸氢钠4份。

【作用】治疗猪原发性便秘。

【用法】按处方配药,粉碎为极细末,混匀压片。30~80千克重猪只,每次20~30克,每天1次,连用2~3次,混于适量菜油内灌服。

处方九:槟榔5克,辣椒1克。

【作用】润肠通便,主治猪便秘。

【用法】按处方配药,共粉碎为末,加炼蜜20克、滑石粉适量,共调匀,搓成直径1.5~2厘米的条状。用时表面涂少许植物油,徐徐塞入猪的肛门。

处方十:番泻叶适量。

【作用】治疗猪便秘。

【用法】按处方配药,猪每千克体重1克,开水浸泡15分

钟,候温去渣灌服。每6小时服1次,连续1~3次即愈。

处方十一:大黄150克,巴豆20克。

【作用】泻下,主治猪便秘。

【用法】按处方配药,先将巴豆加水浸泡60分钟,再加水至900毫升,煮沸30分钟,再加入大黄150克,继续煮沸30分钟,去渣,浓缩至495毫升,加苯甲醇5毫升,共500毫升,即相当于每1毫升含生药0.34克。用时缓缓深部直肠灌注,小猪每次5~10毫升,大猪每次10~20毫升。

处方十二:黄芩35克,黄柏35克,大黄30克。

【作用】清火解毒,主治猪秋燥肠热。

【用法】按处方配药,共粉碎为细末,水调灌服或混饲。50千克体重的猪每天80~100克,幼猪每5千克体重每天2~5克。

处方十三:大黄5克,黄芩、陈皮、神曲、莱菔子各4克,青皮、乌药、苍术、木通、石菖蒲、元明粉各3克,槟榔2克。

【作用】清胃火,健脾胃。主治猪便秘、消化不良。

【用法】按处方配药,粉碎为末,每次20~50克拌饲或调灌。

处方十四:大黄400克,元明粉400克,苦参100克,陈皮100克。

【作用】消食、导滞、通便。主治消化不良、粪干便秘。

【用法】按处方配药,粉碎,过筛,混匀即得。猪每天拌料饲喂15~30克。

八、感　　冒

(一)本病简介

感冒(common cold)是因气候骤变,忽冷忽热,风寒风热之邪侵犯机体而引起,以恶寒、发热、鼻塞、流鼻涕、咳嗽为特征的一种常见病。一年四季均可发生,风寒感冒多见于秋冬季,风热感冒多见于春夏季。

发病症状：(1) 风寒感冒：表现为耳尖、鼻端发凉，皮温不均。恶寒重，发热轻，喜阳光或钻草堆，鼻流清涕，咳嗽，舌苔薄白，食欲减退。(2) 风热感冒：表现精神沉郁，少食或不食，发热，恶寒轻或不恶寒，喜阴凉，口干，色稍红，咳嗽流涕，呼吸音增强，呼吸加快，大便干燥，舌苔薄黄，脉搏增数。

(二) 综合防治

1．预防措施

本病因受环境气候因素影响所致，故应加强管理，做好防寒保暖工作，特别是大汗之后，防止猪只突然受寒热因素影响。天气变化，气温下降时要注意猪舍的保暖，及时采取保暖措施。天气转热时应使猪舍通风凉爽。在发病期间要多喂给清洁饮水。

2．药物防治

(1) 西药治疗：

处方一：复方氨基比林 5~10 毫升，青霉素 80 万~240 万单位。

【作用】解热镇痛、抗菌消炎。治疗猪感冒。

【用法】按处方配药，混合后肌肉注射，每天 1 次，连用 2~3 次。

处方二：30% 安乃近 3~5 毫升，青霉素 80 万~240 万单位。

【作用】解热镇痛、抗菌消炎。治疗猪感冒。

【用法】按处方配药，混合后肌肉注射，每天 1 次，连用 2~3 次。

处方三：柴胡注射液 5~10 毫升。

【作用】治疗猪感冒。

【用法】肌肉注射，每天 2 次，连用 1~2 天。

(2) 中草药治疗：

风寒感冒以辛温解表，疏散风寒，外吹通鼻散为治则；风热感冒以辛凉解表为治则。

处方一：羌活 10 克，川芎 6 克，白芷 10 克，防风 10 克，细辛 3 克，苍术 10 克，薄荷 10 克，桔梗 6 克，黄芩 10 克，荆芥 10 克，甘草 3 克，紫苏 6 克。

【作用】治疗猪风寒感冒。

【用法】按处方配药，其中羌活、白芷、防风、川芎、苍术、桔梗、黄芩、甘草先煎 10 分钟，细辛、荆芥、紫苏后下，再煎 10～20 分钟。煎 2 次，去渣取液，1 次服用。

处方二：荆芥、防风、羌活、独活、柴胡、前胡各 20 克，甘草 10 克。

【作用】治疗猪风寒感冒。

【用法】按处方配药，煎汤，候温灌服。

处方三：柴胡、黄芩、薄荷、玄参、荆芥、木通、甘草各等份。

【作用】治疗猪风寒感冒。

【用法】按处方配药，各药粉碎拌匀，混料服。体重 10 千克以下的猪每次 50 克；10 千克以上的猪每次 75～125 克，每天 1 次，连用 2～3 天。

处方四：生麻黄 10 克，桔梗 7 克，干姜 10 克，细辛 6 克，姜半夏 10 克，五味子 6 克，橘红 10 克，杏仁 10 克，炙甘草 10 克。

【作用】治疗猪风寒感冒。

【用法】按处方配药，煎汤灌服，连用 1～2 剂。

处方五：鹅不食草 10 克，皂荚 6 克，细辛 6 克，闹羊花 3 克。

【作用】治疗猪感冒。

【用法】按处方配药，共粉碎为末混匀，贮瓶备用。以少许入斜口小管，吹鼻，令其喷嚏，通鼻。

处方六：羌活 30 克，蒲公英 50 克，板蓝根 60 克。

【作用】治疗猪风寒感冒。

【用法】按处方配药，用于体重50千克的猪只，煎汤灌服。体虚者加党参30克；咳甚者加桔梗30克；感冒夹湿者加苍术30克。

处方七：金银花50~70克，连翘、荆芥、薄荷各25~50克，牛蒡子、淡豆豉各20~40克，竹叶、桔梗各25~30克，芦根50克。

【作用】治疗风热感冒。

【用法】按处方配药，煎汤，候温灌服。

处方八：金银花、连翘、柴胡、黄芩、荆芥、薄荷、桔梗、甘草、芦根各适量。

【作用】治疗风热感冒。

【用法】按处方配药，煎汤，拌料或直接灌服。

处方九：千里光、野菊花、忍冬藤、水辣蓼各15~30克。

【作用】治疗风热感冒。

【用法】按处方配药，煎汤灌服。

处方十：当归、川芎、葛根、升麻、白芍、香附、紫苏、陈皮各35克，麻黄30克，白芷20克，益母草50克，炙甘草15克，生姜片5片，葱白3条。

【作用】治疗母猪产后风寒感冒。

【用法】按处方配药，体温升高者去白芷，加黄芩30克；便结难下者重用当归并加白术45克，麻仁30克；食欲废绝者重用香附并加山楂35克；无淤血者去川芎、益母草。供体重100千克猪只服用。每天1剂，煎3次，分3次服，连用1~2剂。

处方十一：苏叶10克，前胡10克，半夏10克，桔梗15克，陈皮15克，杏仁15克，薄荷15克，枳壳15克，麻黄10克，桑白皮10克，生姜3片。

【作用】治疗猪风寒感冒。

【用法】按处方配药，共粉碎为细末，混入饲料中喂服，体重5千克的小猪每次10克，每天2次，大猪酌量增加。

处方十二：天冬10克，麦冬15克，款冬花15克，栀子15克，牛蒡子15克，桔梗10克，前胡10克，桑白皮10克，石膏50克，瓜蒌仁15克。

【作用】治疗猪风热感冒。

【用法】按处方配药，加水1.5升，煎至0.5升，按猪每5千克体重每次100~150克，每天2次，连服2~3天。

处方十三：桑叶21克，菊花15克，金银花9克，连翘15克，杏仁15克，桔梗15克，甘草12克，薄荷15克，牛蒡子15克，生姜30克。

【作用】治疗猪风热感冒。

【用法】按处方配药，共为细末，开水冲调，候温灌服。加减：热盛、口干、舌燥者加知母15克，石膏30克，花粉21克，麦冬15克；咽喉肿痛者重用牛蒡子，加玄参25克，射干15克；高热不退者加栀子18克，黄芩21克，生地18克，丹皮15克。

处方十四：杏仁18克，桔梗30克，紫苏30克，半夏15克，陈皮21克，前胡24克，甘草12克，枳壳21克，茯苓30克，生姜30克。

【作用】治疗猪发热轻的风寒感冒。

【用法】按处方配药，葱白3根为引，共粉碎为末，开水冲调，候温灌服。

处方十五：荆芥、防风各30克，羌活、独活、柴胡、桔梗、枳壳各25克，茯苓45克，川芎20克，甘草15克。

【作用】治疗猪流感。

【用法】按处方配药，共粉碎为末，开水冲调或煎水，候温灌服。

处方十六：杏仁24克，紫苏24克，半夏18克，陈皮18克，前胡24克，桔梗15克，枳壳15克，茯苓24克，荆芥24克，防风24克，生姜24克，甘草15克。

【作用】治疗猪风寒感冒。

【用法】按处方配药,水煎去渣,候温灌服。

处方十七:香薷30克,金银花45克,连翘30克,扁豆45克,厚朴30克,藿香30克,滑石30克,甘草30克。

【作用】治疗猪挟暑感冒。

【用法】按处方配药,水煎10~30分钟去渣,候温灌服。

处方十八:金银花、野菊花、一枝黄花、鱼腥草各等量。

【作用】治疗猪风热感冒。

【用法】按处方配药,用蒸馏法和乙醇沉淀法提取,制成1:2注射液,分装消毒备用。肌肉注射,每头猪每次20~40毫升,连续2~4次即愈。

处方十九:桑叶、菊花、连翘、荆芥、金银花、杏仁、桔梗、薄荷、牛蒡子、防风、竹叶、生地、甘草各9~12克。

【作用】治疗猪风热感冒。

【用法】按处方配药,煎水取汁,候温喂服,供大猪1次服用,每天1次,连用3~5次。

处方二十:大青叶、金银花各250~500克,大黄、黄芩、羌活各120~180克。

【作用】治疗猪伤风感冒。

【用法】按处方配药,煎水3次,合并煎液,用酒精沉淀法提取,制成1:1注射液,过滤分装消毒备用。肌肉注射,每头猪10~20毫升,每天2~3次,连续3~4次即愈。

处方二十一:板蓝根20克,夏枯草18克,冬青叶25克,紫苏15克,薄荷12克。

【作用】治疗猪伤风感冒。

【用法】按处方配药,煎水取汁,候温喂服,供体重20~30千克猪只1次服用,每天1次,连服2~3天。

处方二十二:天门冬18克,桑白皮18克,淡竹叶15克,仙鹤草10克,麻黄5克,荆芥12克,薄荷10克,紫苏13克,百合8克,甘草10克。

【作用】治疗猪伤风感冒。

【用法】按处方配药,煎水取汁,候温喂服,供大猪1次服完,每天1次,连用3~5次。

处方二十三:大青叶、金银花各250~500克,大黄、黄芩、羌活各120~180克。

【作用】治疗猪感冒咳嗽。

【用法】按处方配药,煎水3次,合并煎液,用酒精沉淀法提取,制成注射液,过滤分装消毒备用。肌肉注射,每头猪每次10~20毫升,每天2~3次,连用3~4天。

处方二十四:苦木树根饮片(干品)。

【作用】治疗猪感冒、无名高热、中暑等。

【用法】按处方配药,去杂洗净,放入锅内,加水浸过药面,煎煮1小时。粗滤,药渣再加水煎煮1次。滤去渣,合并2次药液,浓缩。加20%石灰乳充分搅拌,调pH值至12,静置过夜。用虹吸法吸取上清液,再加20%硫酸铜调pH值至5~6,静置1~2天。中速滤纸过滤,滤液加10%氢氧化钠调pH值至7,浓缩或加蒸馏水至每1毫升药液含生药0.5克,过滤,分装,灭菌,备用。肌肉注射,45千克重的猪用药20毫升。

处方二十五:柴胡3 000克,虎杖1 000克,防风500克,苏叶500克,薄荷500克。

【作用】主治猪感冒。

【用法】按处方配药,将药切成薄片或磨成粗粉,水浸2小时,加水适量,蒸馏,收集蒸馏液6 000毫升。再蒸馏,收集蒸馏液3 000毫升。加25.5克氯化钠、15毫升吐温-80,搅拌至溶解。用10%烧碱液调pH值至6~7,精滤,封装,流通蒸汽灭菌30分钟。小猪2~3毫升;中等猪5~10毫升;大猪15~20毫升。肌肉或皮下注射,每天2次,连用2天。

处方二十六:鱼腥草、筋骨草各300克,青蒿、蒲公英各200克。

【作用】治疗猪风热感冒。

【用法】按处方配药，将各药洗净切碎，加水蒸馏，约得蒸馏液2 000毫升，再重蒸馏1次，收取重蒸馏液约850毫升。余液与药渣煮沸30分钟取汁，药渣再加水1 000毫升，煮沸30分钟，取过滤液，合并2次煎液浓缩至200毫升。加95%乙醇500毫升静置24小时，过滤，回收乙醇，呈稠膏状。然后加入蒸馏液，搅拌均匀后，冷藏24小时，过滤，调pH值至5.5，加入吐温-80和苯甲醇各10毫升，并加蒸馏水至1 000毫升，过滤，灌封，印字，灭菌，即成含生药1克/毫升的注射液。用时肌肉注射5～30毫升。

(3) 针灸治疗：

方案一：

【主穴】天门、大椎、耳尖、尾尖、涌泉、滴水。

【配穴】山根、苏气、六脉。

方案二：

【主穴】山根、耳尖、尾尖、鼻梁。

【配穴】食欲差加玉堂、后三里，咳嗽加理中、七星，便秘加交巢。

方案三：

【穴位】任选天门、大椎、三台、鬐甲4穴中1穴。

【针法】注射樟脑醇4～6毫升，每天2次，连用1～2次。（樟脑醇配制：樟脑10克，75%乙醇100毫升，溶解后过滤，制成10%樟脑醇。）

九、肺　炎

(一) 本病简介

肺炎（pneumonia）是物理化学因素或生物学因子刺激肺组织而引起的炎症。主要由于猪只受风寒感冒未及时治疗，或继发于肺丝虫病、猪肺疫、结核等传染病，也可发生于贫血、骨软病、

维生素A缺乏症的过程中；吸入刺激性气体、异物误吸入气管或灌药误灌入气管而引起肺组织的炎症。可分为大叶性肺炎、小叶性肺炎和异物性肺炎。小叶性肺炎又可分为卡他性肺炎或化脓性肺炎。猪以卡他性肺炎较为常见。

发病症状：患病猪食欲下降或废绝，体温升高到40℃以上，结膜潮红；咳嗽，流鼻涕，呼吸困难；粪干。胸部听诊有捻发音和小水泡音。

(二) 综合防治

1. 预防措施

加强饲养管理，防止猪感冒；喂给营养丰富的全价饲料，防止出现贫血和骨软症；做好寄生虫病和传染病的防治工作。给猪灌药时注意掌握正确的方法，防止灌入气管。

2. 治疗措施

注意引起肺炎的原因。重点对主症进行治疗。

(1) 西药治疗：可用抗生素或磺胺类药物进行消炎。

处方一：青霉素160万～200万单位，复方樟脑酊5～10毫升。

【作用】治疗猪肺炎。

【用法】青霉素，每千克体重4万～5万单位，肌肉注射，每天2次；咳嗽严重时可用复方樟脑酊，内服止咳，每天2～3次；体质虚弱者，可静脉注射25%葡萄糖200～300毫升；心脏衰弱者，可皮下注射10%安钠咖2～10毫升，每天3次。

处方二：链霉素1克，氯化铵1～2克，25%葡萄糖200～300毫升，10%安钠咖2～10毫升。

【作用】治疗猪肺炎。

【用法】链霉素，按1千克体重10毫克，肌肉注射，每天2次；咳嗽严重时可用氯化铵1～2克内服祛痰，每天2次；体质虚弱者，可静脉注射25%葡萄糖；心脏衰弱者，可皮下注射

10%安钠咖,每天3次。

处方三:20%磺胺嘧啶钠注射液10~20毫升,氯化铵1~2克,25%葡萄糖200~300毫升,10%安钠咖2~10毫升。

【作用】治疗猪肺炎。

【用法】20%磺胺嘧啶钠注射液,肌肉注射,每天2次;咳嗽严重时可用氯化铵内服祛痰,每天2次;体质虚弱者,可静脉注射25%葡萄糖;心脏衰弱者,可皮下注射10%安钠咖,每天3次。

(2) 中草药治疗:

处方一:新鲜鱼腥草全草1 000~1 500克。

【作用】治疗仔猪肺炎。

【用法】按处方配药,煎水喂母猪,每天3次,连用3天。也可拌料喂仔猪。配合用氟哌酸注射液,每只仔猪肌肉注射2毫升(每千克体重约为10毫克),每天2次,连用3天。

处方二:栀子、桑白皮、白芍、款冬花、陈皮各15克,黄芩、桔梗、枯矾、甘草各20克,天门冬、瓜蒌各10克。

【作用】治疗猪肺炎。

【用法】按处方配药,煎汤灌服,每天1剂,连用2~3剂。

处方三:桑白皮50克,薄荷叶25克,连翘30克,桔梗30克,杏仁25克,葶苈子25克,百合50克,枇杷叶25克。

【作用】治疗猪咳嗽。

【用法】按处方配药,水煎取汁,候温灌服,供大猪1次服完,每天1次,连用3~5次。

处方四:苏木、牡丹皮、杏仁、贝母各等份。

【作用】治疗猪咳嗽。

【用法】按处方配药,共粉碎为细末,蜂蜜为引,每次服30~60克,每天1次,连用3~5天。

处方五:鱼腥草、桔梗、水杨柳、石膏、黄药子各100~150克。

【作用】治疗猪肺炎。

【用法】按处方配药,煎水取汁,候温灌服,供大猪1天分3次服完,连用2~3剂。

处方六:薏苡根、黄药子、桑白皮、麦冬、天冬、鬼针草、虎杖各100~150克。

【作用】治疗猪肺炎。

【用法】按处方配药,煎水取汁,候温灌服,供大猪1天分3次服完,连用2~3剂。

处方七:麻黄25克,杏仁50克,生石膏250克,桔梗35克,黄芩50克,前胡50克,浙贝母35克,瓜蒌仁50克,百部50克,甘草15克。

【作用】治疗猪肺炎。

【用法】按处方配药,水煎取汁,候温灌服,供大猪分3次服完,每天1次,连服1~2剂。

处方八:知母50克,贝母35克,黄芩50克,桑白皮60克,麦冬50克,天冬50克,橘红50克,紫菀35克,百部35克,甘草10克。

【作用】治疗猪肺炎。

【用法】按处方配药,煎水灌服或粉碎为末冲服,供大猪分3次服完,每天1次,连服1~2剂。

处方九:玄参25克,柴胡、桔梗、陈皮、茯苓、石斛、麦冬各20克,薏苡仁、党参各15克,甘草5克。

【作用】治疗猪肺炎。

【用法】按处方配药,煎水取汁,候温灌服,供大猪1次服完,每天1次,连用2~3天。

处方十:枯矾、沙参、瓜蒌、马兜铃、甘草、黄芩、栀子、杏仁、陈皮各15克。

【作用】治疗猪肺炎。

【用法】按处方配药,煎水取汁,候温灌服,供大猪1次服

完，每天1次，连用2~3天。

处方十一：板蓝根35克，大青叶30克，忍冬藤30克，败酱草32克。

【作用】治疗猪肺炎咳嗽。

【用法】按处方配药，煎水取汁，候温喂服，供体重30~50千克猪只1次服完，每天1次，连用3~5天。

处方十二：鱼腥草40克，白茅根38克，金银花40克，连翘33克。

【作用】治疗猪肺炎咳嗽。

【用法】按处方配药，煎水取汁，候温喂服，供大猪1次服完，每天1次，连用3~5天。

(3) 针灸治疗：

方案一：

【主穴】理中、苏气、锁喉、血印。

【配穴】三里、涌泉、肺门、肺俞。

方案二：

【主穴】苏气、肺俞、尾尖、耳尖、七星、尾本。

【配穴】膻中、玉堂、山根、八字、涌泉、滴水、百会。

十、日射病和热射病

(一) 本病简介

日射病和热射病（sun stroke and heat stroke）统称为中暑。临床上以体温显著升高和神经症状为特征。在炎热夏季，猪舍无防暑设备，或在运输、放牧过程中猪只受到强烈日光照射，引起脑和脑膜充血和脑实质的急性病变，导致中枢神经系统机能严重障碍的叫日射病；在炎热季节潮湿闷热的环境中，猪舍过度拥挤，通风不良，或用密闭货车运输，产热多散热少，体内积热，引起严重的中枢神经系统机能紊乱的叫热射病。肥猪因皮下脂肪较

厚,散热困难,故发生本病较多。

发病症状:病猪多突然发病,病情急剧。病猪呼吸急促,有时呈间歇性呼吸;体温升高,心跳加快;神志不清,步态不稳;口吐白沫,流涎,呕吐;结膜充血或发绀,瞳孔初散大后缩小。重者倒地不起,四肢做游泳状划动。如不及时治疗,重者在数小时内死亡。鼻腔内有血样泡沫,肺充血或肺水肿,脑积液增多,脑及脑膜血管高度淤血,脑组织水肿。

(二)综合防治

1. 预防措施

炎热夏季给猪供应充足饮水,栏内猪群密度不宜过大,保证栏舍通风良好,适用冷水喷洒猪只,中午高温的时候让猪在阴凉处休息;夏季运输时注意车船通风,不宜过于拥挤,防止日光直晒,途中定时给猪只喷洒冷水。

2. 治疗措施

发生猪只中暑时,先将病猪移至阴凉通风处,用冷水(或井水)喷洒猪体,或用冷水反复灌肠。耳尖或尾尖放血,静脉注射生理盐水300~500毫升。必要时可肌肉注射2.5%盐酸氯丙嗪溶液4~5毫升以加速散热,缓解肌肉痉挛,扩张外周血管。治疗以清热解暑,安神开窍为原则。

(1)西药治疗:

处方一:5%葡萄糖盐水200~500毫升,维生素C 10~20毫升,安乃近10~20毫升,2.5%氯丙嗪2~4毫升,10%安钠咖5~10毫升。

【作用】治疗猪中暑。

【用法】葡萄糖盐水和维生素C,静脉注射;安乃近,肌肉注射;狂暴不安者,肌肉注射2.5%氯丙嗪;心衰昏迷者,肌肉注射10%安钠咖或10%樟脑磺酸钠10毫升。

处方二:10%樟脑醇(取樟脑10克,加75%乙醇至100毫

升,溶解后过滤,制成)。

【作用】治疗猪中暑。

【用法】病猪取主穴天门,配穴耳根。天门穴注入樟脑醇4~6毫升,耳根穴注入2~3毫升,每隔8小时1次,连用2~3次。

(2) 中草药治疗:

处方一:人参(或党参代替)10克,芦根15克,生石膏30克,茯苓20克,黄连10克,知母20克,玄参15克,甘草10克。

【作用】治疗猪中暑。

【用法】按处方配药,水煎服。无汗加香薷;神昏加远志、石菖蒲;狂躁不安加朱砂、茯苓;四肢抽搐加钩藤、菊花。

处方二:鲜香薷草1 500克,鲜青蒿1 000克,干薄荷250克,干藿香250克。

【作用】治疗猪中暑。

【用法】按处方配药,将各药洗净切碎,用40~60℃热水将薄荷、藿香泡涨,放入鲜药加水至4 000毫升,蒸馏,取蒸馏液1 000~1 500毫升。以注射液标准检验产品质量。使用时肌肉注射,每天1次,每次小猪5~10毫升,中猪10~20毫升,大猪20~30毫升,连用2~3次。

处方三:青蒿子30%,香薷25%,藿香25%,佩兰10%,薄荷10%。

【作用】治疗猪中暑。

【用法】按处方配药,去除杂质,混匀,用蒸馏法制取注射液。每1毫升含生药5克,分装于安瓿内,高压灭菌,避光保存备用。肌肉注射,30千克体重以下猪只每次20~40毫升,30~50千克体重猪只每次50~60毫升,50~100千克体重猪只每次70毫升。每天1次,连用2~3天。

处方四:仙人掌150克,马鞭草250克,白糖50克。

【作用】治疗猪中暑。

【用法】按处方配药,将仙人掌和马鞭草一同捣烂,加水500毫升搅匀,去渣取汁400毫升,加白糖溶化后1次灌服,每天1次,连用2~3天。

处方五:桑叶、荷叶、薄荷叶、茅根、芦根各50克。

【作用】治疗猪中暑。

【用法】按处方配药,煎汤,分2次灌服。

处方六:生石膏60克,知母50克,栀子30克,滑石60克,大黄20克,朴硝60克,野菊花30克。

【作用】治疗猪中暑。

【用法】按处方配药,煎汤灌服。本方剂量为大猪用量。

处方七:生石膏25克,鲜芦根70克,藿香10克,佩兰10克,青蒿10克,薄荷3克,鲜荷叶70克。

【作用】治疗猪中暑。

【用法】按处方配药,水煎灌服。

处方八:鱼腥草60克,野菊花60克,淡竹叶60克,橘子皮15克。

【作用】治疗猪中暑。

【用法】按处方配药,水煎服。

处方九:青蒿60克,香薷45克,生石膏60克,知母45克,陈皮45克,藿香40克,佩兰40克,杏仁45克,滑石60克。

【作用】治疗猪中暑。

【用法】按处方配药,水煎取汁,供50~70千克体重猪只用,加适量井水灌服。

处方十:韭菜200克,黄瓜2 000克,鸡蛋清10个,白糖250克。

【作用】治疗猪中暑。

【用法】按处方配药,韭菜、黄瓜共捣碎如泥挤汁,加鸡蛋清、白糖灌服。

十一、癫 痫

(一) 本病简介

癫痫 (epilepsy) 是因大脑皮层机能障碍而引起的一种突发性的、不自觉的、有时间性的异常变化,发作时多表现运动能力、意识、感觉和自由机能发生改变,并常伴有一种阵发性脑电波节律异常。发作时多以意识严重紊乱和全身痉挛抽搐且多突然发作,迅速恢复,反复发作为临床特征。

本病有原发性和继发性两种,猪多为继发性。原发性可能由于脑组织代谢障碍,大脑皮层和皮层下中枢受到过度刺激,以致兴奋和抑制过程的平衡关系被打乱而引起,继发性的又称症候性癫痫,通常继发于脑和脑膜疾病、脑外伤、脑震荡和脑挫伤等疾病过程中。或因某些传染病、代谢疾病、内分泌机能紊乱以及各种化学物质(包括农药)中毒等所致。

发病症状:病发时,起初行走不稳,突然出现偏视,眼球转动,先从口角附近开始痉挛,逐渐向后方扩展延伸,口吐白沫,呻吟嘶叫,而后倒地,知觉丧失,全身肌肤痉挛,四肢抽搐划动。发作时间短短几分钟,长则可达1小时。醒后微汗,不久起立,精神倦怠,四肢无力,但意识和饮食如常。轻者数天发作1次,重者每天发作数次。

(二) 综合防治

1. 预防措施

平时加强饲养管理,给予全价饲料,特别是无机盐和维生素不能缺乏;防止中毒,定期驱虫;有原发性癫痫病史的种猪应及时淘汰。

2. 治疗措施

本病的治疗首先应加强护理,让病猪安静躺下,减少各种不

良因素刺激和影响。分清原发和继发性癫痫,要针对原发病进行治疗以消除病因。以滋阴镇痉,祛风除痰为治则。病因不明的癫痫可选用对症治疗法。

(1) 西药治疗:

处方一:10%苯巴比妥钠10~30毫升,安溴注射液10~20毫升。

【作用】治疗猪癫痫。

【用法】10%苯巴比妥钠(鲁米那)溶液每千克体重2~4毫克,或氯丙嗪每千克体重2毫克;安溴注射液10~20毫升。静脉注射,每天1次,连用5~7天。

处方二:氯丙嗪注射液15~80毫克,维生素B_1 0.1~0.2克,20%安钠咖4~10毫升。

【作用】治疗猪癫痫。

【用法】氯丙嗪注射液,每千克体重5毫克,百会穴注射;维生素B_1,肌肉注射;20%安钠咖,静脉注射;同时针刺天门、脑俞、血印、山根、鼻梁、尾尖、八字等穴。每天1次,连用1~3天。

(2) 中草药治疗:

处方一:僵蚕6克,全蝎6克,制南星10克,枯矾10克,羌活10克,防风10克,法半夏10克,钩藤12克,白芷10克,当归12克,川芎10克,甘草6克,炒白附子6克。

【作用】治疗猪癫痫。

【用法】按处方配药,煎汤,候温供体重25~35千克的猪只分2次灌服。

处方二:大黄30克,防风15克,钩藤、僵蚕、天竺黄各10克。

【作用】治疗猪癫痫。

【用法】按处方配药,煎汤候温灌服。每天1剂,连用3~6剂。若拖延日久,加全蝎3克粉碎为末灌服。

处方三:钩藤、僵蚕、川芎、白芍、当归、茯神、柏子仁、

石菖蒲、菊花、草决明各 10 克,全蝎、朱砂(先煎)各 5 克,蜈蚣 5 条。

【作用】治疗猪癫痫。

【用法】按处方配药,煎 2 次,分 2 次灌服。

处方四:钩藤 25 克,羌活 25 克,独活 25 克,乌梢蛇 15 克,南星 15 克,半夏 15 克,防风 10 克,白芷 10 克,柴胡 35 克,甘草 10 克。

【作用】滋阴镇痉,治疗猪癫痫。

【用法】按处方配药,煎汤,候温灌服,供 25 千克重的猪 1 次服用。

处方五:干艾蒿 1 把。

【作用】治疗猪癫痫。

【用法】用火点燃艾蒿,直接熏猪鼻孔,每次 10~15 分钟,每天 3 次,连用 3~5 天。烟熏猪时,如果猪只出现严重咳嗽,可稍停片刻再熏。

(3)针灸疗法:用烙铁和火钳置火上烧红,直接烧烙天门、伏兔、太阳、尾根、耳根、尾尖穴,烙皮肤焦黄(勿伤真皮)为止;同时火针百会穴,进针 0.5~1 厘米。针后内服鸡蛋清 2 个,并肌肉注射氯丙嗪等对症治疗。

十二、应激综合征

(一)本病简介

应激综合征(porcine stress syndrome)是由于猪体受到外界种种刺激(应激原)作用,产生各种特异症状的综合表现,而不是一种独立的疾病。它多发生在肌肉发育良好、脂肪极薄、体形较矮和步行笨拙的猪只,特别是眼神惊恐、肌肉与尾颤抖、胆小神经质的猪只。

发病症状:患病猪只初期表现为肌肉和尾巴震颤,皮肤红白

交替，可视粘膜发绀，体温升高，呼吸困难；继则肌肉僵硬，卧少立多，眼球突出，张口呼吸，口吐白沫，呈高度酸中毒现象；病猪最后虚脱，多在高热和休克状态下死亡。哺乳母猪见泌乳减少或无乳，公猪性欲降低。病猪死后立即发生尸僵，肌肉温度偏高。急性死亡病猪在死后 30 分钟左右见肌肉苍白、柔软而渗出物增多；反复发作而死亡的病猪见背部、腿部肌肉干硬而色深。

（二）综合防治

1．预防措施

根据应激综合征的发病原因，有针对性地做好预防工作，选择具有抗应激的种猪，减少和杜绝发病内因。有应激敏感史或对外界刺激敏感的猪群，不宜留作种用。减少和避免各种因素对猪的刺激，合理设计栏舍，防寒保暖，干燥卫生；保持栏舍安静；专人饲养管理，定时定量饲喂；猪群以窝为主，减少调群并圈的次数；做好消毒和防疫工作，减少和避免猪群发病；运输时防寒、防暑、防压、防滑，注射镇静剂，保证供水。

2．治疗措施

对早期病猪应挑出来单养，症状不重者多可自愈。对症状较重者可肌肉注射或内服氯丙嗪，每千克体重 1～2 毫克，静脉注射 5% 碳酸氢钠溶液 40～120 毫升；为了防止变态反应性炎症和过敏性休克，可静脉注射适量氢化可的松等皮质激素。

第四节 猪外科病的综合防治

一、风 湿 病

（一）本病简介

风湿病（rheumatism）又称痹证，是由于猪栏潮湿，天气寒

冷或突然变化，贼风吹袭，风、寒、湿邪侵入肌表经络，引起气血流通不畅，机体肌肉、关节酸痛麻木、屈伸不利，甚至肿大、灼热的一类病症。以后躯多发，母猪发病率较高。虽说"风、寒、湿三气杂至合而为痹"，但有偏盛偏衰之别。偏于风者为行痹，疼痛部位游走不定，初期一肢发生跛行，痛无定处，重则传遍四肢，卧地不起。偏于寒者称为痛痹，寒凝气滞，气血不通则痛。可见疼痛剧烈，遇寒加重，遇热则缓，头低耳耷，四肢不温。偏于湿者为湿痹。湿性缠绵重浊，患肢麻木沉重，缠绵难愈。风湿日久，邪客经络，郁久化热，则消灼津液，致使关节红肿发热，称热痹。又据病程长短，有风湿型和肾虚型之别。病久者，伤及腰胯，至肝肾不足，谓肾虚型。

(二) 综合防治

1. 预防措施

保持猪栏干燥，冷天注意防寒保暖，让猪适当运动和晒太阳。治则为祛风除湿，活血通络。热痹者应配清热解毒，肾虚者需补益肝肾。可选用祛风湿的中、西药物，并配合针灸治疗。

2. 治疗措施

(1) 西药治疗：

处方一：醋酸可的松注射液 2~4 毫升，水杨酸钠片 2~5 克，碳酸氢钠片 2~5 克。

【作用】治疗猪风湿病。

【用法】醋酸可的松注射液 1 次量 2~4 毫升（50~100 毫克），1 次肌肉注射；内服水杨酸钠片与碳酸氢钠片，每天 2 次，连用 2~3 天。

处方二：复方水杨酸钠注射液 20~50 毫升。

【作用】治疗猪风湿病。

【用法】1 次耳静脉注射，每天 1 次，连用 2~3 次。

(2) 中草药治疗：

处方一：独活15克，桑寄生10克，秦艽10克，防风10克，细辛5克，当归8克，白芍10克，熟地10克，杜仲10克，牛膝10克，党参10克，茯苓10克，桂心15克，甘草5克。

【作用】祛风除湿、活血通络。治疗猪风湿病。

【用法】按处方配药，共粉碎为细末，开水冲调，候温灌服，或水煎取汁灌服。也可按量拌料服用。风邪重者，加大防风、秦艽用量；寒邪偏重者，减熟地、党参，加入川乌、附子、麻黄；湿邪偏重者，加入薏苡仁、防已。

处方二：桂枝10克，白芍10克，炙甘草6克，生姜1克，大枣12克，羌活10克，独活10克，防风7克，川芎5克，蔓荆子6克。

【作用】治疗风邪偏重的风湿病。

【用法】按处方配药，共粉碎为细末，煎汤灌服，或拌料喂服。

处方三：秦艽15克，防已10克，木瓜15克，独活15克，苍术10克，陈皮10克，厚朴10克，甘草5克。

【作用】治疗猪风湿病。

【用法】按处方配药，风湿重者加附子、川乌、草乌；肾虚者加杜仲、川芎、玄胡；气血虚者加当归、黄芪。水煎取汁或粉碎为末，内服。

处方四：苍术15克，牡蛎15克，附子10克，龙骨10克，熟地10克，生地10克，玄参15克，麦冬10克。

【作用】治疗肾虚型风湿病。

【用法】按处方配药，肾虚重者加大牡蛎用量，加狗脊；食欲不振者加用平胃散；气血虚弱者加黄芪、当归。煎汁或粉碎为末内服。

处方五：薏苡仁10克，防已10克，苍术15克，羌活10克，独活15克，防风10克，桂枝10克，川芎10克，豨莶草15克，川乌3克，当归10克，威灵仙10克，生姜10克，甘草5克。

【作用】治疗湿邪偏重的风湿病。

【用法】按处方配药，前肢风湿加瓜蒌、枳壳；后肢风湿及腰风湿加肉桂、茴香等。煎汤灌服。

处方六：生姜、大蒜、白酒。

【作用】治疗猪风湿病。

【用法】按1∶2∶7的比例，先将生姜、大蒜捣碎，然后用白酒浸泡3~7天制成姜蒜酊备用。将患猪患部用温水洗干净，然后用姜蒜酊涂擦，每天2次，连用1周。

处方七：独活、桑寄生、羌活、酒当归、川芎、桂枝、荆芥、秦艽、牛膝、防风、威灵仙各10克，甘草3克。

【作用】治疗猪风湿病。

【用法】按处方配药，混合煎汤，过滤去渣取汁，每头猪每次胃管投服250毫升，每天2次，每剂药分6次服完。另用火针治疗，主穴百会，配穴抢风、大胯、小胯、六脉，每3天刺针1次。中药配合火针治疗，一般轻症2~3次，重症3~5次即可。

处方八：独活50克，羌活50克，木瓜50克，制川乌40克，制草乌40克，薏苡仁50克，牛膝50克，甘草20克。

【作用】治疗猪风湿病。

【用法】按处方配药，川乌、草乌加新鲜带肉的猪骨500克，文火炖4小时，再下余药煎汁，每天分2次灌服，连用5天。

(3) 针灸治疗：

方案一：

【穴位】天门、大椎、百会。

【针法】25%葡萄糖液、0.5%氢化可的松液，按1∶1配合注入天门穴3~5毫升，大椎穴10~20毫升；5%葡萄糖液、0.5%樟脑水，按2∶1配合注入百会穴3~5毫升。一般经1~2次即可治愈。后肢瘫痪的还可试用0.2%硝酸士的宁注射液百会穴注射，25千克以下的猪只1毫升，25千克以上的猪只2毫升，垂直刺入百会穴2~3厘米，每天1次，连用3~5次。

方案二：

【穴位】抢风、七星、大胯、小胯、百会、开风、尾根等。

【针法】一般前肢风湿取抢风、七星等穴；后肢风湿取大胯、小胯等穴；腰背风湿取百会、开风、尾根等穴。白针、水针、电针或熨灸。水针可选用安痛定注射液等，每穴每次3~5毫升。

二、直 肠 脱

（一）本病简介

直肠脱（rectum prolapse）又叫脱肛。是直肠末端甚至直肠前部连同部分直肠脱出肛门之外而不能自行缩回的一种病症。多发生于仔猪或瘦弱的成年猪。是由于饲养管理不善，气血化生不足导致长时间下痢、便秘、病后瘦弱、病理性分娩、刺激药灌肠后强力努责、腹压增高、维生素缺乏以及突然改变饲料等因素诱发。严重时并发肠套叠或直肠疝。在某些因素的诱发下可发生直肠韧带松弛，直肠下层组织和肛门括约肌松弛和机能不全。直肠全层肠壁脱垂是由于直肠发育不全、萎缩或神经营养不良、松弛无力、不能保持直肠的正常位置。

发病症状：主要表现为直肠脱出到肛门外，初时尚能自行回复。脱出日久，粘膜发生肿胀，甚至糜烂。

（二）综合防治

1. 手术整复

（1）普通整复法：先将猪只保定，可用绳索系猪两后肢倒挂保定，倒挂高度以猪只两前肢能着地为宜。一般处理为洗涤、整复、固定。先用温开水洗净直肠脱出部分，如有水肿糜烂，可用三菱针点刺水肿部分，再用5%食盐水或3%明矾水溶液冲洗（或用明矾粉撒上），然后小心将脱出部分整复至肛门内原位。最后在脱肛穴注入1%普鲁卡因酒精液（1%普鲁卡因10毫升加

95％酒精20毫升混匀）共10～30毫升。对体质虚弱猪只在处理好后，可用中药——补中益气汤喂服。

（2）胶管插入固定法：首先用0.1％高锰酸钾液彻底清洗直肠脱出部位，对水肿粘膜用手捏破，挤出水肿液，用外科剪剪去破损粘膜，但不得剪破肌层，再次消毒后，用手指协助送回肛门。用一节比脱出部位长1.5倍，与肛门口大小相当的空心橡胶水管经消毒后插入肛门内，胶管尾端剪开一小口，穿系一条细绳带，沿猪背部两侧固定于猪体腹部与颈部。术后注意猪的排粪情况，多喂青绿多汁饲料和清洁饮水。胶管插入固定后，开始有淤血和脱落粘膜从胶管外围流出，管内有稀粪流出，食欲逐渐恢复。一般5～7天后抽出胶管，猪即复原。

2．654-2治疗

654-2又名盐酸山莨菪碱注射液，有明显的解除平滑肌痉挛、止痛、消肿等作用，类似于阿托品，但毒副作用较小。患猪站立保定，用温水洗净脱出的直肠和肛门，然后用自制口径与直肠相近的薄塑料袋套在直肠上，另用一条细胶管（如自行车气门芯胶管）伸入袋中注入654-2 10～20毫升（5毫克/毫升），并轻揉直肠，待脱肠开始收缩时轻送回腹腔内。整个治疗过程15分钟左右。

3．直肠切除术

对于严重的病例，可采取将病猪左侧卧保定于地上，用温肥皂水洗净脱出物及周围皮肤、尾根、腿部，再用0.2％高锰酸钾液洗涤和消毒。用1％普鲁卡因60毫升加入0.1％肾上腺素1毫升，作后海穴（即交巢穴）注射30毫升、肛门及术部浸润麻醉30毫升。用2根30厘米长的7号缝线，靠近肛门处做"十"字形穿过脱出肠管，线头用止血钳夹住。在离肛门括约肌2厘米处，小心切透外层直肠。若内外层间夹有小肠，并被固定线穿过，则应拆去此线，送回小肠，重新固定后再继续切除坏死肠管。从肠腔内拉出固定线并剪断，分别打结成4个结节缝合。此时若病猪骚动，膀胱和小肠经内外层直肠间突出肛门外时，应急

用纱布压住，待骚动停止后，送回膀胱和小肠。再在4个结节缝合之间做结节缝合，每针间隔1厘米。最后将缝好的肠管还纳入肛门内，于肛门两侧（脱肛穴）注射青霉素160万单位和链霉素100万单位，次日用青霉素、链霉素同样剂量肌肉注射，早晚各1次。口服土霉素片，每天3次，每次5片，并服健胃片，每次10片，连用3天。

4．中草药治疗

处方一：五倍子10克，黄连4克。

【作用】涩肠固脱。主治猪直肠脱。

【用法】按处方配药，粉碎为细末。洗净脱出之直肠，将药均匀撒在肠膜上，整复直肠，同时进行肛门外热敷。

处方二：地龙30克，风化硝60克。

【作用】清热消肿。主治猪阳症脱肛（阴虚燥结所致）。

【用法】按处方配药，共粉碎为末。用见肿消（商陆）、荆芥、生姜、葱白浓煎水洗后，将上药末撒在脱出的肠头上。

处方三：党参、黄芪各50克，当归、白术各40克，升麻、柴胡各30克，陈皮、炙甘草各20克。

【作用】补中益气，用于直肠脱手术整复后的治疗。

【用法】按处方配药，煎汤，候温灌服。

处方四：党参25克，黄芪15克，当归12克，升麻9克，柴胡18克，防风12克，红花12克，木香9克，泽泻9克，大黄12克，甘草9克。

【作用】提气复位，用于直肠脱手术整复后的治疗。

【用法】按处方配药，煎汤取汁。供1头仔猪分2次候温灌服，连用1~3次。

处方五：白矾60克，五味子45克，大葱250克。

【作用】直肠脱手术整复后的治疗。

【用法】按处方配药，大葱煎汤洗脱肛处，再将白矾、五味子研成细末撒布于患处，然后把脱出的肠送回。

处方六：乌梅炭 20 克，黄柏粉 30 克，生大黄粉 30 克，白药粉 10 克，冰片 2 克。

【作用】直肠脱手术整复后的治疗。

【用法】按处方配药，共研极细末，加凡士林适量，制成软膏，涂抹患部，每天 3 次。

处方七：臭牡丹全草 500 克。

【作用】治疗猪直肠脱。

【用法】按处方配药，煎汤取汁，擦洗患部。

处方八：卷柏、升麻各 60 克。

【作用】直肠脱手术整复后的治疗。

【用法】按处方配药，煎汤取汁，候温内服。

三、疝 气

(一) 本病简介

疝气（hernia）是由于近亲繁殖等先天因素，或外伤、手术处理不当等后天因素引起腹腔内的器官（主要为肠管），经腹壁天然或意外发生的孔口，漏至皮下或邻近腔道称为疝气。

发病症状：患猪主要表现为患部膨隆突起，触诊内容物柔软。没有粘连时，使猪适当体位，疝囊中的肠管可缩回腹腔。如果肠子与囊壁粘连，则不能缩回腹腔。如果疝囊内肠管阻塞或坏死，则病猪不安、厌气、呕吐、排粪较少，并继发肠臌气，常可导致死亡。

(二) 综合防治

根据疝气的不同情况，采取相应的手术治疗。脐疝和腹壁疝手术如下：

1. 切除疝轮组织治疗猪脐疝

患猪仰卧保定，常规消毒后，切开疝囊，手伸入囊内探查疝

轮的部位和形状，还纳内容物。根据疝轮的大小、结缔组织的厚度，将疝轮进行轮状切除，修正后将腹膜和腹肌一次性连续缝合，创面撒上青霉素、链霉素粉，然后再做皮肤减张结节缝合。在进行整复和缝合手术过程中，可采用0.5%～1%硫酸阿托品液直接从创口滴到肠壁上，每次数滴至1毫升，几秒钟之后肠道蠕动显著减弱，可有效防止肠道外溢，有利于肠道肌细胞的良好接触，因而可达到较快愈合的目的。

2. 腹壁疝的手术

用倒提法将猪系于六柱栏上或令畜主将其两后肢提举。局部剃毛洗净，涂5%碘酒和75%酒精消毒，用3%普鲁卡因10～15毫升进行浸润麻醉。顺着疝颈切开疝囊，其切开长度按疝囊长度而定，以便于操作。切开后，缓缓钝性剥离粘连肠管后用温生理盐水冲净再送入腹腔，已粘连的网膜若不能剥离则可部分切除，然后放入2支80万单位青霉素和1支100万单位的链霉素，将腹膜做连续缝合。若肠管坏死、破裂或严重粘连，可先切除坏死肠管，做端端吻合术。用纽扣状缝合法闭合疝环，切除多余的皮肤，撒入青霉素粉，结节缝合皮肤，并涂5%碘酒。术后皮下注射精制破伤风抗毒素1 500单位；肌肉注射青霉素160万单位和链霉素100万单位，每天2次，连用3天。术后10天内限食，喂给充足饮水和青料，保持栏舍卫生。

第五节 猪胎产病的综合防治

一、不 孕 症

(一) 本病简介

不孕症（infertility）是母猪暂时或永久不能繁殖的总称。是母猪在体成熟之后，或在分娩之后超过正常的时限仍不能发情配种受孕，或虽经过数次配种后仍不能怀孕的一种病理状态。主要由于生殖器官发育不良、近亲繁殖；患子宫内膜炎、卵巢囊肿、阴道炎及其他脏腑器官疾病；卵巢机能不全、永久黄体等原因；还有肥胖不孕、消瘦不孕、老龄不孕等引起适龄母猪暂时不能受孕。

发病症状：母猪表现长期不发情，或发情周期不明显，或虽有发情而屡配不孕，有的阴户萎缩，排卵失常，有的阴户流出脓性分泌物。

(二) 综合防治

1. 预防措施

选好种母猪，淘汰有缺陷的母猪。老龄不孕母猪应及时淘汰。平时应加强对母猪的饲养管理，合理搭配饲料，防止母猪过肥或过瘦。让母猪保持适当的运动。正确掌握发情时间，适时配种。

2. 治疗措施

因疾病引起的不孕症要及时治疗原发病。根据不同病因，采取辨证施治，中药以活血化淤、调补气血、暖腰补肾为治则。针对不同情况分别选用下列方法。

(1) 西药治疗：

处方：苯甲酸雌二醇注射液3～10毫克，绒毛膜促性腺激素500～1 000单位。

【作用】主治母猪不孕症。

【用法】苯甲酸雌二醇注射液1次肌肉注射；注射用绒毛膜促性腺激素500～1 000单位1次肌肉注射。

(2) 中草药治疗：

处方一：当归、熟地、小茴香各30克，川芎、红花、肉桂、艾叶炭各15克，香附、丹参、益母草各25克，白术、白芍各21克，茯苓18克。

【作用】活血调经、温肾暖宫。主治母猪宫寒不孕、发情不正常。

【用法】按处方配药，粉碎为末，服用时每次30～45克，作舔剂或水调灌服。

处方二：淫羊藿500克，阳起石400克，菟丝子300克，枸杞子300克，熟地300克，益母草400克，旱莲草300克，山药300克，通草100克。

【作用】补肾益精、壮阳催情。

【用法】按处方配药，将各药粉碎后混匀。每千克体重0.5克，拌料饲喂。每天2次，连喂2～3天。

处方三：益母草60克，淫羊藿40克，红花20克，当归、女贞子、阳起石各30克，母畜卵巢1对。

【作用】治疗母猪不孕症。

【用法】按处方配药，共为细末，分2份。母畜卵巢切碎捣成泥状，加白酒200毫升，浸泡30分钟，分2份。取中药粉末1份，开水冲泡，候温加卵巢液1份。混合，拌食喂服。隔天再服另1份。用于10头不发情的适龄母猪。

处方四：黄芪、党参、杜仲、肉苁蓉各15克，白术、当归、菟丝子各12克，巴戟天、升麻、甘草各10克。

【作用】主治母猪宫寒不孕、发情不正常。

【用法】按处方配药，水煎浓汁，米酒为引，混入饲料中喂服，每天服1剂。临证应用时，宜酌情加减。若属气血两虚，证见形体消瘦、食少纳呆、喜卧懒动，可加山药、地黄、补骨脂等；若属肾虚不孕，证见尿液清长、下元虚冷，加肉桂、附子；发情不明显者，加淫羊藿、阳起石、山萸肉。

处方五：淫羊藿6克，阳起石（酒淬）6克，当归4克，香附5克，益母草6克，菟丝子5克。

【作用】补肾壮阳、催情。主治母猪不发情。

【用法】按处方配药，粉碎过筛，混匀即得。每头猪每次

30～60克，拌料喂服。

处方六：当归、熟地、肉苁蓉、杜仲、淫羊藿、益母草各20克，阳起石60克，川芎15克，红花6克，甘草10克。

【作用】主治母猪不发情。

【用法】按处方配药，煎汤分2次内服，每2剂为1个疗程。如母猪体况偏瘦，在原方剂中加入党参、黄芪、补骨脂、枸杞子各20克；如体况偏肥则在原方中加入桃仁15克，香附15克，红花9克；如生殖道有炎症，可先用茵陈、黄柏、白头翁各30克，栀子、车前子、泽泻、猪苓各5克，煎服，每天1次，连用3天，另用0.2%高锰酸钾水溶液冲洗阴道、子宫，待炎症消除后再服用本方药散。

处方七：淫羊藿150克，益母草150克，丹参150克，香附130克，菟丝子120克，当归100克，枳壳75克。

【作用】主治母猪不发情。

【用法】按处方配药，粉碎成粉，混匀，每千克体重每天3克，拌入饲料中喂服，连用2天，用药后4～6天发情。

处方八：阳起石、淫羊藿各50克，当归、黄芪、肉桂、山药、熟地各40克。

【作用】主治母猪不发情。

【用法】按处方配药，粉碎后混匀，拌入饲料内喂服，1～2剂见效。

处方九：淫羊藿30克，公丁香50克，母丁香50克。

【作用】主治母猪不发情。

【用法】按处方配药，煎汤内服，每天1剂，连服2剂。

处方十：陈艾叶150克，益母草500克，当归30克。

【作用】主治母猪不发情。

【用法】按处方配药，水煎服。

处方十一：鲜韭菜子120克。

【作用】主治母猪不发情。

【用法】按处方配药,粉碎为末拌入饲料内喂服。

处方十二:鲜韭菜苗250~500克。

【作用】主治母猪不发情。

【用法】按处方配药,切细后拌少量饲料喂猪,每天1次,连用1周。

(3) 其他疗法:

①人工催情;公猪诱导;隔离仔猪催情;按摩乳房催情;换栏催情。

②对于有阴道炎和子宫内膜炎而致不孕的母猪,可选购妇科用醋酸洗必泰栓或妇炎灵胶囊等药剂,1次1粒,塞入母猪阴道深部,2天用药1次,连用1~3次。全身症状较明显的母猪,如伴有体温升高,则应用抗生素治疗,每头母猪每次用青霉素80万单位,用注射用水稀释后,借助输精管输入子宫内。在发情当天用药1次,第2天再用药1次;或只在发情的第2天用药1次。用药2~3小时后再行配种。

③对屡配不孕的母猪,在母猪发情24~30小时,用新鲜精液5毫升加催产素10单位,于后海(交巢)穴注射。30分钟后进行第1次输精,隔8~12小时后再进行第2次输精。

(4) 针灸疗法:

方案:

【穴位】百会、后海、阴俞、开风、肾俞。

【针法】白针取百会、后海、阴俞、开风、肾俞穴,从中任选2~3穴,施以捻转提插法,每天1次,每次10~15分钟,连续5~7次,若已发情则停止治疗。

二、难　产

(一) 本病简介

难产(dystocia)是母猪产力微弱、产道狭窄、胎儿异常等情

况导致胎儿不能顺利由产道产出的一种疾病。引起难产主要是由于在母猪妊娠期饲养管理不当，饲料中缺乏维生素和矿物质，喂给霉烂变质饲料，使母猪过肥或瘦弱，运动不足，跌打损伤，骨盆佝偻变形，胎儿过大，产道狭窄，胎位不正，胎儿死亡，产道干燥等都有可能引起母猪分娩时胎儿不能顺利产出。

发病症状：母猪起卧不安频频努责，阴门肿胀，流出粘液或血水，仔猪不能产出，或在产出 1~2 头仔猪后间隔很长时间不能继续产出其余仔猪。若分娩时间过长，母猪衰竭，可致死亡。

（二）综合防治

应针对不同病因，采取相应的助产措施。

1. 一般措施

①对于胎儿过大或母猪产道狭窄，使胎儿难于顺利通过骨盆的难产（多见于初产母猪），助产时如果产道干燥，可将油类（如液体石蜡）灌入产道后，手伸入拖出胎儿。

②对于因子宫收缩无力而造成的难产（多见于分娩时间延长的老弱母猪），检查子宫颈已开、产出没有障碍时，可静脉、肌肉或皮下注射垂体后叶素 20~40 单位，静脉注射时用 5% 葡萄糖液稀释，必要时可重复使用。

③对于因胎位不正引起的难产，可手伸入产道矫正胎位助产。正常的胎位是头朝阴门腹朝下，两肢前伸夹紧头部，似跳水姿势。

2. 治疗措施

处方一：垂体后叶素或催产素 30~50 单位。

【作用】胎位正常，子宫颈开放，产道正常猪难产初期的催产。

【用法】1 次皮下注射。

处方二：当归 15 克，川芎 10 克，桃仁 10 克，益母草 15 克，炮姜 6 克。

【作用】胎位正常，子宫颈开放，产道正常猪难产初期的催产。

【用法】按处方配药，水煎取汁，分3次灌服。

3．引产

对确定为死胎的可选用下列方法引产。

处方一：0.1%高锰酸钾溶液400~500毫升。

【作用】母猪死胎的引产。

【用法】将母猪横卧保定，用输精管插入子宫颈，再用100毫升注射器将0.1%高锰酸钾溶液注入子宫，直至溶液从子宫排出为止。灌后20小时左右，死胎及浊物可自动排出。

处方二：芒硝250~500克，童便500毫升。

【作用】母猪死胎的引产。

【用法】先用开水将芒硝融化，除去杂质，加入童便混合内服，多在服药后24小时开始排出死胎。1剂见效，效果不佳者可再投服1剂。

处方三：鳖甲30克，红花25克，桃仁25克，炒蒲黄30克，当归尾30克，赤芍20克。

【作用】治疗死胎难产。

【用法】按处方配药，煎液，然后用铁锈棒或块烧红淬入药汁中。对确诊有死胎的难产，投服此药后1天即可使子宫内的死胎、胎衣和浊物排出，对下次配种无不良影响。

处方四：食盐、开水。

如果产程较长，通过母猪腹壁触摸子宫内胎儿，或通过产道检查，如果经反复触摸胎儿不动，可确诊胎儿死亡，则可采用温盐水子宫灌注催产法。

【作用】治疗死胎难产。

【用法】

①温盐水配制：根据猪体大小用开水约5千克，加入清洁的食盐配成2%~3%溶液，待水温降至38~40℃时使用。

②灌注方法：母猪侧卧保定，右侧卧右手操作，左侧卧左手操作。操作手五指并拢，掌心向上，大拇指朝母猪背部方向，先伸入产道，达子宫颈时触摸胎儿姿势和生死情况，若胎儿已死，将胎儿推回子宫内，然后用洗肠器慢慢插入子宫内，将温盐水3～4千克灌注到子宫内即可，一般1～2天死胎和胎衣会陆续排出。在子宫和腹部努责微弱时，温盐水灌注后可适当注射催产素3～5毫升（30～50单位），促进胎儿和胎衣排出。

三、胎衣不下

(一) 本病简介

胎衣不下（retention of the afterbirth）是母猪在产出全部仔猪后，经过1小时还不见胎衣排出或只排出部分胎衣，也称胎盘停滞。主要是由于母猪孕期饲养管理不当，运动不足，母体过肥或瘦弱，气血亏损，怀胎过多，胎儿过大等致使子宫收缩乏力。

发病症状：母猪时作努责，沉郁伏卧。分娩时产程过长，难产后继发产后子宫阵缩减弱而导致胎盘滞留。特别是炎热夏天，胎衣腐败，则阴道流出红白夹杂恶臭的污物。严重的引起毒血症而死亡。

(二) 综合防治

治疗措施

西药为注射子宫收缩药液；中药则以理气散淤、活血止痛为治则，内服汤、散剂。

(1) 西药治疗：发病时可选用垂体后叶素或麦角新碱进行治疗。

处方一：垂体后叶素注射液20～40单位（2～4毫升）。

【作用】治疗猪胎衣不下。

【用法】1次肌肉注射。

处方二：麦角新碱注射液 0.5~1 毫克（1~2 毫升）。

【作用】治疗猪胎衣不下。

【用法】1 次肌肉注射或交巢穴注射。

（2）中草药治疗：

处方一：当归尾 10 克，赤芍 10 克，川芎 10 克，蒲黄 6 克，益母草 12 克，五灵脂 6 克。

【作用】治疗猪胎衣不下。

【用法】按处方配药，水煎取汁，候温喂服。

处方二：熟地黄、当归尾、赤芍、炙甘草、肉桂、炮干姜、蒲黄、黑大豆（炒去皮）各 200 克。

【作用】补气养血、祛寒行淤止痛，治疗猪胎衣不下。

【用法】按处方配药，共粉碎为细粉，每次取 150 克，加酒和童便各半盏一起煎汤灌服，病情紧急的可连服 2 剂。

处方三：莲叶蒂 7 个，红糖 125 克。

【作用】治疗猪胎衣不下。

【用法】按处方配药，1 次煎汤，候温灌服。

处方四：当归 15 克，香附 15 克，川芎 10 克，红花 6 克，桃仁 6 克，炮姜 9 克。

【作用】治疗猪胎衣不下。

【用法】按处方配药，水煎取汁，1 次灌服。

四、生产瘫痪

（一）本病简介

生产瘫痪（parturient paresis）是母猪产后突然发生的一种严重的代谢性疾病。母猪突发四肢麻痹，行走困难，重者导致站立不起（瘫痪）。多在产后 2~5 天发生，有的在产后数小时开始。主要是母猪在产前或产后消耗大量营养物质和能量，很容易由于饲料单一，造成某些矿物质、维生素的缺乏以及钙、磷比例失调

而引起骨软性瘫痪。另外，母猪产前、产后运动不足，栏舍狭小，长期睡卧或因胎儿过多，后躯压力过大，损伤神经，引起局部麻痹而瘫痪；母猪长期睡卧在阴暗潮湿栏舍，加之贼风侵袭等诱因干扰，还可发生风湿性瘫痪。

发病症状：骨软病猪表现为咀嚼缓慢，喜卧厌动，骨骼变形，以肋骨和肋软骨结合部呈串珠状最为典型。麻痹型病猪腰部僵硬，针刺局部肌肉反射迟钝或无反应。风湿型病猪肌肉紧张，全身发颤，下肢关节部有热、痛、肿胀表现。

(二) 综合防治

1. 预防措施

加强对母猪的饲养管理，母猪栏应阳光充足、通风和干燥，注意供给充足新鲜多汁的饲料，适当补充微量元素。母猪怀孕3个月时可用以下中药预防该病。

处方：当归50克，川芎40克，防风50克，荆芥50克，白术30克，黄芩50克，柴胡50克，白芍40克，五味子40克，羌活40克，艾叶50克，苏梗50克，甘草30克。

【作用】预防母猪产后瘫痪。

【用法】按处方配药，煎成药液或粉碎成细末，给体重100~150千克母猪2天用，分4次喂服。

2. 治疗措施

(1) 西药治疗：低血钙骨软型采取以下综合治疗措施。

处方一：10%葡萄糖酸钙50~150毫升或10%氯化钙20~30毫升。

【作用】治疗母猪产后瘫痪。

【用法】静脉注射，注射前药液必须加热至微温，注射时药液不要漏至皮下，必要时可重复应用，但最多以3次为限。

处方二：5%葡萄糖氯化钠1 000毫升，20%安钠咖5~10毫升，维生素C 5毫升。

【作用】强心补液,治疗母猪产后瘫痪。

【用法】按处方配药,混合后稍加温,1次静脉滴注。

处方三:硫酸镁(或硫酸钠)20克,人工盐30克,大黄苏打片10克,健胃酊20毫升,新斯的明2~4毫升,维生素B_1注射液4~6毫升。

【作用】清理肠胃、恢复胃肠机能,治疗母猪产后瘫痪。

【用法】用硫酸镁(或硫酸钠)、人工盐、大黄苏打片,加温水500毫升,混匀后喂服。口服健胃酊20毫升。肌肉注射新斯的明和维生素B_1注射液,还可给病猪灌肠。

处方四:豆浆500毫升或稀粥500克。

【作用】治疗母猪产后瘫痪。

【用法】每天投喂少量豆浆(约500毫升)或稀粥(实际粮食不超过500克),并稍加热,不能起立者,应多加垫草,每天翻转2~3次。

处方五:钙剂、磷制剂、磷酸二氢钠、蒸馏水。

【作用】治疗代谢性瘫痪。

【用法】治疗代谢性瘫痪时,不能只注重钙剂,根据实际情况,如果血磷过低,血钙过高,用磷制剂治疗有时会取得满意的效果。治疗时用磷酸二氢钠和蒸馏水配成10%溶液注射,第1天用300毫升,第2天用200毫升,第3天用150毫升,一般第4天即可恢复正常。

处方六:维丁胶性钙2万单位(4毫升),维生素B_{12}5毫升。

【作用】治疗母猪产后瘫痪。

【用法】混合后肌肉注射,每天2次,连用1周。

处方七:10%葡萄糖液500~1 500毫升,10%氯化钙30~50毫升,10%葡萄糖酸钙注射液50~100毫升,地塞米松磷酸钠20~50毫升。

【作用】治疗母猪产后瘫痪。

【用法】10%葡萄糖液和10%氯化钙,静脉注射;或者静脉

注射10%葡萄糖酸钙注射液50~100毫升。必要时隔8~12小时再注射1次。产后病例可同时静脉注射或肌肉注射地塞米松磷酸钠或氢化可的松30~50毫克。

处方八：10%樟脑酒精和431合剂（樟脑4份、氨搽剂3份、松节油1份；氨搽剂含氨溶液25%，豆油或其他植物油75%），0.2%硝酸士的宁注射液1~2毫升或氢化可的松液3~5毫升。

【作用】治疗神经麻痹性瘫痪。

【用法】局部应用温敷和刺激剂，促进血液循环和恢复神经机能，常用10%樟脑酒精和431合剂涂擦患部，或用醋炒麦麸装入袋内敷于腰部。如属后肢神经麻痹，可用0.2%硝酸士的宁注射液或氢化可的松液1次注入百会穴，隔天1次，一般用3~5天即可。

(2) 中药治疗：

处方一：骨粉50克，食盐20克，杜仲、苍术各25克，糖钙片30片，维生素B_1 30片，强的松20片。

【作用】补钙强骨，治骨软型瘫痪。

【用法】按处方配药，共粉碎为末，分为2包，1次1包，每天2次，混料喂服。视病情连用5~10天。严重者需治疗15天左右，同时每千克体重肌肉注射0.2毫升维丁胶性钙，共注射5~7天，可逐渐康复。

处方二：独活35克，桑寄生、红花、当归、白芍、熟地、党参、茯苓、防风各20克，牛膝、杜仲各25克，川芎15克，桃仁30克，桂枝、甘草各10克，细辛5克。

【作用】治疗母猪产后瘫痪。

【用法】按处方配药，共煎成药液，灌服，每天1次，连用2~3天。

处方三：荆芥50克，防风40克，黄芪30克，党参30克，红花30克，麻黄30克，木瓜30克。

【作用】治疗母猪产后瘫痪。

【用法】按处方配药，水煎成药液，以红糖、白酒为引，候温喂服，每天1次，连用3天。

处方四：艾叶、雄黄、冰片。

【作用】治疗母猪产后瘫痪。

【用法】按处方配药，将艾叶、雄黄加少许冰片，混合搓成绒，将药绒制成拇指大的艾柱，在猪的百会穴剪毛，将艾柱贴在百会穴上点燃，炙熨，艾柱烧完后，用纸压其燃点即可。

处方五：党参120克，龙骨180克，牡蛎粉150克，骨粉500克。

【作用】益气壮骨，主治母猪产后瘫痪。

【用法】按处方配药，粉碎为末，每天400克拌料饲喂。

处方六：党参、防风、木瓜、黄芪、牛膝、桑枝各15克，香附10克，当归、川芎、杜仲各12克，山羊的下脚节2个。

【作用】治疗母猪产后瘫痪。

【用法】按处方配药，水煎浓汁，米酒为引。混饲内服，每天1剂。

（3）其他疗法：

①乳房送风治疗：将18号输液针针头磨钝（作猪乳导管针）接上胶管，再将自行车打气筒的气嘴夹取下，将套有输液针的胶管接上打气筒。用酒精棉球将母猪乳头分别消毒，然后将磨钝针头的输液针轻轻插入乳头管内，分别向乳头缓缓打气。待乳区皮肤紧张，皱纹消失，弹打乳房呈鼓音时停止打气。有时治疗1小时病猪即能站起，排尿，觅食，并逐渐恢复正常。

②风湿性瘫痪：用30%安乃近5~10毫升，加温至微热后在百会穴注射，隔天1次，连用2~3次。

（4）针灸疗法：

方案：

【穴位】山根、风门、百会、抢风、大胯、掠草。

【针法】血针、白针或电针。配合温敷按摩，效果更好。

五、泌乳不足和无乳

(一) 本病简介

泌乳不足和无乳（hypogalactia and agalactia），是指母猪产后开始泌乳正常，而后在当天或 2~3 天后出现泌乳减弱或无乳。前者多见于饲养管理不良，体瘦毛焦，或产仔过多的老母猪；后者可能是因为初产母猪不能放乳，或体质过肥或一些疾病所引起。

发病症状：主要表现为乳房松弛或干瘪，挤不出乳汁，或奶汁稀薄如水样。气血亏损者，多兼有体瘦毛焦等体征；经脉阻滞者，多无特殊病理表现，甚至膘肥肉厚，乳房虽大但挤不出乳汁。

(二) 综合防治

1．预防措施

选好种母猪，乳房发育正常，体成熟后才初配。适当增加哺乳母猪的运动，每天按摩乳房数次。

2．治疗措施

（1）西药治疗：

处方：维生素 E 100 毫克，垂体后叶素 20 单位，10％葡萄糖 500 毫升。

【作用】治疗母猪缺乳症。

【用法】发病时可选用维生素 E 和垂体后叶素（后叶催产素）进行治疗，混入 10％葡萄糖，静脉滴注，用药后 10 分钟双手按摩乳房百次，让仔猪每天早晚各自由吸奶 1 次，连续 4~5 次可诱发连续的乳流。

（2）中草药治疗：

处方一：黄豆、鹅蛋。

【作用】治疗母猪缺乳症。

【用法】体重75~100千克母猪用黄豆1.5千克,鹅蛋2~3个;体重100~200千克母猪用黄豆2~2.5千克,鹅蛋3~4个。将1.5千克黄豆磨成15千克豆浆,煮沸,将鹅蛋打入碗内调散,倒入豆浆锅内,一边倒一边搅拌豆浆,再煮2~3分钟。将煮熟的豆浆冷却至20~30℃时喂母猪,第2天即见效。如果每周喂1次,直至仔猪断奶时,母猪的乳汁都十分充足。

处方二:胎衣,死仔猪,食盐25克,胡椒粉10克。

【作用】治疗母猪缺乳症。

【用法】将母猪分娩后排出的胎衣以及新生死产仔猪收集锅内,加水10千克,加入食盐和胡椒粉,加热煮沸1小时。每次取500毫升,拌入饲料内饲喂母猪,每天2次,连用3天。

处方三:海带250克,猪油50~100克。

【作用】治疗母猪缺乳症。

【用法】按处方配药,海带浸胀切碎,加猪油,煮汤喂母猪,每周1次。

处方四:鸡蛋5个,鲜藕500克。

【作用】治疗母猪缺乳症。

【用法】按处方配药,加水同煮熟喂母猪,每天1次,连用2~3天。

处方五:鲤鱼或鲫鱼500克。

【作用】治疗母猪缺乳症。

【用法】按处方配药,将鱼清炖、去刺,加黄酒250毫升一起喂母猪,每天1次,连用3天。

处方六:豆腐1 000克,皂角刺45克,炒王不留行75克。

【作用】治疗母猪缺乳症。

【用法】按处方配药,加水煎煮,共同喂母猪,每天1次,连用3~5天。

处方七:王不留行10克,黄芪5克,皂角刺5克,当归10克,党参5克,川芎10克,漏芦3克,路路通2克。

【作用】补气养血、通络下乳。治疗母猪缺乳症。
【用法】按处方配药,共粉碎为末,拌料喂服。每天1剂,连用3天。

处方八:黄芪18克,当归10克,白芷6克,通草10克。
【作用】补养气血、生化乳汁。主治母猪产后缺乳。
【用法】按处方配药,粉碎为末,混食喂服。

处方九:当归12克,黄芪30克,王不留行60克,通草10克。
【作用】补益气血、通络下乳。主治母猪气血亏损、缺乳。
【用法】按处方配药,共粉碎为末,混于饲料中喂给。

六、乳 房 炎

(一)本病简介

乳房炎(mastitis)亦称乳腺炎,是由于乳腺受到物理、化学、微生物刺激而发生红、肿、热、痛,甚至溃烂为特征的一种炎症。中兽医认为乳房炎是由于凝血毒气凝结于乳房而成肿痈。多因仔猪吃奶咬破乳头,或母猪卧栏被粗糙地面擦伤乳头,或猪舍不洁,疫毒内侵所致。或见母猪分娩前后泌乳过多,乳汁蓄积,气血不畅,乳房发生硬肿。

发病症状:发病时一般无全身症状,开始时个别乳腺肿胀、硬结,颜色紫红,肿胀部分温热疼痛,母猪不让仔猪吮乳。乳汁清淡,或混有豆渣样小乳块,甚至乳汁黄稠,混有脓血,时间一久,肿胀增多扩大,化脓溃烂,甚至流出腥臭浓汁,并见全身发热,食欲减退。

(二)综合防治

1. 预防措施

做好母猪栏舍清洁卫生和猪体乳房清洁消毒工作;分娩前后

数天，不要突然喂给过量精细及多汁饲料，以免使乳汁过多过浓。

2．治疗措施

可使用西药或中草药治疗，或中西药同时使用。

(1) 西药治疗：以抗菌消炎、清热下乳为治则。

处方：青霉素160万～320万单位，链霉素1～2克，安痛定10～20毫升，地塞米松5～15毫克，催产素10～20单位。

【作用】治疗母猪乳房炎。

【用法】按处方配药，混合后肌肉注射，每天2次，连用1～2天。

(2) 中草药治疗：

处方一：当归、赤芍、白芍、丝瓜络、王不留行各30克，陈皮、青皮各25克，甘草15克。

【作用】治疗气血淤滞型母猪乳房炎。

【用法】按处方配药，共粉碎为末，每天1剂，分2～3次灌服。

处方二：黄花地丁60克，紫花地丁、芙蓉花各50克，大蓟40克。

【作用】治疗母猪乳房炎。

【用法】按处方配药，煎汁喂服，每天1剂，药渣敷患处，或用鲜品捣汁内服，药渣敷患处，效果更好。

处方三：鲜鱼腥草100～150克（干品用量减半），铁马鞭50～100克。

【作用】治疗母猪乳房炎。

【用法】按处方配药，洗净后加清水2～3倍煎煮，取药液（也可连同药渣）拌料喂服，每天1剂，连用3～4天。如果在病初配合使用0.5%普鲁卡因和青霉素，在乳房周围进行局部封闭注射治疗，效果更快更好。

处方四：蓖麻仁10份，松香36份，冰片1份。

【作用】治疗母猪乳房炎。

【用法】按处方配药，用热水调成糊状，冷却后成"蓖麻膏"。用时将药膏涂于乳房患处，然后用纱布包敷数天。该药膏对无名肿块、痈疽也有疗效。

（3）封闭疗法：母猪侧卧保定，局部用酒精棉球消毒，以0.5%盐酸普鲁卡因溶液30~40毫升加入青霉素240万~400万单位，分别在左、右侧距乳房肿胀边缘2厘米处用针头刺入1厘米，分数点注射，每点3~4毫升。如有体温升高，肌肉注射安痛定10毫升。食欲差配合肌肉注射维生素B_1 5毫升。每天1次，连用3~4次。

（4）其他疗法：

除药物治疗外，还可配合用浸透热烫温水的毛巾敷熨按摩乳房，每隔几小时挤奶10~15分钟，有助于减轻乳房的肿胀和疼痛。在乳房肿胀初期，还可配合在肿胀下部的血管上针刺放血。

隔离仔猪，挤掉患病乳房的乳汁，局部涂擦10%鱼石脂软膏、碘软膏或樟脑油等。也可用0.5%盐酸普鲁卡因50~100毫升加青霉素80万单位，进行局部封闭。有硬结时按摩、温敷，涂以软膏。对于脓肿必须切开除脓，并用锌明胶绷带保护伤口。乳腺发生坏疽时应予切除，以防引起脓毒血症。对于体温升高、有全身症状的病猪，每次每千克体重肌肉注射1.5万单位青霉素，每天3次，也可内服磺胺类药和土霉素碱粉剂。配合内服乌洛托品2~5克，可缩短疗程。

附 录

附录一 养猪场主要传染病免疫程序和寄生虫病控制程序

一、主要传染病免疫程序

1. 猪瘟

采用猪瘟兔化弱毒疫苗。

(1) 种公猪：每年春、秋季各免疫接种1次。

(2) 种母猪：于产前30天免疫接种1次；或春、秋季各免疫接种1次。

(3) 仔猪：20日龄、70日龄各免疫接种1次或仔猪出生后不吃初乳前立即接种1次，接种后2小时可哺乳（通常称为乳前免疫或超免）。

(4) 后备种猪：产前1个月免疫接种1次；选留作种用时立即免疫接种1次。

2. 猪丹毒、猪肺疫

采用猪丹毒菌苗和猪肺疫菌苗。

(1) 种猪：春、秋季分别用两种菌苗各免疫接种1次。

(2) 仔猪：断奶后上网时分别用两种菌苗免疫接种1次。70日龄分别用两种菌苗免疫接种1次。

3. 仔猪副伤寒

采用仔猪副伤寒菌苗。仔猪断奶后上网时（30~35日龄）口服或注射1头份菌苗。

4．仔猪大肠杆菌病（仔猪黄痢）

采用大肠杆菌腹泻菌苗（K88、K99、987P）。妊娠母猪于产前 40~42 天和 15~20 天分别免疫接种 1 次。

5．仔猪红痢病

采用红痢菌苗。妊娠母猪于产前 30 天和产前 15 天分别免疫接种 1 次。

6．猪细小病毒病

采用猪细小病毒疫苗。

(1) 种公猪、种母猪：每年免疫接种 1 次。

(2) 后备公猪、母猪：配种前 1 个月免疫接种 1 次。

7．猪喘气病

采用猪喘气病弱毒菌苗。

(1) 种猪：成年猪每年免疫接种 1 次（右侧胸腔注射）。

(2) 仔猪：7~15 日龄免疫接种 1 次。

(3) 后备种猪：配种前再免疫 1 次。

8．猪乙型脑炎

采用乙型脑炎弱毒疫苗。种猪、后备母猪在蚊蝇季节到来前（4~5 月）免疫接种 1 次。

9．猪传染性萎缩性鼻炎

(1) 公猪、母猪：春、秋季用灭活菌苗或二联灭活菌苗各注射 1 次。

(2) 仔猪：70 日龄用灭活菌苗或二联灭活菌苗注射 1 次。

二、寄生虫控制程序

1．药物选择

选择高效、安全、广谱的抗寄生虫药，伊维菌素和阿维菌素的各种制剂为首选药物。

2．常见蠕虫和外寄生虫的控制程序

①首次执行本寄生虫控制程序的猪场，应先对全场猪只进行

彻底的驱虫。

②对怀孕母猪于产前 1～4 周用 1 次抗寄生虫药。

③对公猪每年至少用药 2 次；但对外寄生虫感染严重的猪场，每年应用药 4～6 次。

④所有仔猪在转群时用药 1 次。后备母猪在配种前用药 1 次。

⑤新购进的猪只用阿维菌素或伊维菌素治疗 2 次后（每次间隔 10～14 天），并隔离饲养至少 30 天才能和其他猪只并群饲养。

附录二 猪瘟、猪丹毒、猪肺疫、仔猪副伤寒鉴别诊断

病名 \ 内容	流行特点	发病症状	病理变化
猪瘟	不分年龄、性别、品种的猪一年四季都可发生；发病多，死亡率较高；通常在发病后1周左右发病和死亡达到高峰；呈流行性	体温41℃左右；化脓性结膜炎；初便秘后腹泻；皮肤上有紫红色斑点，指压不退色；公猪包皮囊积尿；小猪多有神经症状	淋巴结潮红，切面周边出血，大理石状；心内外膜出血，以左心耳为重；肾不肿大、色淡，有小出血点，严重者肾盂、输尿管出血；膀胱粘膜出血；会厌软骨出血；脾边缘有梗死；慢性者大肠粘膜扣状溃疡
猪丹毒	3~6月龄猪易感，但以架子猪发病多，常在初夏及晚秋季节发生；发病初期常取最急性经过，突然死亡	体温42℃或更高；急性皮肤发红，常突然死亡；有的病猪皮肤上出现不同形状的紫红色疹块，界限明显；慢性病例有关节炎，跛行	淋巴结肿大，切面多汁；胃及十二指肠粘膜红肿及出血；肾肿大，紫红色，脾肿大，呈紫红色；慢性病例左心内膜有菜花样赘生物或关节炎

续表

病名 \ 内容	流行特点	发病症状	病理变化
猪肺疫	秋末春初气候多变及多雨时节易发生；中、小猪多发；多散发或继发	体温41℃左右；急性病例咽喉部肿胀，呼吸困难，呈犬坐姿势，口鼻流出白色泡沫液体；皮肤上有红色出血点	咽喉部肿大，周围组织胶样浸润；淋巴结肿大，切面出血；肺有不同肝变期，切面呈大理石状；或纤维素性胸膜炎和心包炎
仔猪副伤寒	主要侵害1～4月龄仔猪；寒冷及阴雨潮湿季节、饲养管理及卫生条件不良时发病较多；散发或地方流行性；慢性最为常见	急性病例体温41℃以上，慢性病例体温一般无变化；持续性下痢为特征，粪臭，并发肺炎者有咳嗽，有时呼吸困难；病末期十分瘦弱，皮肤上有紫色斑	盲肠、结肠粘膜有圆形堤状溃疡或弥漫性坏死，肠管变厚，无弹性；肠系膜淋巴结干酪样坏死；淋巴管索状肿；肝脏有灰黄色小坏死灶；急性病例肢体末端皮肤青紫色

附录三 灌药法

灌药法是一项重要的治疗操作技术。对于这项技术，每位医者都应该熟练地掌握；并且要求在临床灌药操作中，认真细致，切不可粗心大意，否则将造成药物灌入肺等事故，甚至造成死亡的严重后果。灌药法包括病猪的保定、中药调制和灌药技术。

一、病猪保定

灌药时病猪保定是决定灌药成败的重要因素之一。只有恰当而又确实地保定病猪，灌药才能顺利进行。猪的保定，可由助手或畜主骑于病猪身上，握住两耳，将猪头后仰，再以一木棍横于口角。灌药中，如病猪发生咳嗽或其他情况，应立即松开，使猪恢复自然姿态。

二、药的调制

所灌之药均应调制。其调制应按处方要求进行。一般灌服药的调制有水剂（煎汁去渣）、糊剂（开水冲碾碎之末药）、舔剂（药粉以水调成稠糊状）。

1. 水剂

从药房取药，先以水浸、后以火煎汁。一副药应煎 2 次汁，取汁去渣混合灌服。火力大小应按处方，或文火或武火。入药要按医嘱顺序，不能随意变更。药锅应用砂锅或洋瓷盆，切忌用铁锅。

2. 糊剂

将药碾成粉末，以开水冲调而成。冲调时，糊状适中，如用牛角灌，其糊可稠，如用胶皮瓶胃管灌，则宜稀。

3. 舔剂

舔剂适用于小剂量药，药物对口腔无刺激作用。调制舔剂

时，用水不宜过多，药物应碾细些，调成形即可。

三、灌药技术

灌药常用方法有胃管灌药法。胃管，是用胶制而成的投药管，约长50厘米。胃管投药，适用于水剂或很稀的糊剂，投药速度快、浪费少。所用胃管，用前洗净，管外涂润滑药。猪投胃管时，先以开口器开口，再从口腔投入胃管。

附录四 度量衡及药物使用量换算

一、度 量 衡

(引自《中华人民共和国药典》)

(一) 法定计量单位

1. 长度单位

以米 (m) 为基本单位:

1 米 (m) = 10 分米 (dm)

1 分米 (dm) = 10 厘米 (cm)

1 厘米 (cm) = 10 毫米 (mm)

1 毫米 (mm) = 1 000 微米 (μm)

2. 体积单位

以升 (l 或 L) 为基本单位:

1 升 (l 或 L) = 1 000 毫升 (ml 或 mL)

3. 质量单位

以千克 (kg) 为基本单位:

1 克 (g) = 1 000 毫克 (mg)

1 吨 (t) = 1 000 千克 (kg)

1 毫克 (mg) = 1 000 微克 (μg)

1 千克 (kg) = 1 000 克 (g)

(二) 英美制与法定计量单位的换算

类别	单位名称	折合法定计量单位
质量	1 磅 (1b) = 16 唡	453.59 克
	1 唡 (O_z、盎司) = 437.7 喱	28.349 克
	1 喱 (克 r、格林)	0.065 克

续表

类别	单位名称	折合法定计量单位
体积	1加仑（G al.）（英）	4 546毫升
	1加仑（G al.）（美）	3 785毫升
	1夸脱（Qt.）	1 136.5毫升
	1品脱（Pt.）	568.2毫升
	1及耳（G.）	142.05毫升

（三）市制与法定计量单位的换算

旧市制（16两制）	法定计量单位	新市制（10两制）	公制
1斤	500克	1斤	500克
1两	31.25克	1两	50.0克
1钱	3.125克	1钱	5克
1分	0.312 5克	1分	0.5克

二、用药过程常使用的换算方法与数据

（一）容量与质量的换算

对固体药品用质量表示，液体药品一般用容量表示，所以前者用天平称重，后者用量杯量取。但有些液体药品习惯上也用质量表示，如甘油、蓖麻油、液体石蜡等，所以应该了解它们的换算法。

公式：质量 = 比重 × 容积

例：已知甘油比重为1.249（克/毫升），拟分装成每瓶500克，问每瓶应量取甘油多少毫升？

容积 = $\dfrac{质量}{比重}$ = $\dfrac{500 克}{1.249 克/毫升}$ = 400.32 毫升

故量取 400.32 毫升的甘油就等于 500 克了。

(二) 抗生素重量与单位关系表

抗生素名称	理论效价1克相当的单位	抗生素名称	理论效价1克相当的单位
注射用青霉素 G 钠	1 500（实际效价）	土霉素碱	1 000
注射用青霉素 G 钾	1 450（实际效价）	四环素碱	1 082
链霉素	1 000	红霉素碱	1 000
链霉素硫酸盐	798	卡那霉素硫酸盐	1 000
庆大霉素硫酸盐	1 000	制霉菌素	3 500
红霉素棕榈酸盐	910	红霉素乳糖酸盐	672
红霉素琥珀酸酯	910	新霉素硫酸盐	1 000

(三) 溶液配制计算方法

1. 反比法

用公式：X × Y = X′ × Y′

即所需溶液浓度 × 所需的溶液量 = 浓溶液浓度 × 浓溶液量

例题：欲配 6% 甲醛（福尔马林）溶液 1 800 毫升，需浓度为 36% 的甲醛溶液多少毫升？

6% × 1 800 = 36% × x

$x = \dfrac{6\% \times 1\,800}{36\%} = \dfrac{6}{100} \times 1\,800 \times \dfrac{100}{36} = \dfrac{1\,800}{6} = 300$（毫升）

故取 36% 甲醛 300 毫升，加水至 1 800 毫升即成。

2. 交叉法

Ⅰ = 甲液浓度，Ⅱ = 乙液浓度，Ⅲ = 欲得浓度，Ⅳ = Ⅱ、Ⅲ之差，Ⅴ = Ⅰ、Ⅲ之差，Ⅳ：Ⅴ = 甲液容量：乙液容量。

例题：现有 5% 葡萄糖 500 毫升，欲配成 10% 浓度，还需加 50% 葡萄糖溶液多少毫升？

$$40:5 = 500:x$$

$$x = \frac{5 \times 500}{40} = 62.5 \text{（毫升）}$$

故需加 50% 葡萄糖溶液 62.5 毫升。

（四）维生素常用单位及换算

IU——国际单位

USP——美国药典单位

ICU——国际小鸡单位

RE——美国和加拿大建议的视黄醇当量

1IU 维生素 A = 1USA 维生素 A

= 0.300 微克维生素 A 醇（视黄醇）结晶

= 0.344 微克维生素 A 乙酸酯

= 0.55 微克维生素 A 棕榈酸酯

= 0.60 微克 β-胡萝卜素

= 1.2 微克有维生素 A 活性的混合胡萝卜素

1 毫升 β-胡萝卜素 = 1.167IU 维生素 A

1RE 维生素 A = 1 微克维生素 A 醇（视黄醇）

= 6 微克 β-胡萝卜素

= 12 微克其他前维生素 A 胡萝卜素

= 3.33IU 维生素 A

= 10IU β-胡萝卜素

1IU 维生素 D = 0.025 微克维生素 D_3（胆钙化醇）
1ICU 维生素 D = 0.025 微克维生素 D_3（胆钙化醇）
1IU 维生素 E = 1 毫克 DL-α-生育酚乙酸酯
　　　　　　 = 0.735 毫克 D-α-生育酚乙酸酯
　　　　　　 = 0.909 毫克 DL-α-生育酚
　　　　　　 = 0.671 毫克 D-α-生育酚
　　　　　　 = 7 毫克 D-γ-生育酚
1α-生育酚当量 = 1 毫克 D-α-生育酚
　　　　　　 = 1.49IU 维生素 E
0.91α-生育酚当量 = 1 毫克 D-α-生育酚乙酸酯
　　　　　　　　 = 1.36IU 维生素 E
0.74α-生育酚摩尔 = 1 毫克 DL-α-生育酚
　　　　　　　　 = 1.10IU 维生素 E
0.67α-生育酚摩尔 = 1 毫克 DL-α-生育酚乙酸酯
　　　　　　　　 = 1.10IU 维生素 E
0.10α-生育酚摩尔 = 1 毫克 D-γ-生育酚
　　　　　　　　 = 0.15IU 维生素 E
1IU 维生素 C = 50 毫升 L-抗坏血酸（维生素 C）
1IU 维生素 B_1 = 3 毫克盐酸硫胺
1 毫克盐酸吡哆醇（维生素 B_6）= 0.82 毫克吡哆醇
　　　　　　　　　　　　　　 = 0.81 毫克吡哆醛
　　　　　　　　　　　　　　 = 0.82 毫克吡哆胺
1 毫克氰钴胺（维生素 B_{12}）= 1USP（美国药典）肝精单位
　　　　　　　　　　　　　　 = 11.000LLD-单位（乳酸乳杆菌供体单位）
1 毫克泛酸 = 1.087 毫克泛酸钙
1 酵母生长单位 = 0.8 毫克泛酸钙
1 小鸡单位 = 14 毫克泛酸

附录五 食用动物禁用药物

序号	兽药及其化合物名称	禁止用途	禁用动物
1	β-兴奋剂：克仑特罗（瘦肉精 Clenbuterol）、沙丁胺醇（Salbutamol）、西马特罗（Cimaterol）及其盐、酯及制剂	所有用途	所有食品动物
2	性激素类：己烯雌酚（Diethylstibestrol）及其盐、酯及制剂	所有用途	所有食品动物
3	具有雌激素样作用的物质：玉米赤霉醇（Zeranol）、去甲雄三烯醇酮（Trenbolone）、醋酸甲孕酮（Mengestrol Acetate）及制剂	所有用途	所有食品动物
4	氯霉素（Chloramphenicol）及其盐、酯（包括：琥珀氯霉素 Chloramphenicol Succinate）及制剂	所有用途	所有食品动物
5	氨苯砜（Dapsone）及制剂	所有用途	所有食品动物
6	硝基呋喃类：呋喃唑酮（Furazolidone）、呋喃它酮（Furaltadone）、呋喃苯烯酸钠（Nifurstyrenate sodium）及制剂	所有用途	所有食品动物
7	硝基化合物：硝基酚钠（Sodium nitrophenolate）、硝呋烯腙（Nitrovin）及制剂	所有用途	所有食品动物

续表

序号	兽药及其化合物名称	禁止用途	禁用动物
8	催眠、镇静类：安眠酮（Methaqualone）及制剂	所有用途	所有食品动物
9	林丹（丙体六六六，Lindane）	杀虫剂	水生食品动物
10	毒杀芬（氯化烯，Camahechlor）	杀虫剂、清塘剂	水生食品动物
11	呋喃丹（克百威，Carbofuran）	杀虫剂	水生食品动物
12	杀虫脒（克死螨，Chlordimeform）	杀虫剂	水生食品动物
13	双甲脒（Amitraz）	杀虫剂	水生食品动物
14	酒石酸锑钾（Antimonv potassium tartrate）	杀虫剂	水生食品动物
15	锥虫胂胺（Tryparsamide）	杀虫剂	水生食品动物
16	孔雀石绿（Malachite green）	抗菌、杀虫剂	水生食品动物
17	五氯酚酸钠（Pentachlorophenol sodium）	杀螺剂	水生食品动物
18	各种汞制剂：包括氯化亚汞（甘汞，Calomel）、硝酸亚汞（Mercurous nitrate）、醋酸汞（Mercurous acetate）、吡啶基醋酸汞（Pyridyl mercurous acetate）	杀虫剂	动物
19	性激素类：甲基睾丸酮（Methyltesterone）、丙酸睾酮（Testosterone Propionate）、苯丙酸诺龙（Nantrolone，Phenylproionate）、苯甲酸雌二醇（Estradiol Benzoate）及其盐、酯及制剂	促生长	所有食品动物

续表

序号	兽药及其化合物名称	禁止用途	禁用动物
20	催眠、镇静类：氯丙嗪（Chlorpromazine）、地西泮（安定，Diazepam）及其盐、酯及制剂	促生长	所有食品动物
21	硝基咪唑类：甲硝唑（Metronidazole）、地美硝唑（Dimetronidazole）及其盐、酯及制剂	促生长	所有食品动物

注：1. 食品动物是指各种供人食用或其产品供人食用的动物；
 2. 中华人民共和国农业部 2002 年 3 月 5 日发布。

附录六 兽药停药期的有关规定

表1 农业部猪用兽药停药期规定

（摘自农业部2003年第278号公告）

序号	兽药名称	执行标准	停药期
1	乙酰甲喹片	《兽药规范》1992年版	35天
2	土霉素片	《兽药典》	7天
3	土霉素注射液	部颁标准	28天
4	双甲脒溶液	《兽药典》	8天
5	四环素片	《兽药典》1990年版	10天
6	甲基前列腺素F2a注射液	部颁标准	21天
7	甲磺酸达氟沙星注射液	部颁标准	25天
8	亚硒酸钠维生素E注射液	《兽药典》	28天
9	亚硒酸钠维生素E预混剂	《兽药典》	28天
10	伊维菌素注射液	《兽药典》	28天
11	吉他霉素片	《兽药典》	7天
12	吉他霉素预混剂	部颁标准	7天
13	地西泮注射液	《兽药典》	28天
14	地美硝唑预混剂	《兽药典》	28天
15	地塞米松磷酸钠注射液	《兽药典》	21天
16	安乃近片	《兽药典》	28天
17	安乃近注射液	《兽药典》	28天
18	安钠咖注射液	《兽药典》	28天

续表

序号	兽药名称	执行标准	停药期
19	芬苯哒唑片	《兽药典》	3 天
20	芬苯哒唑粉（苯硫苯咪唑粉剂）	《兽药典》	3 天
21	阿苯达唑片	《兽药典》	7 天
22	阿维菌素片	部颁标准	28 天
23	阿维菌素注射液	部颁标准	28 天
24	阿维菌素粉	部颁标准	28 天
25	阿维菌素胶囊	部颁标准	28 天
26	阿维菌素透皮溶液	部颁标准	42 天
27	乳酸环丙沙星注射液	部颁标准	10 天
28	注射用苄星青霉素（注射用苄星青霉素 G）	《兽药规范》1978 年版	5 天
29	注射用乳糖酸红霉素	《兽药典》	7 天
30	注射用苯唑西林钠	《兽药典》	5 天
31	注射用氨苄青霉素钠	《兽药典》	15 天
32	注射用盐酸土霉素	《兽药典》	8 天
33	注射用盐酸四环素	《兽药典》	8 天
34	注射用酒石酸泰乐菌素	部颁标准	21 天
35	注射用硫酸双氢链霉素	《兽药典》1990 年版	18 天
36	注射用硫酸链霉素	《兽药典》	18 天
37	复方磺胺氯哒嗪钠粉	部颁标准	4 天
38	复方磺胺嘧啶钠注射液	《兽药典》	20 天
39	枸橼酸哌嗪片	《兽药典》	21 天
40	氟苯尼考注射液	部颁标准	14 天

附录

续表

序号	兽药名称	执行标准	停药期
41	氟苯尼考粉	部颁标准	20 天
42	蒽诺沙星注射液	《兽药典》	10 天
43	盐酸二氟沙星注射液	部颁标准	45 天
44	盐酸左旋咪唑	《兽药典》	3 天
45	盐酸左旋咪唑注射液	《兽药典》	28 天
46	盐酸多西环素片	《兽药典》	28 天
47	盐酸异丙嗪片	《兽药典》	28 天
48	盐酸林可霉素片	《兽药典》	6 天
49	盐酸林可霉素注射液	《兽药典》	2 天
50	维生素 E 注射液	《兽药典》	28 天
51	喹乙醇预混剂	《兽药典》	35 天，35 千克以上的猪禁用
52	奥芬哒唑片（苯亚砜哒唑）	《兽药典》	7 天
53	普鲁卡因青霉素注射液	《兽药典》	7 天
54	氰戊菊酯溶液	部颁标准	28 天
55	硫酸卡那霉素注射液（单硫酸盐）	《兽药典》	28 天
56	硫酸安普霉素可溶性粉	部颁标准	21 天
57	硫酸安普霉素预混剂	部颁标准	21 天
58	硫酸庆大-小诺霉素注射液	部颁标准	40 天
59	硫酸庆大霉素注射液	《兽药典》	40 天
60	越霉素 A 预混剂	部颁标准	15 天
61	精制马拉硫磷溶液	部颁标准	28 天

续表

序号	兽药名称	执行标准	停药期
62	精制敌百虫片	《兽药规范》1992年版	28天
63	蝇毒磷溶液	部颁标准	28天
64	磺胺二甲嘧啶片	《兽药典》	15天
65	磺胺二甲嘧啶钠注射液	《兽药典》	28天
66	磺胺对甲氧嘧啶、二甲氧苄氨嘧啶片	《兽药规范》1992年版	28天
67	磺胺对甲氧嘧啶片	《兽药典》	28天
68	磺胺甲噁唑片	《兽药典》	28天
69	磺胺间甲氧嘧啶片	《兽药典》	28天
70	磺胺间甲氧嘧啶钠注射液	《兽药典》	28天
71	磺胺脒片	《兽药典》	28天
72	磺胺嘧啶钠注射液	《兽药典》	10天
73	磺胺噻唑片	《兽药典》	28天
74	磺胺噻唑钠注射液	《兽药典》	28天
75	磷酸左旋咪唑片	《兽药典》1990年版	3天
76	磷酸左旋咪唑注射液	《兽药典》1990年版	28天
77	磷酸哌嗪片（驱蛔灵片）	《兽药典》	21天
78	磷酸泰乐菌素预混剂	部颁标准	5天

注：《兽药典》未注明的为2000年版。

表2 广东省猪用兽药停药期的规定
（摘自广东省农业厅粤农〔2003〕53号文件）

药品名称	剂型	给药途径	停药期
土霉素粉	粉剂	内服	7天
长效复方磺胺间甲氧嘧啶注射液	注射剂	肌肉注射	15天
长效蒽诺沙星注射液	注射剂	肌肉注射	28天
伊维菌素粉	粉剂	内服	5天
伊维菌素透皮溶液	溶液剂	外用	2天
地美硝唑可溶性粉	可溶性粉剂	内服	3天
乳酸蒽诺沙星注射液	注射剂	肌肉注射	28天
注射用延胡索酸泰妙菌素	注射粉针剂	皮下、肌肉注射	5天
注射用硫酸庆大霉素	注射粉针剂	肌肉注射	40天
复方盐酸四环素粉	粉剂	内服	5天
复方盐酸金霉素片	片剂	内服	7天
复方盐酸金霉素胶囊	胶囊剂	内服	7天
复方硫酸庆大霉素注射液	注射剂	肌肉注射	40天
复方硫酸庆大霉素溶液	溶液剂	混饮	10天
复方磺胺二甲嘧啶钠可溶性粉	可溶性粉剂	内服	15天
复方磺胺对甲氧嘧啶粉	粉剂	内服	15天
复方磺胺甲噁唑粉	粉剂	内服	15天
复方磺胺间甲氧嘧啶注射液	注射剂	肌肉、静脉注射	15天
复方磺胺间甲氧嘧啶钠可溶性粉	可溶性粉剂	混饮	15天
复方磺胺间甲氧嘧啶粉	粉剂	混饲	15天
复方磺胺脒片	片剂	内服	15天
复方磺胺嘧啶片	片剂	内服	15天
弱碱性蒽诺沙星注射液	注射剂	肌肉注射	28天
弱碱性蒽诺沙星溶液	溶液剂	内服	8天
蒽诺沙星、磺胺间甲氧嘧啶注射液	注射剂	肌肉注射	28天
蒽诺沙星粉	粉剂	内服	8天

续表

药品名称	剂型	给药途径	停药期
蒽诺沙星混悬注射液	注射剂	肌肉注射	28天
泰乐菌素注射液	注射剂	肌肉注射	14天
泰妙菌素可溶性粉	可溶性粉剂	混饮	5天
泰妙菌素预混剂	预混剂	混饲	5天
盐酸土霉素、延胡索酸泰妙菌素可溶性粉	可溶性粉剂	内服	5天
盐酸土霉素可溶性粉	可溶性粉剂	内服	5天
盐酸四环素、延胡索酸泰妙菌素可溶性粉	可溶性粉剂	混饮	5天
盐酸四环素可溶性粉	可溶性粉剂	混饮	5天
盐酸左旋咪唑粉	粉剂	内服	3天
盐酸林可霉素、盐酸大观霉素注射液	注射剂	皮下、肌肉注射	5天
盐酸林可霉素、硫酸大观霉素预混剂	预混剂	混饲	5天
盐酸林可霉素可溶性粉	可溶性粉剂	混饮	1天
盐酸林可霉素预混剂	预混剂	混饲	3天
盐酸环丙沙星、盐酸地芬诺酯粉	粉剂	混饲	8天
盐酸环丙沙星软膏	软膏剂	内服	8天
盐酸环丙沙星片	片剂	内服	8天
盐酸环丙沙星粉	粉剂	混饲	8天
盐酸金霉素、泰妙菌素可溶性粉	可溶性粉剂	混饮	5天
盐酸金霉素可溶性粉	可溶性粉剂	混饮	7天
盐酸金霉素胶囊	胶囊剂	内服	7天
诺氟沙星片	片剂	内服	8天

附录

续表

药品名称	剂型	给药途径	停药期
诺氟沙星粉	粉剂	混饲	8天
诺氟沙星透皮剂	透皮剂	外用	8天
酒石酸泰乐菌素、磺胺二甲嘧啶可溶性粉	可溶性粉剂	混饮	15天
硫酸链霉素粉	粉剂	内服	2天
禽宝（含磺胺间甲氧嘧啶）	可溶性粉剂	混饮	15天
增效双磺胺片（SMZ、SM$_2$）	片剂	内服	15天
增效双磺胺粉（SMZ、SM$_2$）	粉剂	内服	15天
增效磺胺二甲嘧啶片	片剂	内服	15天
增效磺胺二甲嘧啶粉	粉剂	内服	15天
增效磺胺对甲氧嘧啶胶囊	胶囊	内服	15天
增效磺胺甲噁唑片	片剂	内服	15天
磺胺对甲氧嘧啶钠	原料	内服	15天
磺胺甲噁唑钠	原料	内服	15天
磺胺甲噁唑钠注射液	注射剂	肌肉注射	15天
磺胺甲噁唑粉	粉剂	内服	15天
磺胺间甲氧嘧啶粉	粉剂	混饲	15天
磷酸左旋咪唑粉	粉剂	内服	3天
肠炎灵注射液（含盐酸环丙沙星）	注射剂	肌肉注射	28天
肠泰散（含盐酸环丙沙星）	散剂	内服	8天
肥猪素（含喹乙醇）	散剂	内服	35天
禽呼通片（含盐酸环丙沙星）	片剂	内服	8天
禽痢威散（含盐酸环丙沙星）	散剂	内服	8天
禽痢威片（含盐酸环丙沙星）	片剂	内服	8天

表3 猪用兽药停药期的补充规定

序号	兽药名称	执行标准	停药期
1	甲磺酸培氟沙星可溶性粉	部颁标准	28天
2	甲磺酸培氟沙星注射液	部颁标准	28天
3	甲磺酸培氟沙星颗粒	部颁标准	28天
4	洛克沙胂预混剂	部颁标准	5天
5	氧氟沙星片	部颁标准	28天
6	氧氟沙星可溶性粉	部颁标准	28天
7	氧氟沙星注射液	部颁标准	28天
8	氧氟沙星溶液(碱性)	部颁标准	28天
9	氧氟沙星溶液(酸性)	部颁标准	28天
10	氨苯胂酸预混剂	部颁标准	5天
11	烟酸诺氟沙星可溶性粉	部颁标准	28天
12	烟酸诺氟沙星溶液	部颁标准	28天
13	盐酸环丙沙星可溶性粉	部颁标准	28天
14	盐酸环丙沙星注射液	部颁标准	28天
15	盐酸洛美沙星片	部颁标准	28天
16	盐酸洛美沙星溶液	部颁标准	28天
17	硫酸卡那霉素注射液(单硫酸盐)	《兽药典》2000版	28天

参 考 文 献

《养殖动物疾病防治大全》编委会主编．1993．养殖动物疾病防治大全．北京：北京科学技术出版社

于船，张力群主编．1992．中兽医秘方大全．太原：山西科学技术出版社

文传良主编．1993．兽医验方新编．成都：四川科学技术出版社

王明俊主编．1997．兽医生物制品学．北京：中国农业出版社

北京农业大学主编．1995．中兽医学．北京：中国农业出版社

甘孟侯，高齐瑜，李文刚编著．1997．猪病诊治彩色图说．北京：中国农业出版社

刘付启荣，曾振灵主编．1997．畜禽常见病首选药物手册．广州：广东科技出版社

刘建，杨潮主编．2001．兽药和添加剂手册．上海：上海科学技术出版社

江苏省畜牧兽医学校主编．1999．兽药制剂学．北京：中国农业出版社

许剑琴主编．2002．中兽医方剂精华．北京：中国农业出版社

张克家主编．1994．中兽医方剂大全．北京：中国农业出版社

张国纲，黄君贻，蓝兴昌编著．1991．实用猪病防治手册．北京：人民军医出版社

张相昭，时维静，李力顺等主编．1995．兽医草药土法良方．合肥：安徽科学技术出版社

张统环，宫庆林编著．1996．养猪实用新技术．北京：中国农业出版社

张泉鑫主编．2002．猪病中西医综合防治大全．北京：中国农业出版社

李呈敏主编．2001．中药饲料添加剂．北京：中国农业大学出版社

陈杖榴主编．2002．兽医药理学．北京：中国农业出版社

林乾良主编．1997．中药．上海：上海科学技术出版社

河北中兽医学校主编．2001．中兽医手册．北京：中国农业出版社

胡元亮主编．2001．兽医处方手册．北京：中国农业出版社

贾志保，张铁林主编．1995．家禽家畜实用偏方大全．北京：中国物资出版社

梁颂名主编．2001．中药方剂学．广州：广东科技出版社

梁崇杰，郑缨编著．2002．现代中兽医应用实践．成都：四川科学技术出版社

黄士凯主编．1995．现代中医处方大全．广州：暨南大学出版社

瞿自明主编．1993．新编中兽医治疗大全．北京：中国农业出版社

瞿自明主编．1996．兽医中草药大全．北京：中国农业出版社